Katja Rieß

Nitrate und Disulfate ausgewählter Haupt- und Nebengruppenmetalle

Katja Rieß

Nitrate und Disulfate ausgewählter Haupt- und Nebengruppenmetalle

Synthese, Struktur und thermisches Verhalten

Südwestdeutscher Verlag für Hochschulschriften

Impressum/Imprint (nur für Deutschland/only for Germany)
Bibliografische Information der Deutschen Nationalbibliothek: Die Deutsche Nationalbibliothek verzeichnet diese Publikation in der Deutschen Nationalbibliografie; detaillierte bibliografische Daten sind im Internet über http://dnb.d-nb.de abrufbar.

Alle in diesem Buch genannten Marken und Produktnamen unterliegen warenzeichen-, marken- oder patentrechtlichem Schutz bzw. sind Warenzeichen oder eingetragene Warenzeichen der jeweiligen Inhaber. Die Wiedergabe von Marken, Produktnamen, Gebrauchsnamen, Handelsnamen, Warenbezeichnungen u.s.w. in diesem Werk berechtigt auch ohne besondere Kennzeichnung nicht zu der Annahme, dass solche Namen im Sinne der Warenzeichen- und Markenschutzgesetzgebung als frei zu betrachten wären und daher von jedermann benutzt werden dürften.

Coverbild: www.ingimage.com

Verlag: Südwestdeutscher Verlag für Hochschulschriften GmbH & Co. KG
Heinrich-Böcking-Str. 6-8, 66121 Saarbrücken, Deutschland
Telefon +49 681 37 20 271-1, Telefax +49 681 37 20 271-0
Email: info@svh-verlag.de

Zugl.: Oldenburg, Carl von Ossietzky Universität, Diss., 2012

Herstellung in Deutschland (siehe letzte Seite)
ISBN: 978-3-8381-3406-2

Imprint (only for USA, GB)
Bibliographic information published by the Deutsche Nationalbibliothek: The Deutsche Nationalbibliothek lists this publication in the Deutsche Nationalbibliografie; detailed bibliographic data are available in the Internet at http://dnb.d-nb.de.

Any brand names and product names mentioned in this book are subject to trademark, brand or patent protection and are trademarks or registered trademarks of their respective holders. The use of brand names, product names, common names, trade names, product descriptions etc. even without a particular marking in this works is in no way to be construed to mean that such names may be regarded as unrestricted in respect of trademark and brand protection legislation and could thus be used by anyone.

Cover image: www.ingimage.com

Publisher: Südwestdeutscher Verlag für Hochschulschriften GmbH & Co. KG
Heinrich-Böcking-Str. 6-8, 66121 Saarbrücken, Germany
Phone +49 681 37 20 271-1, Fax +49 681 37 20 271-0
Email: info@svh-verlag.de

Printed in the U.S.A.
Printed in the U.K. by (see last page)
ISBN: 978-3-8381-3406-2

Copyright © 2012 by the author and Südwestdeutscher Verlag für Hochschulschriften GmbH & Co. KG and licensors
All rights reserved. Saarbrücken 2012

Die Anfertigung der vorliegenden Arbeit erfolgte in der Zeit von Oktober 2008 bis April 2012 am Institut für Reine und Angewandte Chemie der *Carl von Ossietzky Universität Oldenburg* unter der Anleitung von *Herrn Prof. Dr. Mathias S. Wickleder*.

Gutachter: Prof. Dr. M. S. Wickleder

Zweitgutachter: Prof. Dr. R. Beckhaus

Tag der Disputation: 27.04.2012

Schön und mysteriös wollte er bleiben,
wollte Spielchen mit den Forschern treiben,
Ein Kristall - symmetrisch und vollkommen,
sein Geheimnis ward' ihm doch genommen:

Röntgens Strahlen beugten sich am Gitter
    ...Strukturaufklärung - das ist bitter.

Kurzzusammenfassung

In der vorliegenden Arbeit werden neue Nitrate und Disulfate von Elementen der dritten und vierten Nebengruppe sowie der Hauptgruppen-Elemente Aluminium, Gallium und Bismut vorgestellt und ihre Struktur sowie ihre Eigenschaften beschrieben. Dabei wird besonderer Wert darauf gelegt, strukturelle Gemeinsamkeiten und Unterschiede der Verbindungen in Abhängigkeit von dem eingesetzten Metall zu untersuchen. Ferner wurde der thermische Abbau der neuen Verbindungen untersucht, um ihre Eignung als potenzielle Precursoren für die Abscheidung von Oxidschichten abschätzen zu können.

Aus Umsetzungen mit N_2O_5 konnten die ionogen aufgebauten Nitrosylium-Nitrate $(NO)_2[Al(NO_3)_5]$, $(NO)_2[Ga(NO_3)_5]$, $(NO)[Zr(NO_3)_5]$ und $(NO)[Hf(NO_3)_5]$ erhalten werden. Die Reaktion von N_2O_5 mit elementarem Bismut führte zu Einkristallen der neuartigen Verbindung $(NO)_5(Bi(NO_3)_4)_4(NO_3) \cdot HNO_3$, die eine für nicht basische Bismut-Nitrate ungewöhnliche Kettenstruktur mit über Nitrat-Gruppen verbrückten Bi^{3+}-Kationen aufweist. Thermogravimetrische Messungen belegen eine hohe thermische Labilität aller Nitrosylium-Verbindungen. Die thermische Zersetzung führt zu den jeweiligen Oxiden Al_2O_3, Ga_2O_3, ZrO_2, HfO_2 bzw. Bi_2O_3, wie pulverdiffraktometrisch nachgewiesen werden konnte.

Die Umsetzung der Selten-Erd-Elemente bzw. ihrer Verbindungen mit rauchender Salpetersäure führte in Abhängigkeit vom Ionenradius des SE^{3+}-Kations zu den Verbindungen $(NO)_3(SE_2(NO_3)_9)$ mit SE = La-Nd, Sm-Gd, $(NO)[SE_2(NO_3)_7(H_2O)_4]$ mit SE = Tb-Ho, $SE(NO_3)_3(H_2O)_3$ mit SE = Y, Er-Lu und dem ersten Selten-Erd-Nitrat-Dihydrat $Sc(NO_3)_3(H_2O)_2$. Während die Verbindungen des Typs $(NO)_3(SE_2(NO_3)_9)$ dreidimensional vernetzt sind, enthalten die Komplexe des Typs $(NO)[SE_2(NO_3)_7(H_2O)_4]$ Dimere. Die Nitrat-Hydrate $SE(NO_3)_3(H_2O)_x$ mit x = 3, 2 sind molekular aufgebaut. Alle vorgestellten Selten-Erd-Nitrate lassen sich leicht thermisch zu den jeweiligen Oxiden zersetzen.

Aus der Reaktion von $TiCl_4$ mit Oleum in Anwesenheit einwertiger bzw. zweiwertiger Kationen konnten die Verbindungen $A_2[Ti(S_2O_7)_3]$ mit A = Li, Na, Ag, K, NH_4, Rb, Cs und $A[Ti(S_2O_7)_3]$ mit A = Pb, Ba erhalten werden. Diese enthalten das komplexe $[Ti(S_2O_7)_3]^{2-}$-Anion, in dem das Ti^{4+}-Ion oktaedrisch von sechs Sauerstoff-Atomen koordiniert vorliegt, die zu drei zweizähnig angreifenden Disulfat-Anionen gehören. Die komplexen Disulfate des Titans wurden umfassend mit schwingungsspektroskopischen und thermoanalytischen Methoden charakterisiert. Für das $[Ti(S_2O_7)_3]^{2-}$-Anion wurden außerdem DFT-Rechnungen auf B3LYP/6-31G(d)-Niveau durchgeführt, wodurch eine relativ genaue Zuordnung der Schwingungsmoden möglich wurde.

Die Umsetzung der Chloride $ZrCl_4$ bzw. $HfCl_4$ mit Oleum in Gegenwart der jeweiligen einwertigen Gegen-Kationen A^+ bei Temperaturen von 100 °C bis 150 °C führte zu einer Reihe neuer ternärer Disulfate, die in dieser Arbeit strukturell und thermoanalytisch charakterisiert wurden. In allen erhaltenen Verbindungen liegen die Zr^{4+}- bzw. Hf^{4+}-Kationen im Zentrum eines aus acht Sauerstoff-Atomen aufgebauten, unterschiedlich stark verzerrten quadratischen Antiprismas vor.

Die Verbindungen $A_4[M(S_2O_7)_4]$ mit A = Li, Ag (M = Zr, Hf), Na (M = Zr) enthalten das komplexe $M[(S_2O_7)_4]^{4-}$-Anion als zentrales Strukturelement. Die M^{4+}-Kationen werden von vier zweizähnig angreifenden Disulfat-Anionen koordiniert. Die Struktur von $Li_{13}[Zr(HS_2O_7)(S_2O_7)_3]_3[Zr(S_2O_7)_4]$ ist ähnlich aufgebaut mit dem Unterschied, dass bei drei der vier kristallographisch unterscheidbaren Zr^{4+}-Kationen eine der vier Disulfat-Einheiten protoniert vorliegt und dadurch mittelstarke Wasserstoffbrückenbindungen in der Gesamtstruktur ausgebildet werden. In den Schwefelsäure-Addukten $A_2(M(S_2O_7)_3) \cdot H_2SO_4$ mit A = K, NH_4 (M = Zr), Rb (M = Zr, Hf) sind die M^{4+}-Kationen von drei zweizähnig und zwei einzähnig angreifenden Disulfat-Anionen umgeben. Diese wirken zum Teil verbrückend und führen zu der Ausbildung von Doppelsträngen. In der Verbindung $Cs(Zr(HSO_4)(S_2O_7)_2)$ befinden sich zwei Hydrogensulfat-Anionen und vier Disulfat-Anionen in der Koordinationsumgebung des Zr^{4+}-Kations Jedes Anion verknüpft zwei Zr^{4+}-Kationen miteinander. In die sich so ergebenden Schichten sind die Cs^+-Kationen kanalartig eingelagert. Der Vergleich der ternären Disulfat-Verbindungen des Zirconiums und des Hafniums ergibt, dass die Dimensionalität der Verbindungen von der Größe des Gegen-Kations abhängt. Je kleiner dieses ist, desto stärker ist der anionische Teil der Struktur vernetzt.

Bei einer Temperatur von 200 °C wurde aus der Umsetzung von $ZrCl_4$ mit Oleum das binäre Zirconium-Disulfat $Zr(S_2O_7)_2$ erhalten. In der Struktur ist das Zr^{4+}-Kation von vier Disulfat-Anionen umgeben, von denen jedes zwei Zr^{4+}-Kationen miteinander verknüpft. Die dadurch aufgebauten Ketten liegen in einer hexagonal dichtesten Stabpackung in der Struktur vor.

Die thermische Zersetzung der vorgestellten ternären Disulfate beginnt zwischen 130 °C und 170 °C mit der sukzessiven Abspaltung von SO_3. Die Verbindungen mit einwertigen Kationen A bauen sich in der Regel zu den jeweiligen Sulfaten A_2SO_4 (A = Li / Na / K / Rb / Cs) und dem entsprechenden Oxid MO_2 (M = Ti / Zr / Hf) ab. Silber-Verbindungen führen stattdessen zu elementarem Silber als Zersetzungsrückstand, Ammonium-Verbindungen führen ausschließlich zu den jeweiligen Oxiden MO_2 (M = Ti / Zr). Die Verbindungen mit zweiwertigen Kationen zersetzen sich im Fall von $Pb[Ti(S_2O_7)_3]$ zu $PbTiO_3$ und im Fall von $Ba[Ti(S_2O_7)_3]$ zu einem Gemisch aus $BaTi_4O_9$, $BaSO_4$ und TiO_2.

Abstract

In the present thesis new nitrates and disulfates of third and fourth subgroup elements as well as nitrates of the main group elements aluminum, gallium, and bismuth are presented and its structure and properties are described. The work focuses on the structural similarities and differences of the compounds depending on the respective metal. Furthermore, the thermal decomposition was studied in order to assess their suitability as potential precursor material for the deposition of oxide films.

The ionogenic nitrosylium nitrates $(NO)_2[Al(NO_3)_5]$, $(NO)_2[Ga(NO_3)_5]$, $(NO)[Zr(NO_3)_5]$ and $(NO)[Hf(NO_3)_5]$ could be obtained by reactions with N_2O_5. The reaction of N_2O_5 with elemental bismuth led to single crystals of the novel compound $(NO)_5(Bi(NO_3)_4)_4(NO_3) \cdot HNO_3$ exhibiting a, for basic bismuth nitrates, unusual chain structure. The chains are build up by nitrate groups bridging the Bi^{3+} cations. Thermogravimetric measurements show a low thermal stability of these nitrosylium compounds. The residues were analyzed by x-ray powder diffraction and identified as oxides Al_2O_3, Ga_2O_3, ZrO_2, HfO_2 and Bi_2O_3, respectively.

Depending on the ionic radius of the RE^{3+} cation the reaction of the rare-earth elements or their compounds with fuming nitric acid resulted in the formation of compounds $(NO)_3(SE_2(NO_3)_9)$ with RE = La-Nd, Sm-Gd, $(NO)[SE_2(NO_3)_7(H_2O)_4]$ with RE = Tb-Ho, $SE(NO_3)_3(H_2O)_3$ with RE = Y, Er-Lu and the first rare-earth nitrate dihydrate $Sc(NO_3)_3(H_2O)_2$. While the compounds of the type $(NO)_3(SE_2(NO_3)_9)$ are three-dimensionally cross-linked, the complexes of the type $(NO)[SE_2(NO_3)_7(H_2O)_4]$ contain dimers. The nitrate hydrates $SE(NO_3)_3(H_2O)_x$ with x = 3, 2 are molecular compounds. All of the rare-earth nitrates can be decomposed thermally yielding the respective oxides.

The compounds $A_2[Ti(S_2O_7)_3]$ with A = Li, Na, Ag, K, NH_4, Rb, Cs, and $A[Ti(S_2O_7)_3]$ with A = Pb, Ba were obtained from reactions of $TiCl_4$ with oleum in the presence of monovalent and divalent cations. These compounds contain the complex $[Ti(S_2O_7)_3]^{2-}$ anion, in which the Ti^{4+} ion is octahedrally coordinated by six oxide ions belonging to three bidentate attacking disulfate anions. The complex titanium disulfates have been extensively characterized by means of vibrational spectroscopy and thermal analyses. DFT calculations (B3LYP/6-31G (d)) were performed for the $[Ti(S_2O_7)_3]^{2-}$ anion, also to enable a comparatively accurate assignment of vibrational bands.

The reactions of the chlorides $ZrCl_4$ and $HfCl_4$, respectively, with oleum in the presence of the monovalent counter cations A^+ at temperatures between 100 °C and 150 °C led to a series of new ternary disulfates, which were structurally characterized and investigated by thermal analysis. In all of the compounds obtained the Zr^{4+} and the Hf^{4+} cations are situated in centers of more or less strongly distorted square antiprisms built from eight oxide ions.

The compounds $A_4[M(S_2O_7)_4]$ with A = Li, Ag (M = Zr), Na (M = Zr) contain the complex $[M(S_2O_7)_4]^{4-}$ anion as the central structural element. The M^{4+} cations are coordinated by four bidentate attacking disulfate anions. The disulfate $Li_{13}[Zr(HS_2O_7)(S_2O_7)_3]_3[Zr(S_2O_7)_4]$ is constructed in a similar way, but at three of the four crystallographically distinguishable Zr^{4+} cations one of the four surrounding disulfate ions is protonated, allowing for moderate hydrogen bonds between the $[Zr(HS_2O_7)(S_2O_7)_3]^{3-}$ units. In the sulfuric acid adducts $A_2(M(S_2O_7)_3) \cdot H_2SO_4$ with A = K, NH_4 (M = Zr), Rb (M = Zr, Hf) the M^{4+} cations are surrounded by three bidentate and two monodentate attacking disulfate anions. Some of these act in a bridging mode resulting in the formation of double strands. In the compound $Cs(Zr(HSO_4)(S_2O_7)_2)$ two bisulfate anions and four disulfate anions can be found in the coordination environment of the Zr^{4+} cation. Each anion connects two Zr^{4+} cations with each other leading to layers, in which the Cs^+ cations are intercalated in form of channels. The comparison of the ternary disulfates of zirconium and hafnium shows that the dimensionality of these compounds depends on the size of the counter cation. The smaller it is, the stronger is the linkage of the anionic part.

The binary zirconium disulfate $Zr(S_2O_7)_2$ was synthesized by the reaction of $ZrCl_4$ with oleum at 200 °C. In the structure the Zr^{4+} cation is surrounded by four disulfate anions and each of these links two Zr^{4+} cations with each other. The resulting chains are arranged in a hexagonally close-packing fashion of rods in the structure.

The thermal decomposition of the presented ternary disulfates starts between 130 °C and 170 °C with the successive loss of SO_3. The compounds with monovalent cations A^+ decompose usually to the respective sulfates A_2SO_4 (A = Li / Na / K / Rb / Cs) and the corresponding oxide MO_2 (M = Ti / Zr / Hf). Silver compounds lead to elemental silver instead, and ammonium compounds decompose yielding the respective oxides MO_2 (M = Ti / Zr) exclusively. The compounds containing divalent cations decompose to $PbTiO_3$ in the case of $Pb[Ti(S_2O_7)_3]$ and to a mixture of $BaTi_4O_9$, $BaSO_4$ and TiO_2 in the case of $Ba[Ti(S_2O_7)_3]$.

Inhaltsverzeichnis

1. Einleitung und Motivation 1
2. Theoretische Grundlagen 6
   2.1. Kristallographische Grundlagen 6
      2.1.1. Elementarzellen und die 14 Bravais-Gitter 6
      2.1.2. Netzebenen und Millersche Indizes 8
      2.1.3. Symmetrie 8
      2.1.4. Die 230 Raumgruppen und 32 Kristallklassen 10
   2.2. Experimentelle Methoden 12
      2.2.1. Röntgenstrukturanalyse 12
         2.2.1.1. Erzeugung von Röntgenstrahlen 12
         2.2.1.2. Braggsche Reflexionsbedingung 13
         2.2.1.3. Der reziproke Raum und die Ewald-Konstruktion 15
         2.2.1.4. Strukturfaktoren 16
         2.2.1.5. Laue-Gruppen und systematische Auslöschungen 19
         2.2.1.6. Einkristalluntersuchung 21
         2.2.1.7. Strukturlösung und Strukturverfeinerung 23
         2.2.1.8. Pulverdiffraktogramme 27
      2.2.2. Schwingungs-Spektroskopie 30
      2.2.3. Thermische Analysemethoden 33
         2.2.3.1. Thermogravimetrie (TG) 33
         2.2.3.2. Differenz-Thermoanalyse (DTA) 34
         2.2.3.3. Simultane Thermische Analyse (STA) 34
         2.2.3.4. Dynamische Differenzkalorimetrie (DSC) 35
      2.2.4. Verwendete Geräte 36
      2.2.5. Verwendete Computerprogramme 37
   2.3. Apparative Methoden 38
      2.3.1. Stickstoff-Handschuhbox 38
      2.3.2. Schlenktechnik 38
3. N_2O_5 und rauchende Salpetersäure als Edukte zur Synthese neuartiger Nitrate 39
   3.1. Zur Koordinationschemie des Nitrat-Anions in anorganischen Verbindungen...39
   3.2. Reaktionen mit N_2O_5 zur Synthese der Nitrosylium-Nitratometallate Aluminium, Gallium, Zirconium und Hafnium sowie der Bismut-Verbindung $(NO)_5(Bi(NO_3)_4)_4(NO_3) \cdot HNO_3$ 41

3.2.1.	Stand der Forschung	41
3.2.2.	Synthese	46
3.2.2.1.	Synthese von N_2O_5	46
3.2.2.2.	Synthese der Nitrosylium-Nitrate $(NO)_2[Al(NO_3)_5]$, $(NO)_2[Ga(NO_3)_5]$, $(NO)[Zr(NO_3)_5]$, $(NO)[Hf(NO_3)_5]$ und $(NO)_5(Bi(NO_3)_4)_4(NO_3)\cdot HNO_3$	46
3.2.3.	Nitrosylium-pentanitratoaluminat(III), $(NO)_2[Al(NO_3)_5]$	49
3.2.3.1.	Kristallstruktur	49
3.2.3.2.	Thermischer Abbau	52
3.2.4.	Nitrosylium-pentanitratogallat(III), $(NO)_2[Ga(NO_3)_5]$	54
3.2.4.1.	Kristallstruktur	54
3.2.4.2.	Thermischer Abbau	56
3.2.5.	Die Nitrosylium-pentanitratometallate $(NO)[Zr(NO_3)_5]$ und $(NO)[Hf(NO_3)_5]$	59
3.2.5.1.	Kristallstruktur	59
3.2.5.2.	Thermischer Abbau	63
3.2.6.	Das Bismut-Nitrat-Salpetersäure-Addukt $(NO)_5(Bi(NO_3)_4)_4(NO_3)\cdot HNO_3$	67
3.2.6.1.	Kristallstruktur	67
3.2.6.2.	Thermischer Abbau	72
3.3.	Reaktionen mit rauchender Salpetersäure zur Synthese der Selten-Erd-Nitrate $(NO)_3(SE_2(NO_3)_9)$, $(NO)[SE_2(NO_3)_7(H_2O)_4]$ und $SE(NO_3)_3(H_2O)_x$	74
3.3.1.	Stand der Forschung	74
3.3.2.	Synthese	78
3.3.3.	$(NO)_3(SE_2(NO_3)_9)$ mit SE = La, Ce, Pr, Nd, Sm, Eu, Gd	80
3.3.3.1.	Kristallstruktur	80
3.3.3.2.	Thermischer Abbau	87
3.3.4.	$(NO)[SE_2(NO_3)_7(H_2O)_4]$ mit SE = Tb, Dy, Ho	94
3.3.4.1.	Kristallstruktur	94
3.3.4.2.	Thermischer Abbau	99
3.3.5.	Die Selten-Erd-Nitrat-Hydrate $SE(NO_3)_3(H_2O)_x$ mit SE = Y, Er-Lu (x = 3), Sc (x = 2)	102
3.3.5.1.	Allgemeines zu den vorgestellten Kristallstrukturen	102
3.3.5.2.	Kristallstrukturen von $SE(NO_3)_3(H_2O)_3$ mit SE = Er, Yb	107
3.3.5.3.	Kristallstruktur von $Tm(NO_3)_3(H_2O)_3$	108
3.3.5.4.	Kristallstruktur von $Lu(NO_3)_3(H_2O)_3$	109

  3.3.5.5. Kristallstruktur von $Sc(NO_3)_3(H_2O)_2$ 111

  3.3.5.6. Thermischer Abbau 112

 3.3.6. Zusammenfassung und Vergleich 118

4. Disulfate der vierten Nebengruppe 123

 4.1. Stand der Forschung 123

 4.2. Synthese 127

 4.3. Die *Tris*-(disulfato)-titanate $A_2[Ti(S_2O_7)_3]$ mit A = Li, Na, Ag, K, NH$_4$, Rb, Cs 129

  4.3.1. Kristallstruktur 129

  4.3.2. Thermischer Abbau 138

  4.3.3. Schwingungsspektroskopie 150

 4.4. Die *Tris*-(disulfato)-titanate $A[Ti(S_2O_7)_3]$ mit A = Pb, Ba 156

  4.4.1. Kristallstruktur 156

  4.4.2. Thermischer Abbau 159

 4.5. Die *Tetrakis*-(disulfato)-metallate $A_4[M(S_2O_7)_4]$ mit A = Li (M = Zr, Hf), Na (M = Zr), Ag (M = Zr, Hf) 162

  4.5.1. Kristallstruktur 162

  4.5.2. Thermischer Abbau 169

 4.6. Die Schwefelsäure-Addukte $A_2(M(S_2O_7)_3)·H_2SO_4$ mit A = K, NH$_4$ (M = Zr), Rb (M = Zr, Hf) 172

  4.6.1. Kristallstruktur 172

  4.6.2. Thermischer Abbau 177

 4.7. Kristallstruktur von $Cs(Zr(HSO_4)(S_2O_7)_2)$ 180

 4.8. Kristallstruktur von $Li_{13}[Zr(HS_2O_7)(S_2O_7)_3]_3[Zr(S_2O_7)_4]$ 183

 4.9. Die binären Disulfate $M(S_2O_7)_2$ mit M = Zr, Hf 190

  4.9.1. Kristallstruktur von $Zr(S_2O_7)_2$ 190

  4.9.2. Thermischer Abbau von $Hf(S_2O_7)_2$ 192

 4.10. Zusammenfassung und Vergleich 195

5. Zusammenfassung der erhaltenen Ergebnisse 200

 5.1. Nitrate 202

 5.2. Disulfate 208

6. Ausblick 213

7. Anhang 215

 7.1. Daten zu $(NO)_3(SE_2(NO_3)_9)$ mit SE = La-Nd, Sm-Gd 215

 7.2. Daten zu $(NO)[SE_2(NO_3)_7(H_2O)_4]$ mit SE = Tb-Ho 216

7.3.	Daten zu SE(NO$_3$)$_3$(H$_2$O)$_x$ mit SE = Y, Er, Yb, Lu (x = 3), Sc (x = 2)	217
7.4.	Daten zu A$_2$[Ti(S$_2$O$_7$)$_3$ mit A = Li, Ag, Na, K, NH$_4$, Rb, Cs	218
7.5.	Daten zu A$_4$[M(S$_2$O$_7$)$_4$] mit A = Li (M = Zr, Hf), Na (M = Zr), Ag (M = Zr, Hf)	227
7.6.	Daten zu A$_2$(M(S$_2$O$_7$)$_3$)·H$_2$SO$_4$ mit A = K, NH$_4$ (M = Zr), Rb (M = Zr, Hf)	228
8.	Literaturverzeichnis	229
9.	Abkürzungsverzeichnis	236
10.	Danksagung	238

1. Einleitung und Motivation

In der vorliegenden Arbeit werden neue Nitrate und Disulfate von Elementen der dritten und vierten Nebengruppe sowie der Hauptgruppen-Elemente Aluminium, Gallium und Bismut vorgestellt und ihre Struktur sowie ihre Eigenschaften beschrieben.

Zu den Elementen der dritten Nebengruppe gehören Scandium, Yttrium, Lanthan und die Lanthanoide, die die Ordnungszahlen 58 (Cer) bis 71 (Lutetium) umfassen. Diese Elemente werden auch als Selten-Erd-Metalle (SE) bezeichnet, obwohl sie in der Erdkruste bis auf Promethium nicht besonders selten vorkommen. Cer ist beispielsweise häufiger als Blei, Antimon oder Arsen. Selbst Europium, das (nach Promethium) seltenste Element dieser Reihe, kommt mit einer Häufigkeit von $0,99 \cdot 10^{-3}$ % noch häufiger vor als Gold. Ihren Namen verdanken sie den seltenen Mineralien, in denen sie erstmals in Form ihrer Oxide (früher „Erden") entdeckt wurden. Die Selten-Erd-Elemente zeichnen sich durch sehr ähnliche Ionenradien ihrer dreiwertigen Kationen aus. Trotz der in der Reihe von Lanthan bis Lutetium zunehmenden Masse nimmt der Ionenradius der SE^{3+}-Ionen ab, da die zunehmende Kernladung durch die diffusen f-Atomorbitale nur schlecht abgeschirmt werden kann. Die außenliegenden s- und p-Elektronen werden dadurch stärker vom Kern angezogen und die Ionen schrumpfen (Lanthanoidenkontraktion). Die ähnlichen Ionenradien führen zu ähnlichen Eigenschaften und infolgedessen auch dazu, dass die 1788 von *J. Gadolin* gefundenen „Yttererden" und die 1803 von *M. H. Klaproth* entdeckten „Ceriterden" zunächst für Reinstoffe gehalten wurden, obwohl es sich jeweils um Gemische von Selten-Erd-Oxiden handelte. Die große chemische Ähnlichkeit führte auch nach Entdeckung aller Selten-Erd-Metalle lange Zeit zu großen Problemen bei ihrer Trennung. [1]

Auch die Elemente der vierten Nebengruppe, Titan, Zirconium und Hafnium, sind keinesfalls selten. Titan ist das mit Abstand häufigste Element der Gruppe und steht in der Reihenfolge der Häufigkeiten der Elemente an zehnter Stelle nach Magnesium und Wasserstoff. Zirconium und besonders Hafnium sind deutlich seltener, aber in der Natur immer noch häufiger anzutreffen als beispielsweise Quecksilber, Bismut oder Silber. Dennoch wurde Hafnium erst 1914 als eines der letzten stabilen Elemente von *Hevesy* und *Coster* entdeckt. Das Element kommt als Begleiter des Zirconiums vor und ist diesem so ähnlich, dass es gut getarnt lange im Verborgenen blieb. Ähnlich wie bei den Selten-Erd-Elementen führt der Effekt der Lanthanoidenkontraktion bei Zirconium und Hafnium zu nahezu gleichen Ionenradien und dadurch sehr ähnlichen chemischen Eigenschaften, obwohl Hafnium eine um den Faktor zwei größere Dichte aufweist. Die Elemente der vierten Nebengruppe liegen im Gegensatz zu den Selten-Erd-Elementen meist vierwertig vor, können aber auch andere Oxidationsstufen zeigen. Eine gewisse Ähnlichkeit besteht außerdem zu den Elementen der vierten Hauptgruppe (Kohlenstoffgruppe), wobei diese jedoch erheblich edler sind. [1]

1 Einleitung und Motivation

Ziel dieser Arbeit ist die Synthese und strukturelle Charakterisierung neuer Verbindungen der Elemente der dritten und vierten Nebengruppe mit Oxo-Anionen. Von besonderem Interesse ist dabei, inwiefern sich die Elemente innerhalb einer Gruppe trotz der oben genannten Gemeinsamkeiten in ihrem Reaktionsverhalten unterscheiden. Darüber hinaus können innerhalb einer Verbindungsklasse auch gruppenübergreifende Vergleiche angestellt werden. Durch Einbezug der Elemente Aluminium, Gallium und Bismut ist dies auch zwischen Haupt- und Nebengruppen möglich.

Im ersten Teil der Arbeit werden neue Nitrate der erwähnten Hauptgruppen-Elemente sowie der Nebengruppen-Elemente Zirconium und Hafnium und der Selten-Erd-Elemente vorgestellt. Damit soll die in den 1950er und 1960er Jahren durch *Addison* begründete Chemie von N_2O_4 und N_2O_5 als Edukte für Nitrate auf diese Elemente ausgedehnt werden [2]. Durch die Verwendung von N_2O_5 oder rauchender Salpetersäure als Edukt sollen dabei möglichst wasserfreie oder wasserarme Verbindungen synthetisiert werden, die als Gegen-Kation nur Nitrosylium-Ionen NO^+ oder Nitrylium-Ionen NO_2^+ enthalten können. Nach einer kurzen Einführung in die Koordinationsmodi des Nitrat-Anions in Abschnitt 3.1, werden in Abschnitt 3.2 die Ergebnisse aus Umsetzungen mit N_2O_5 und die daraus erhaltenen Nitrosylium-Verbindungen diskutiert. Darin sind auch Verbindungen der Hauptgruppen-Elemente Aluminium, Gallium und Bismut eingeschlossen. Diese Elemente wurden aufgrund ihrer Ähnlichkeit zu den Selten-Erd-Elementen bezüglich der bevorzugten Oxidationsstufe +3 ausgewählt. Das Bi^{3+}-Ion weist zudem einen ähnlichen Ionenradius auf und verhält sich in Festkörperstrukturen häufig wie die SE^{3+}-Kationen. Anschließend wird in Abschnitt 3.3 das Verhalten der Selten-Erd-Elemente bzw. das ihrer Verbindungen gegenüber rauchender Salpetersäure systematisch betrachtet und die erhaltenen Verbindungen diskutiert.

Abgesehen von der interessanten Strukturchemie zeigen Nitrate auch günstige Eigenschaften für eine potenzielle Anwendung als Precursoren für die Abscheidung von Oxidschichten. Generell sind Nitrate und besonders Nitrosylium-Nitrate oft thermisch labil und bilden bei ihrer Zersetzung nur leicht flüchtige Zersetzungsprodukte. Die abgeschiedenen Oxidschichten sind dadurch nicht mit Kohlenstoff oder anderen Rückständen kontaminiert. Verunreinigungen mit Kohlenstoff sind bei den bisher eingesetzten metallorganischen Precursoren nachteilig, weil dadurch die elektronischen Eigenschaften der Oxidschichten negativ beeinflusst werden können. Dies ist insbesondere problematisch, da die Oxide der Selten-Erd-Elemente sowie Zirconium- und Hafnium-Oxid, aber auch Hauptgruppenmetall-Oxide, bei der Entwicklung neuer Materialien für die Halbleitertechnik zum Einsatz kommen könnten. [3] Im Hinblick auf dieses Anwendungsgebiet wird auch der thermische Abbau der neuen Nitrate untersucht und die Rückstände werden pulverdiffraktometrisch untersucht.

Bei den Selten-Erd-Oxiden SE_2O_3, Zirconium-Oxid ZrO_2, Hafnium-Oxid HfO_2 und Aluminium-Oxid Al_2O_3 handelt es sich um sogenannte „High-k-Dielektrika", d. h. diese

Materialien weisen eine höhere relative Dielektrizitätszahl ε_r (engl. κ) auf als SiO$_2$ mit $\varepsilon_r = 3,9$. Diese Eigenschaft macht die Oxide zu aussichtsreichen Kandidaten, um das bisher als Gate-Material verwendete SiO$_2$ in Metall-Oxid-Halbleiter-Feldeffekttransistoren (MOSFET[1]) zu ersetzen. [3]

Abbildung 1 zeigt schematisch den Aufbau eines MOSFET. Gate-Anschluss, Dielektrikum (hier Siliciumdioxid) und Bulk-Anschluss bilden dabei einen Kondensator.

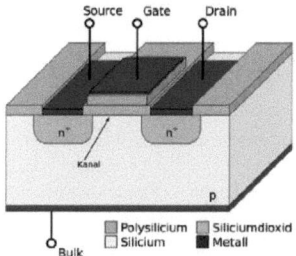

Abbildung 1: Prinzipieller Aufbau eines n-Kanal-MOSFETs im Querschnitt [4]

Im Zuge der in der Halbleiterindustrie fortschreitenden Miniaturisierung müssen die in „Integrierten Schaltkreisen" (Mikrochips) verwendeten Bauteile wie Transistoren bei gleicher Leistung immer kleiner werden. Dabei darf die Kapazität C des Gate-Kondensators im MOSFET nicht abnehmen. Die Kapazität eines Kondensators ergibt sich nach:

$$C = \frac{\varepsilon_0 \cdot \varepsilon_r \cdot A}{d} \qquad (1)$$

mit ε_0: Dielektrizitätszahl des Vakuums A: Fläche der Kondensatorplatten
    ε_r: relative Dielektrizitätszahl (engl. κ) d: Schichtdicke

Um die Kapazität (bei kleinerer Fläche) gleich groß zu halten wurde bisher die Schichtdicke d des Gate-Dielektrikums immer weiter reduziert. Bei Schichtdicken von unter 2 nm kommt es jedoch aufgrund des quantenmechanischen Tunneleffekts zu Leckströmen, die zu einer erhöhten Abwärme und vermehrten Schaltfehlern führen. Durch den Einsatz von „High-k-Dielektrika" als Gate-Material kann die Kapazität des Kondensators trotz größerer Schichtdicke d und kleinerer Fläche A konstant gehalten

---

[1] MOSFET: englisch, **metal-ox**ide-semiconductor **f**ield-**e**ffect **t**ransistor

werden bzw. bei Bedarf erhöht werden. An neuen Gate-Materialien und Möglichkeiten zu deren Abscheidung wird daher in letzter Zeit intensiv geforscht. [3]

Auch die Abbauprodukte der Gallium- und der Bismut-Verbindung Ga_2O_3 und Bi_2O_3 haben interessante elektronische Eigenschaften, wodurch auch hier die Suche nach potenziellen Precursor-Materialien zu ihrer Abscheidung lohnenswert erscheint. In Gallium-Oxid Ga_2O_3 werden elektrische Leitfähigkeit und geringe Absorption elektromagnetischer Wellen im sichtbaren Bereich des Lichtes vereint. Es gehört damit zu den transparenten, elektrisch leitfähigen Oxiden (TCO^2). Diese Materialien finden in optoelektronischen Geräten wie Flachbildschirmen, Touchscreens oder auch Solarzellen Anwendung. Ihr bekanntester Vertreter ist Indiumzinnoxid (ITO [3]), welches hauptsächlich aus In_2O_3 besteht, aber für eine gute elektrische Leitfähigkeit mit SnO_2 dotiert ist. Ga_2O_3 zeigt zusätzlich auch eine hohe Transparenz im UV-Bereich und eignet sich so auch für Spezialanwendungen wie z. B. Elektroden in „lab-on-a-chip"-Anwendungen, die mit UV-Spektroskopie kombiniert werden. [5]

Auch Bismut-Oxid Bi_2O_3 zeigt für die Optoelektronik interessante Eigenschaften wie z. B. eine große Bandlücke, eine hohe Fotosensitivität und einen hohen Brechungsindex. Es eignet sich dadurch für den Einsatz in Solarzellen oder als Bestandteil von Antireflexbeschichtungen. [6-7]

Die fotokatalytische Aktivität im sichtbaren Bereich des Lichtes macht monoklines α-Bi_2O_3 außerdem für die Entfernung von Schadgasen (Stickstoffmonoxid, Formaldehyd) aus der Raumluft interessant [8]. Durch die gute Oxid-Ionen-Leitfähigkeit von Ga_2O_3 und Bi_2O_3 werden diese Oxide darüber hinaus zu aussichtsreichen Materialien für die Herstellung von Gassensoren [9-10].

Der zweite Teil dieser Arbeit beschäftigt sich mit Disulfaten der vierten Nebengruppe. Im Bereich der Disulfate wurden bisher, insbesondere verglichen mit der enormen Anzahl an strukturell bekannten Sulfaten, nur wenige Strukturen veröffentlicht. Für die Selten-Erd-Elemente wurden allerdings schon ausführliche Untersuchungen auf diesem Gebiet betrieben und die Strukturen von $SE_2(S_2O_7)_3$ mit SE = La-Nd und $SE(S_2O_7)(HSO_4)$ mit SE = Nd, Sm-Lu, Y wurden bestimmt [11-12]. Für die Elemente der vierten Nebengruppe sind die Strukturen einiger anderer Verbindungen mit „Pyro-Anionen" ($X_2O_7^{n-}$) bekannt. So wurden bereits die binären Verbindungen $M(P_2O_7)$ (mit M = Ti, Zr, Hf), $Ti(As_2O_7)$ und $M(V_2O_7)$ (mit M = Zr, Hf) strukturell beschrieben [13-18]. Außerdem wurden schon die Strukturen eine Reihe ternärer Diphosphate und Disilicate sowie einiger ternärer Digermanate der vierten Nebengruppe bestimmt (z. B. [19-21]). Es fehlten bisher jedoch jegliche Strukturinformationen zu Disulfaten dieser Elemente. Diese sollen im Rahmen dieser Arbeit ergänzt werden.

---

[2] TCO: englisch, transparent conducting oxide
[3] ITO: englisch, indium tin oxide

1 Einleitung und Motivation

Das Disulfat-Anion $S_2O_7^{2-}$ ist für strukturelle Untersuchungen besonders interessant, da es sehr unterschiedlich koordiniert vorliegen kann. Prinzipiell stehen sechs Sauerstoff-Atome für eine Koordination zur Verfügung. Der Angriff an ein Metall-Kation kann einzähnig oder zweizähnig erfolgen. Das Disulfat-Anion kann dabei terminal oder verbrückend vorliegen. Werden zusätzlich ein- oder zweiwertige Kationen angeboten, ergeben sich weitere vielseitige Koordinationsmöglichkeiten. Inwiefern diese Koordinationsmöglichkeiten in Abhängigkeit vom Metall der vierten Nebengruppe und in Abhängigkeit von weiteren Kationen realisiert werden, soll im zweiten der Arbeit (Kapitel 4) thematisiert werden.

Außerdem werden die Eigenschaften der erhaltenen Verbindungen mittels Schwingungsspektroskopie und Thermogravimetrie charakterisiert. Zwar wurden schon einige schwingungsspektroskopische Untersuchungen an Disulfaten vorgenommen, jedoch handelte es sich dabei meistens um IR- und Raman-Spektren binärer Alkalimetall-Disulfate [22-23]. Eine genaue Zuordnung der experimentellen Banden in komplexen Disulfaten konnte bisher nicht getroffen werden.

Mit Hilfe thermogravimetrischer Methoden werden die Abbaureaktionen der neu synthetisierten Verbindungen untersucht. Dadurch können Informationen zur thermischen Stabilität gewonnen werden. Zusätzlich liefern Pulverdiffraktogramme der Rückstände Hinweise auf die Zersetzungsprodukte. Dies ist besonders bei den Titan-Verbindungen interessant, da sich hier aus ternären Komplexen auch Doppeloxide wie z. B. Bleititanat $PbTiO_3$ bilden können. Bleititanat und auch Bariumtitanat sind Ferroelektrika, die in bestimmten Informationsspeichern (RAM[4]) in Computern zum Einsatz kommen. RAM-Module bestehen aus einer Kombination aus Kondensator und MOSFET und speichern Informationen dadurch, dass sich der Kondensator entweder in einem geladenen oder nicht geladenen Zustand befindet. In handelsüblichen Computern werden derzeit „flüchtige" RAM-Module als Arbeitsspeicher eingesetzt, d. h. die gespeicherten Daten gehen nach Abschaltung der Stromzufuhr verloren. Durch den Einsatz von Ferroelektrika als Gate-Material können auch „nicht flüchtige" FeRAM-Module[5] hergestellt werden. Auch ohne Stromzufuhr bleibt die Information durch eine permanente elektrische Polarisation des Gate-Materials bestehen.

Das Ziel der Arbeit ist also die Entwicklung von Syntheserouten zu neuartigen Nitraten und Disulfaten von Metallen der dritten und vierten Nebengruppe, ihre umfassende Charakterisierung und die Evaluation des Precursorpotentials ausgewählter Vertreter.

Im nachfolgenden Kapitel 2 werden zunächst theoretische Grundlagen und relevante Methoden beschrieben, bevor anschließend in Kapitel 3 und 4 die erhaltenen Ergebnisse dargestellt werden. Kapitel 5 fasst diese übersichtlich zusammen, in Kapitel 6 werden schließlich Ansätze für zukünftige Forschungsprojekte aufgezeigt.

---

[4] RAM: englisch, **r**andom **a**ccess **m**emory
[5] FeRAM: englisch, **f**erroelectric **RAM**

2. Theoretische Grundlagen

2.1. Kristallographische Grundlagen

2.1.1. Elementarzellen und die 14 Bravais-Gitter [24-25]

Kristalle sind Festkörper, die eine dreidimensionale Fernordnung aufweisen. Diese lässt sich angemessen durch eine Elementarzelle beschreiben. Eine Elementarzelle ist „die kleinste, sich ständig wiederholende Einheit, die über sämtliche Symmetrieeigenschaften der Kristallstruktur verfügt" [26]. Sie wird durch die Kanten a, b und c sowie die Winkel α (zwischen b und c), β (zwischen a und c) und γ (zwischen a und b) definiert. Die Kanten in den drei Raumrichtungen können auch als Basisvektoren bezeichnet werden; diese beschreiben die Translation des Motivs im Raum. Durch Aneinanderreihung der Basisvektoren entsteht das Translationsgitter.

Oftmals gibt es mehrere mögliche Elementarzellen, die eine Struktur beschreiben können. Eine gute Elementarzelle sollte ein möglichst kleines Volumen haben, die höchstmögliche Symmetrie aufweisen und der Ursprung sollte so gewählt werden, dass die Symmetrie offensichtlich ist. Wenn möglich, sollten die Winkel 90° betragen. Grundsätzlich gibt es sieben Kristallsysteme, die sich in ihrer Form unterscheiden: triklin, monoklin, orthorhombisch, tetragonal, trigonal, hexagonal und kubisch (vgl. Abbildung 2). Das rhomboedrische System kann als Spezialfall eines trigonalen Kristallgitters angesehen werden.

Häufig ist die Elementarzelle mit dem kleinsten Volumen („primitive Zelle") in allen Varianten schiefwinklig. Um die symmetrischen Eigenschaften besser zu beschreiben, werden dann Elementarzellen mit größerem Volumen verwendet. In ihrem Inneren sind weitere Punkte des Translationsgitters enthalten; man nennt sie daher zentrierte Zellen. Es existieren zusätzlich zu den sieben primitiven Gittern (P) (aus primitiven Elementarzellen) noch sieben zentrierte Gitter. Insgesamt gibt es also 14 verschiedene Bravais-Gitter. Es werden folgende zentrierte Translationsgitter unterschieden: einseitig flächenzentriertes Gitter (A, B, C; ein weiterer Translationspunkt auf der Mitte der A-Fläche, die sich zwischen b- und c-Achse aufspannt, bzw. der B- oder C-Fläche), allseitig flächenzentriertes Gitter (F, ein weiterer Translationspunkt auf allen Flächen) und raum- oder innenzentriertes Gitter (I, ein zusätzlicher Translationspunkt in der Zellmitte). Die Bravais-Gitter sind in Abbildung 2 zusammengestellt.

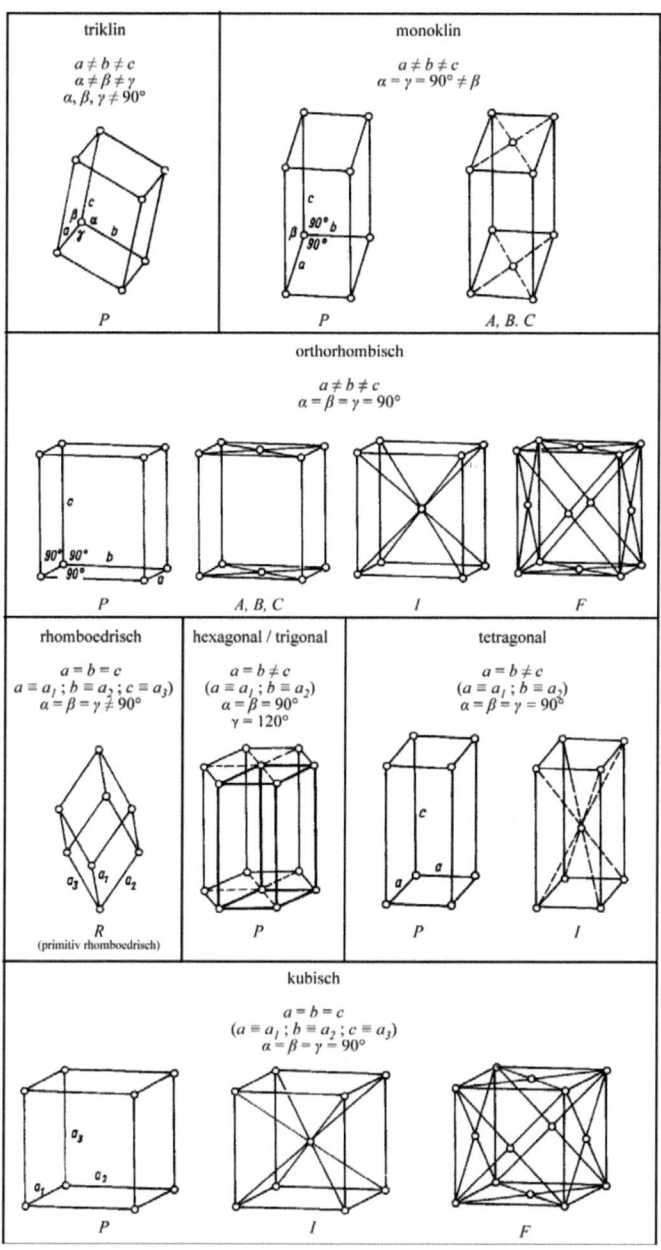

Abbildung 2: Bravais-Gitter, verändert nach [25]

2 Theoretische Grundlagen

2.1.2. Netzebenen und Millersche Indizes [27]

Ein Kristall lässt sich auch als eine Schar paralleler Netzebenen beschreiben, die mehr oder weniger dicht mit Atomen besetzt sind. Die Netzebenen können verschiedene räumliche Orientierungen in der Elementarzelle haben. Ihre Lage wird mit den Millerschen Indizes (hkl) beschrieben. Dabei sind h, k und l die kleinsten ganzzahligen Vielfachen der reziproken Achsenabschnitte der Achsen a, b und c. Wichtig für die Röntgenstrukturanalyse ist besonders der Netzebenenabstand d_{hkl}, da diese Größe primär erhalten wird.

Für rechtwinklige Systeme gilt:

$$\frac{1}{d_{hkl}} = \sqrt{\left(\frac{h}{a}\right)^2 + \left(\frac{k}{b}\right)^2 + \frac{l^2}{c}} \tag{2}$$

Die Beschreibung durch Netzebenen spielt bei der Herleitung des Braggschen Gesetzes eine Rolle (siehe Abschnitt 2.2.1.2).

2.1.3. Symmetrie [24, 26]

Die Kristallklassen unterscheiden sich zudem in ihren Symmetrieeigenschaften. Ein Objekt weist Symmetrie auf, wenn es durch eine bestimmte gedachte Bewegung wieder deckungsgleich in sich übergeht. Die Bewegung wird Symmetrieoperation genannt. Der geometrische Ort, an dem diese durchgeführt wird, heißt Symmetrieelement (Tabelle 1).

Tabelle 1: Symmetrieoperationen, verändert nach [26]

Symme-trietyp	Symmetrie-operation	Symmetrieelement	Herman-Mauguin-Symbole	Schoenflies-Symbole
Punkt-symmetrie	Spiegelung	Spiegelebene	m	σ_v, σ_h
	Drehung	Drehachse	n (= 2, 3, 4, 6)	C_n(C_2, C_3, etc.)
	Inversion	Symmetriezentrum	-1	i
	Drehinversion	Drehinversionsachse	$\bar{n}$ ($\bar{1}$, $\bar{2}$, etc.)	S_n(S_1, S_2, etc.)
Raum-symmetrie	Translation	Raumachse	-	-
	Gleitspiegelung	Gleitspiegelebene	n, d, a, b, c	-
	Schraubung	Schraubenachse	n_m	

Nach dieser Definition der Symmetrie ist auch Translation eine Symmetrieoperation. Lassen sich die Elemente einer Struktur durch Spiegelung an einer Ebene ineinander überführen, ist eine Spiegelebene m vorhanden. Liegt eine Drehachse n vor, so ergibt eine Drehung um $360/n$ Grad eine identische Orientierung. Die Operation muss dann n Mal durchgeführt werden, um die ursprüngliche Lage zu erreichen. n kann dabei nur die Werte 2, 3, 4 und 6 annehmen; die Werte 5 und 7 sind geometrisch nicht möglich. Ein Symmetriezentrum -1 liegt dann vor, wenn jeder Teil einer Struktur durch eine Punktspiegelung (Inversion) an dieser Stelle in einen identischen Teil übergeht.

Die verschiedenen Symmetrieoperationen können auch kombiniert oder gekoppelt auftreten. Bei einer Kombination wird sowohl der Zwischenzustand nach der ersten Symmetrieoperation als auch der Endzustand realisiert. Die einzelnen Symmetrieelemente bleiben erhalten. Bei einer Kopplung der Operationen wird nur der Endzustand realisiert. Die ursprünglichen Symmetrieelemente gehen verloren, neue entstehen. Abbildung 3 zeigt Kopplung und Kombination einer 4-zähligen Drehung und einer Inversion -1 von Punkt 1. Die nicht ausgefüllten Kreise stellen dabei "Hilfspunkte" dar, die nicht realisiert werden. Bei der Kombination entsteht senkrecht zur Drehachse eine Spiegelebene im Inversionszentrum.

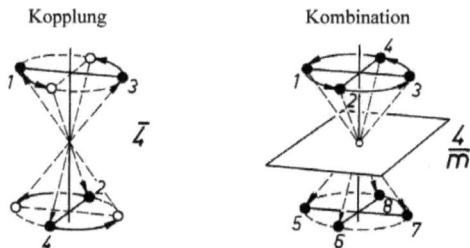

Abbildung 3: Kombination und Kopplung, verändert nach [28]

Wird eine Drehung um eine n-zählige Achse mit einer Punktspiegelung am Symmetriezentrum gekoppelt, liegt eine Drehinversionsachse $\bar{n}$ vor. Bei einer Kombination einer n-zähligen Drehachse mit einer senkrecht dazu liegenden Spiegelebene lautet die Schreibweise n/m.

Während bei der Punktsymmetrie mindestens ein Punkt im Kristall unverändert bleibt, findet bei der Raumgruppensymmetrie eine Kopplung mit einer Translationsbewegung statt. Bei der Gleitspiegelung wird eine Spiegelung mit einer Translation parallel zur Spiegelebene gekoppelt. Die Symbole a, b und c stehen dabei für eine Translation entlang eines halben Gittervektors, n für Translation entlang einer halben Flächendiagonale und d für die Translation entlang einer viertel Flächendiagonale. Bei der Schraubung n_m findet eine Kopplung von n-zähliger Drehung und Translation um m/n Teile eines Gittervektors in einer Achsenrichtung statt.

Eine Übersicht über die notwendigen Symmetrieelemente und die erlaubten Gitter der verschiedenen Kristallsysteme findet sich in Tabelle 2 (das rhomboedrische System kann als Spezialfall des trigonalen Kristallsystems angesehen werden).

Tabelle 2: Kristallsysteme, verändert nach [26]

Kristallsystem	notwendige Symmetrieelemente	erlaubte Gitter
kubisch	vier dreizählige Achsen	$P, F\ I$
tetragonal	eine vierzählige Achse	P, I
orthorhombisch	drei zweizählige Achsen oder Spiegelebenen	P, F, I, A (B oder C)
hexagonal	eine sechszählige Achse	P
trigonal	eine dreizählige Achse	P
rhomboedrisch	eine dreizählige Achse	R
monoklin	eine zweizählige Achse oder Spiegelebene	P, C
triklin	keine	P

2.1.4. Die 230 Raumgruppen und 32 Kristallklassen [24]

Die Kombinationsmöglichkeiten aller Symmetrieelemente einschließlich Translation lassen sich mathematisch mit der Gruppentheorie beschreiben. Es ergeben sich 230 unterscheidbare Möglichkeiten, die so genannten Raumgruppen. Jede Raumgruppe besitzt hinsichtlich Art und räumlicher Lage genau definierte Symmetrieelemente und jeder Kristall lässt sich in einer dieser Raumgruppen beschreiben. Die 230 Raumgruppen sind in den „International Tables for Crystallography" [29] aufgelistet. Dort findet sich auch das Gruppen-Symbol nach Hermann-Mauguin. Dieses setzt sich aus dem Großbuchstaben für den Bravais-Typ gefolgt von den wichtigsten Symmetrieelementen zusammen. Um die Orientierung der Symmetrieelemente relativ zu den Achsen der Elementarzelle anzugeben, wurde für die sieben Kristallsysteme eine Reihenfolge der Blickrichtungen definiert (Tabelle 3). So kann die Orientierung im Raum an der Stellung im Gesamtsymbol abgelesen werden. Die Blickrichtungen wurden jeweils so gewählt, dass die Symmetrieelemente entlang von Achsen oder Diagonalen liegen. Dabei verlaufen Dreh- und Drehinversionsachsen parallel zu diesen Richtungen und Spiegelebenen befinden sich senkrecht zu ihnen.

Tabelle 3: Blickrichtungen [24]

Kristallsystem	Reihenfolge der Blickrichtungen	Beispiele
triklin	-	1, -1
monoklin	b	2, 2/m
orthorhombisch	a, b, c	mm2
tetragonal	$c, a, [110]$	4, 4/mmm
trigonal	$c, a, [210]$	3, -3m1, 31m
hexagonal	$c, a, [210]$	6/m, -62m
kubisch	$c, [111], [110]$	23, m-3m

Häufig ist die Translationssymmetrie eines Kristalls für seine makroskopischen Eigenschaften unerheblich. Wird die Translation nicht berücksichtigt, ergeben sich 32 Punktgruppen oder Kristallklassen. Die Punktgruppen lassen sich aus den Raumgruppen herleiten und bilden jeweils die höchstsymmetrische Gruppe in den sieben Kristallsystemen. Jeder Kristallklasse kann eine bestimmte Anzahl von Raumgruppen zugeordnet werden. Werden die 230 Raumgruppen auf nur zwei Dimensionen reduziert ergeben sich 17 Ebenengruppen.

Für die Strukturanalyse eines Kristalls ist es wichtig die Elementarzellenparameter und die Raumgruppe zu kennen. Diese können mittels Röntgenstrukturanalyse aus den so genannten Auslöschungen ermittelt werden (siehe Abschnitt 2.2.1.5).

2.2. Experimentelle Methoden

2.2.1. Röntgenstrukturanalyse

2.2.1.1. Erzeugung von Röntgenstrahlen [26]

Die Röntgenstrukturanalyse ist eine Methode zur Bestimmung der Struktur kristalliner Verbindungen durch Beugung von Röntgenstrahlen. Röntgenstrahlung hat Wellenlängen im Bereich von etwa 1 Å (10^{-10}m) und befindet sich im elektromagnetischen Spektrum zwischen γ- und UV-Strahlung. Die Gitterabstände in Kristallen liegen ebenfalls in diesem Bereich, wodurch Kristallgitter geeignete Beugungsgitter für Röntgenstrahlen darstellen.

Röntgenstrahlung wird technisch in einer evakuierten Röntgenröhre erzeugt, in der sich ein beheizter Wolframdraht befindet (Abbildung 4). Dieser setzt Elektronen frei, die durch eine Potenzialdifferenz von ca. 30 kV zu einer Metallanode hin beschleunigt werden.

Die beim Auftreffen auf das Metall (meistens Kupfer oder Molybdän) entstehende Röntgenstrahlung setzt sich aus zwei Teilen zusammen. Die so genannte weiße Strahlung umfasst einen breiten Wellenlängenbereich und resultiert aus der Kollision der beschleunigten Elektronen mit dem Metall. Ein Teil der Energie wird dabei in Strahlung umgewandelt. Ein anderer Teil der Röntgenstrahlung, die charakteristische Strahlung, besteht aus definierten monochromatischen Wellenlängen und wird für die Röntgenstrukturanalyse verwendet. Trifft ein Elektronenstrahl auf eine Anode aus Kupfer, können einige der Cu-1s-Elektronen (K-Schale) herausgeschlagen werden. Elektronen der äußeren Schalen ersetzen diese sofort und die Energiedifferenz zwischen den Niveaus wird in Form charakteristischer Röntgenstrahlung frei. Bei Kupfer finden $2p \rightarrow 1s$-Übergänge (K_α) und $3p \rightarrow 1s$-Übergänge (K_β) statt. Der $2p \rightarrow 1s$-Übergang kommt häufiger vor und liefert eine höhere Intensität, daher wird meist K_α-Strahlung verwendet. Durch die zwei möglichen Spinzustände im $2p$-Niveau kann sich die Energiedifferenz zum $1s$-Niveau geringfügig unterscheiden. Daher besteht die K_α-Linie aus einem Dublett, das aber normalerweise nicht aufgelöst wird. Ein Röntgenspektrum ist in Abbildung 5 dargestellt. Der Grenzwert ist durch die Umwandlung der gesamten kinetischen Energie der Elektronen in Röntgenstrahlung gegeben.

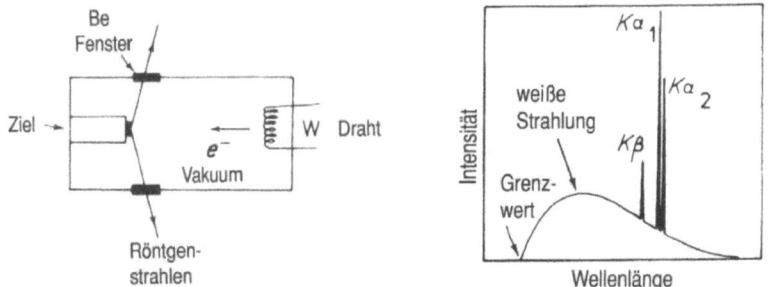

Abbildung 4: Röntgenröhre, verändert nach [26]

Abbildung 5: Röntgenspektrum, verändert nach [26]

Der größte Teil der kinetischen Energie der Elektronen wird allerdings in Wärme umgewandelt, was eine kontinuierliche Kühlung mit Wasser erfordert. Die Röntgenstrahlen verlassen die Röntgenröhre durch ein Berylliumfenster. Beryllium hat eine geringe Ordnungszahl und absorbiert daher nur einen kleinen Teil der Strahlung. Um störende Wellenlängenbereiche auszublenden, wird entweder eine Metallfolie als Filter oder ein Einkristallmonochromator verwendet. Das im Rahmen dieser Arbeit verwendete Diffraktometer enthält einen Graphitmonochromator. Der Graphitkristall ist in einem solchen Winkel zum Röntgenstrahl ausgerichtet, dass nur für die K_α-Wellenlänge die Bedingung für konstruktive Interferenz erfüllt ist.

2.2.1.2. Braggsche Reflexionsbedingung [24, 26]

Zur Herleitung des Braggschen Gesetzes ist es sinnvoll, den Kristall als eine Menge paralleler Netzebenen zu betrachten. Trifft Röntgenstrahlung auf eine Netzebene, wird die Strahlung zum Teil reflektiert und zum Teil transmittiert. So durchdringen die Röntgenstrahlen einige Millionen Netzebenen. Die reflektierten Wellen interferieren: Überlagern sich zwei Röntgenwellen gleicher Phase und gleicher Wellenlänge, entsteht eine Welle mit doppelter Amplitude (konstruktive Interferenz). Bei zwei Wellen, deren Phasen sich um den halben Betrag der Wellenlänge unterscheiden, kommt es zur Auslöschung (destruktive Interferenz). In Abbildung 6 sind die für die Herleitung des Braggschen Gesetzes relevanten geometrischen Zusammenhänge dargestellt.

2 Theoretische Grundlagen

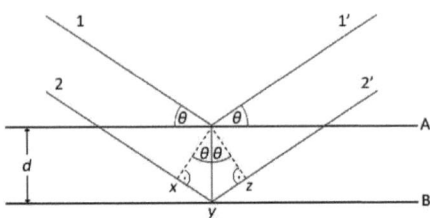

Abbildung 6: Herleitung des Braggschen Gesetz, verändert nach [26]

Für konstruktive Interferenz der Strahlen 1' und 2' muss die Strecke $\overline{XYZ}$ ein ganzzahliges Vielfaches der Wellenlänge sein: $\overline{XYZ} = n\lambda$. Nach dem Sinussatz müssen der Netzebenenabstand d, der Einfallswinkel (Braggwinkel) θ und die Strecke $\overline{XY}$ folgendermaßen verknüpft sein: $\overline{XY} = \overline{YZ} = d\sin\theta$ bzw. $\overline{XYZ} = 2d\sin\theta$. Daraus ergibt sich das Braggsche Gesetz:

$$2d\cdot\sin\theta = n\cdot\lambda \qquad (3)$$

Nur wenn dieses Gesetz erfüllt ist, kommt es im Kristall mit sehr vielen Ebenen zur Verstärkung der Röntgenwellen. Die Beugungsordnung n wird üblicherweise gleich 1 gesetzt. Um eine höhere Beugungsordnung n zu beschreiben, wird mit den fiktiven Netzebenen (nh, nk, nl) mit dem Netzebenenabstand d/n gearbeitet. Diese haben im Gegensatz zu „echten" Netzebenen den gemeinsamen Teiler n. So lässt sich jeder Reflex durch hkl beschreiben.

Die Braggsche Gleichung wird dann in folgender Form verwendet:

$$2\cdot(d/n)\cdot\sin\theta = \lambda \qquad (4)$$

Bezieht man die Gleichung auf (hkl), lässt sich auch schreiben:

$$2\cdot d_{hkl}\cdot\sin\theta_{hkl} = \lambda \qquad (5)$$

Im Folgenden wird der Index „hkl" jedoch nicht weiter mitgeführt.

Das Modell der Netzebenen ist physikalisch nicht korrekt, da Röntgenstrahlen am Kristall durch Wechselwirkungen mit den Atomen in alle Richtungen gestreut werden. Trotzdem liefert es die gleichen Ergebnisse wie eine streng mathematische Betrachtung.

2.2.1.3. Der reziproke Raum und die Ewald-Konstruktion [24]

Netzebenenscharen lassen sich übersichtlich mit d-Vektoren beschreiben, die die Richtung der Flächennormalen und die Länge des Netzebenenabstandes haben. Ihre Endpunkte bilden die Punkte im realen Achsensystem. Die Länge der Vektoren hängt reziprok mit $sin\theta$ und ihre Richtung reziprok mit hkl zusammen. Daher werden zur Vereinfachung die reziproken Größen a^*, b^*, c^* und d^* verwendet, die in orthogonalen Systemen über die Kehrwerte definiert sind. Allgemein stehen reziproke Achsen immer senkrecht auf realen Ebenen und reale Achsen stehen senkrecht auf reziproken Ebenen. Durch die Endpunkte der d^*-Vektoren (Streuvektoren) und Aneinanderreihung von a^*, b^* und c^* wird das reziproke Gitter erhalten. Die Länge einer reziproken Achse ergibt sich aus dem Produkt der anderen beiden realen Achsen geteilt durch das Volumen der Elementarzelle (z. B. $a^* = (b \cdot c)/V$). Jedem Punkt im reziproken Gitter entspricht ein möglicher Reflex hkl. Wird jedem Gitterpunkt zudem eine Reflexintensität zugeteilt, wird ein intensitätsgewichtetes reziprokes Gitter erhalten, das dem Beugungsbild des Kristalls entspricht.

Mit Hilfe der Ewald-Konstruktion kann die Braggsche Reflexionsbedingung im reziproken Raum grafisch dargestellt werden (Abbildung 7).

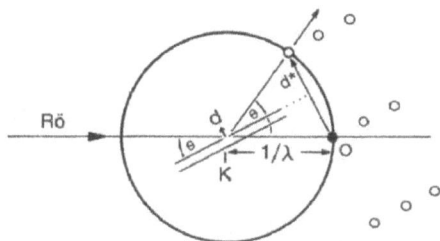

Abbildung 7: Ewald-Konstruktion [24]

Wenn die Röntgenstrahlung im Bragg-Winkel θ zur Netzebene mit dem Vektor d einfällt, kann unter dem Winkel 2θ zum Strahl ein Reflex beobachtet werden. Im rechten Teil von Abbildung 7 ist der Vorgang für den reziproken Gittervektor d^* eingezeichnet. Die Kreise symbolisieren die reziproken Gitterpunkte. Die Bragg-Gleichung lässt sich mit d^* auch schreiben als:

$$sin\theta = \frac{\frac{d^*}{2}}{\frac{1}{\lambda}} \qquad (6)$$

2 Theoretische Grundlagen

Der Winkel θ lässt sich im rechtwinkligen Dreieck ausgehend von K aus der geometrischen Beziehung *sinθ = Gegenkathete/Hypotenuse* bestimmen. Dabei bildet die Strecke $\overline{KO}$ in Richtung des einfallenden Röntgenstrahls die Hypotenuse mit der Länge $1/\lambda$. Die Gegenkathete beträgt $d^*/2$ und die Ankathete fällt mit der reflektierenden Netzebene zusammen. Dabei bildet d^* eine Sekante des Kreises mit dem Radius $1/\lambda$ um K. Fällt der reflektierte Röntgenstrahl durch den Endpunkt von d^*, tritt in dieser Richtung ein Reflex auf. Wird diese Konstruktion auf den dreidimensionalen Raum bezogen, wird die Ewaldkugel erhalten. Durch Drehung um K lassen sich auch die anderen Netzebenen in Reflexionsstellung bringen, dieser Punkt bildet den Ursprung des realen Gitters. Dabei wird parallel auch das reziproke Gitter gedreht, allerdings um den Punkt O, welcher den Ursprung des reziproken Gitters darstellt.

2.2.1.4. Strukturfaktoren [24, 27]

Das Braggsche Gesetz macht nur Aussagen über den Ort des Reflexes; dabei werden punktförmige Streuzentren angenommen. Die Streuung erfolgt allerdings an der Elektronenhülle, deren Größe im Bereich der Röntgenstrahlung liegt. Daher muss bei der Betrachtung der Intensitäten auch die räumliche Ausdehnung der Atome beachtet werden. Dafür werden die Elektronenhüllen in Volumeninkremente aufgeteilt, deren Beitrag sich jeweils aus individueller Streukraft und Abstand zu reflektierender Netzebene ergibt. Liegen die Streuzentren nicht direkt auf der entsprechenden Netzebene, sind sie nicht in Phase und die Gesamtintensität wird abgeschwächt. Die Phasenverschiebung ist umso größer, je kleiner d bzw. je größer $sin\theta/\lambda$ ist. Die Summe der Volumeninkremente ergibt die Streuamplitude f eines Atoms, welche mit zunehmendem Beugungswinkel θ abnimmt. f wird auch Atomformfaktor genannt, da die Winkelabhängigkeit mit der Elektronendichteverteilung („Atomform") variiert.

Eine zusätzliche Phasenverschiebung und damit eine Schwächung der Gesamtintensität ergeben sich durch Schwingung der Atome um ihre Nullpunktslage. Die Phasenverschiebung ist umso größer, je größer die Auslenkungsamplitude u des Atoms und je kleiner der Netzebenenabstand d bzw. je größer der Beugungswinkel θ ist. Das Quadrat der Auslenkungsamplitude u wird als Auslenkungsfaktor U bezeichnet. Bei isotrop schwingenden Atomen gilt:

$$f' = f \cdot exp\{-2\pi^2 U d^{*2}\} \qquad (7)$$

Im Normalfall unterliegen die Atome jedoch anisotroper Schwingung und es müssen verschieden starke Auslenkungsamplituden berücksichtigt werden. Die anisotrope Schwingung lässt sich durch ein Auslenkungsellipsoid mit den Achsen U_1, U_2 und U_3 beschreiben. Form und Lage werden durch die sechs U_{ij}-Parameter (i, j = 1, 2, 3) aus Gleichung 8 definiert.

$$f' = f \cdot e^{-2\pi^2(U^{11}h^2a^{*2}+U^{22}k^2b^{*2}+U^{33}l^2c^{*2}+2U^{23}klb^*c^*+2U^{13}hla^*c^*+2U^{12}hka^*b^*)} \tag{8}$$

Die Auslenkungsparameter aller Atome werden bei der Kristallstrukturbestimmung experimentell bestimmt. Auslenkungsellipsoide werden oft beim Zeichnen von Strukturen verwendet. Dafür werden die Hauptachsen so skaliert, dass die Aufenthaltswahrscheinlichkeit des Elektronendichteschwerpunkts üblicherweise 50% beträgt.

Für eine Struktur mit einer Atomsorte 1 im Nullpunkt kann bei Kenntnis der des Auslenkungsfaktors und der Elementarzelle die Streuamplitude $F_{c(1)}$ für jeden Reflex hkl berechnet werden:

$$F_{c(1)} = f_1 \cdot exp\{-2\pi^2 U d^*\} \tag{9}$$

Jede weitere Atomsorte n besitzt das gleiche Translationsgitter, das jedoch räumlich versetzt angeordnet ist. Daher ergibt sich eine Phasenverschiebung, die sich für jeden Reflex unterschiedlich auswirkt. Dabei ist der Abstand der Atome von der Netzebene wichtig: Entlang einer Achse von einer Ebene zur nächsten werden Gangunterschiede von 0 bis 2π durchlaufen. Die Phasenverschiebung einer weiteren Atomsorte n in Bezug auf den Nullpunkt Φ_n lässt sich unter Verwendung der Atomparameter x_n, y_n, z_n bzw. der resultierenden Verschiebungen x_na, y_nb, z_nc und der Längen der Achsenabschnitte a/h, b/k, c/l ermitteln:

$$\Delta\Phi_{n(a)} = 2\pi\frac{x_na}{a/h}; \; \Delta\Phi_{n(b)} = 2\pi\frac{y_nb}{b/k}; \; \Delta\Phi_{n(c)} = 2\pi\frac{z_nc}{c/l} \tag{10}$$

Insgesamt resultiert für die Atomsorte n:

$$\Phi_n = 2\pi(hx_n + ky_n + lz_n) \tag{11}$$

Durch die zusätzliche Phaseninformation muss die Streuwelle als komplexe Größe beschrieben werden. In der Eulerschen Formel lässt sie sich als Summe eines realen Kosinus-Glieds A und eines imaginären Sinus-Glieds B ausdrücken:

$$F_c(Atom\, n) = f_n(cos\Phi_n + isin\Phi_n) = A_n + iB_n \tag{12}$$

Abbildung 8 zeigt die vektorielle Darstellung einer Streuwelle in der Gaußschen Zahlenebene (r = reale, i = imaginäre Achse). Im entstandenen rechtwinkligen Dreieck ergeben sich der Betrag von F nach dem Satz des Pythagoras und Φ nach der Arkustangens-Funktion (Umkehrfunktion der Tangens-Funktion):

$$|F| = \sqrt{A^2 + B^2} \qquad (13)$$

$$\Phi = \arctan\frac{B}{A} \qquad (14)$$

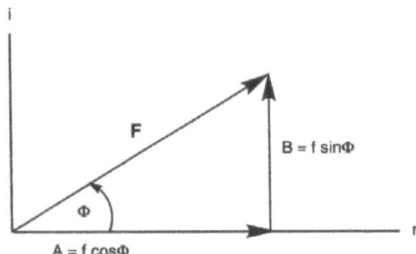

Abbildung 8: Streuwelle in der Gaußschen Zahlenebene, verändert nach [24]

Die aus der Überlagerung der Streuwellen aller n Atome resultierende Streuwelle für einen Reflex *hkl* wird Strukturfaktor F_c genannt. Dieser lässt sich durch Summation nach Gleichung 15 berechnen.

$$F_c = \sum_n f_n\{cos2\pi(hx_n + ky_n + lz_n) + isin2\pi(hx_n + ky_n + lz_n)\} \qquad (15)$$

Der Betrag von F_c ist die Amplitude der Streuwelle und ergibt als Quadrat die Intensität. Der Phasenwinkel Φ ergibt sich nach:

$$\Phi = arctan\left(\frac{\sum_n f_n sin\Phi_n}{\sum_n f_n cos\Phi_n}\right) = arctan\left(\frac{\sum B_n}{\sum A_n}\right) \qquad (16)$$

Experimentell kann nur die Intensität und damit der Betrag der Amplitude ermittelt werden. Der Phasenwinkel ist experimentell nicht zugänglich. Dies wird als Phasenproblem der Röntgenstrukturanalyse bezeichnet.

Bei zentrosymmetrischen Kristallstrukturen lässt sich der Nullpunkt der Elementarzelle auf ein Inversionszentrum legen. Dann existiert für jedes Atom mit den Koordinaten *xyz* ein äquivalentes Atom $\overline{xyz}$. Die an den Atomen gebeugten Wellen haben Phasen von gleicher Größe, aber mit unterschiedlichem Vorzeichen:

$$\Phi_{xyz} = 2\pi(hx + hy + lz) \qquad (17)$$

$$\Phi_{\bar{x}\bar{y}\bar{z}} = 2\pi(-hx - ky - lz) = -\Phi_{xyz} \qquad (18)$$

Dadurch wird die Strukturfaktorgleichung wesentlich vereinfacht. Nur der Sinus ändert beim Vorzeichenwechsel des Phasenwinkels sein Vorzeichen. Nur der Realteil muss betrachtet werden und das Phasenproblem wird zum Vorzeichenproblem:

$$F_c(hkl) = f\cos[2\pi(hk + ky + lz)] + f\sin[2\pi(hx + ky + lz)]$$
$$+ f\cos - [2\pi(hx + ky + lz)] + f\sin - [2\pi(hx + ky + lz)] \qquad (19)$$

Der Strukturfaktor ergibt sich bei zentrosymmetrischen Kristallstrukturen also zu:

$$F_c(hkl) = 2f\cos[2\pi(hx + ky + lz)] \qquad (20)$$

Bei der Betrachtung der Intensitäten müssen noch einige weitere Faktoren berücksichtigt werden. Es kann vorkommen, dass bei Beugungsexperimenten die an verschiedenen Stellen gebeugten Röntgenstrahlen auf derselben Stelle des Detektors auftreffen und dort eine erhöhte Intensität gemessen wird. Dies wird durch den Flächenhäufigkeitsfaktor H berücksichtigt. Dieser spielt besonders bei Pulverdiffraktogrammen eine Rolle, bei Einkristalluntersuchungen beträgt er immer 1, da jede Gitterebene einzeln abgebildet wird. Der Polarisationsfaktor P berücksichtigt, dass Röntgenstrahlen bei der Beugung am Kristall polarisiert werden und die Intensität dadurch abnimmt (abhängig vom Beugungswinkel). Der Lorentzfaktor L korrigiert Einflüsse, die von einer gewissen Divergenz des einfallenden Röntgenstrahls ausgehen, sowie den Einfluss verschieden langer Verweilzeiten der Netzebenen in Reflexionsstellung. Polarisationsfaktor und Lorentzfaktor werden im Allgemeinen zu einem Korrekturglied LP zusammengefasst. Außerdem muss noch berücksichtigt werden, dass die Röntgenstrahlung beim Durchtritt durch Materie teilweise absorbiert wird. Daher müssen für genauere Untersuchungen Absorptionskorrekturen durchgeführt werden. Schließlich tritt besonders bei hohen Intensitäten und kleinem Beugungswinkel eine Abschwächung der Intensität durch Primär- und Sekundärextinktion auf. Die Primärextinktion resultiert aus Interferenz zwischen einfallendem und doppelt reflektierten Strahl und die Sekundärextinktion meint Abschwächung durch Reflexion.

2.2.1.5. Laue-Gruppen und systematische Auslöschungen [24]

Die Symmetrie des Kristalls bzw. der Kristallklasse (vgl. Abschnitt 2.1.3 und 2.1.4) äußert sich im Beugungsbild: Wenn es zu destruktiver Interferenz der gebeugten Röntgenstrahlen kommt, treten bestimmte Reflexe nicht auf (Auslöschungen). Aus den systematischen Auslöschungen können Rückschlüsse auf die Raumgruppe der Verbindung gezogen werden. Allerdings zeigt das intensitätsgewichtete reziproke Gitter immer ein Inversionszentrum - auch wenn im Kristall keins vorhanden ist. Die Intensität zweier Reflexe, die sich nur im Vorzeichen des Phasenwinkels unterscheiden, ist gleich (das Vorzeichen zeigt an, von welcher Seite der Röntgenstrahl auf die Netzebene trifft). Dieser Zusammenhang wird durch das Friedelsche Gesetz ausgedrückt:

$$I_{hkl} = I_{\bar{h}\bar{k}\bar{l}} \qquad (21)$$

Als Folge dieses Gesetzes können bestimmte Kristallklassen im Beugungsbild nicht unterschieden werden. Die elf unterscheidbaren Gruppen werden Laue-Gruppen genannt (Tabelle 4).

Genau genommen gilt das Friedelsche Gesetz nur bei wirklich zentrosymmetrischen Strukturen streng. Ansonsten unterscheiden sich die Intensitäten der Reflexe geringfügig. Die Unterschiede werden besonders in Verbindungen mit schweren Atomen (hohe Elektronendichte) deutlich. Der Effekt wird als anomale Dispersion bezeichnet und kann die Auswahl der Raumgruppe bei mehreren Möglichkeiten erleichtern.

Die Laue-Gruppe wird bei Beugungsexperimenten mit Einkristallen bei der Bestimmung der Raumgruppe zuerst gesucht. Dazu lassen sich die Intensitätsdaten in einer passenden Projektion des reziproken Gitters mit Hilfe geeigneter Programme anzeigen und es kann geprüft werden, welche Reflexe sich durch Symmetrieoperationen ineinander überführen lassen und die gleiche Intensität besitzen (Blickrichtungen beachten). In der Praxis wird die Lauegruppe durch Computerprogramme bestimmt.

Tabelle 4: Lauegruppen [24]

Kristallsystem	Kristallklassen	Lauegruppe
triklin	1, -1	-1
monoklin	2, m, 2/m	2/m
orthorhombisch	222, mm2, mmm	mmm
tetragonal	4, -4, 4/m	4/m
	422, -42m, 4mm, 4/mmm	4/mmm
trigonal	3, -3	
	321, 3m1, -3m1	-3m1
	312, 31m, -31m	-31m
hexagonal	6, -6, 6/m	6/m
	622, -62m, 6mm, 6/mmm	6/mmm
kubisch	23, m-3	m-3
	432, -43m, m-3m	m-3m

Um die Kristallklasse zu finden und die Raumgruppe weiter einzugrenzen bzw. zu bestimmen, werden noch weitere Symmetrieinformationen benötigt. Dazu wird ausgenutzt, dass translationshaltiger Symmetrieelemente bestimmte Reflexklassen auslöschen. Beispielsweise sind bei Zentrierung der Elementarzelle in bestimmten Richtungen zusätzliche Netzebenen mit dem halben Netzebenenabstand vorhanden. Sie verursachen dann einen Gangunterschied der gebeugten Wellen von $\lambda/2$ und führen daher zur Auslöschung. Solche die Zentrierung betreffenden Auslöschungen betreffen alle Reflexe *hkl* und werden „integrale Auslöschungen" genannt. „Zonale Auslöschungen" beziehen sich auf reziproke Ebenen und zeigen Gleitspiegelebenen an. „Serielle Auslöschungen" betreffen reziproke Geraden und weisen auf Schraubenachsen hin.

Wenn eine Raumgruppe nur translationshaltige Symmetrieelemente besitzt, kann diese aus den Auslöschungen eindeutig abgeleitet werden. Ansonsten sind immer noch mehrere Raumgruppen möglich. Dann können Kriterien wie physikalische Eigenschaften oder die strukturchemische Plausibilität berücksichtigt werden oder es wird versucht, die Struktur in allen möglichen Raumgruppen zu lösen. Dies ist in der Regel nur in der richtigen Raumgruppe einwandfrei möglich.

2.2.1.6. Einkristalluntersuchung [24]

Für eine Strukturbestimmung aus Einkristalldaten wird zunächst unter einem Stereomikroskop unter polarisiertem Licht ein Kristall ausgewählt, der eine Größe von 0,5 mm nicht überschreiten sollte. Wurde ein geeigneter Kristall gefunden bzw. störende Bereiche entfernt, kann dieser mit etwas perfluoriertem Öl auf eine Glaskapillare gesetzt und im Mittelpunkt des Goniometerkopfes des Diffraktometers zentriert werden.

Im eigentlichen Beugungsexperiment werden zwischen 1000 und 50 000 Reflexe gemessen. Dazu muss der Kristall im Raum bewegt werden, um die Netzebenen nacheinander in Reflexionsstellung zu bringen. Bei modernen Flächendetektorsystemen können viele Reflexe gleichzeitig registriert werden. In CCD-Systemen[6] werden CCD-Chips zur Detektion benutzt, die auch in Digitalkameras verwendet werden. So ist eine besonders schnelle Registrierung der Reflexe möglich. Allerdings stört ein elektronisch bedingtes Untergrundrauschen.

Eine andere Möglichkeit ist die Registrierung der Reflexe mit einer Bildplatte, „imaging plate", die einen Durchmesser von ca. 350 mm hat und drehbar ist. Sie ist mit einer Folie belegt, die mit Eu^{2+}-Ionen dotiertes BaBrF enthält. Auftreffende Röntgenstrahlen induzieren die Oxidation von Eu^{2+} zu Eu^{3+}, wobei die freien Elektronen Zwischengitterplätze einnehmen. Die anschließende Bestrahlung mit Laserlicht führt

---

[6] CCD: englisch, **c**harge-**c**oupled **d**evice

zur Rekombination unter Rückbildung von Eu^{2+} und der Emission von Photonen. Die Intensität der Emission wird durch eine Fotozelle gemessen. Nach Löschung der Platte mit weißem Halogenlicht kann sie erneut eingesetzt werden. Die Untergrundstrahlung ist bei dieser Methode sehr gering.

Zunächst werden einige orientierende Aufnahmen gemacht, um erste Aussagen über Qualität und Streukraft des Kristalls sowie die Elementarzelle zu erhalten. Bei der Rotation um einen kleinen Drehwinkel gelangen die Streuvektoren, die in der Nähe der Ewaldkugel liegen, in Reflexionsstellung. Es folgt die Indizierung mit Hilfe eines Indizierungsprogramms, bei der die Streuvektoren im reziproken Raum berechnet und die reziproken Gittervektoren gesucht werden. Über die zunächst erhaltene reduzierte Zelle (die Elementarzelle mit dem geringstmöglichen Rauminhalt) wird die konventionelle Elementarzelle ermittelt. Diese erlaubt einen Rückschluss auf das wahrscheinliche Kristallsystem. Abhängig von den gemessenen Intensitäten und der Elementarzelle werden nun die weiteren Messparameter Belichtungszeit, Drehwinkelbereich, Detektorabstand und Winkelinkrement gewählt.

Zur Darstellung des Beugungsbildes im reziproken Raum werden Schnitte durch Ebenen berechnet, indem alle zu der Ebene beitragenden Intensitäten gesammelt werden. Es werden Sätze reziproker Ebenen in allen Raumrichtungen gerechnet, so dass die Symmetrie, die Auslöschungsbedingungen und eventuelle Fehlerquellen leicht erkannt werden können. Nachdem die Orientierungsmatrix mit vielen Aufnahmen verfeinert wurde, folgt die Integration (Intensitätsmessung). Es werden beugungswinkelabhängige Reflexprofile erstellt. Für jeden Reflex *hkl* werden die Beträge der einzelnen Aufnahmen zusammengezählt.

Die erhaltenen Daten müssen für die Strukturlösung noch aufbereitet und korrigiert werden, so dass daraus der beobachtete Strukturfaktor F_o entsteht. Diese Datenreduktion wird bei Flächendetektorsystemen zusammen mit der Integration durchgeführt. Es wird eine „LP-Korrektur" (vgl. Abschnitt 2.2.1) durchgeführt und die Standardabweichung berechnet. Die Korrekturen werden normalerweise durch ein Programm vorgenommen, das eine Datei mit *hkl*-Indizes, F_o^2-Werten und deren Standardabweichung $\sigma(F_o^2)$ erstellt.

Schließlich wird eine Absorptionskorrektur vorgenommen. Die Absorptionseffekte werden durch den Absorptionskoeffizienten μ angegeben. Dieser lässt sich für jede Verbindung aus der Dichte und tabellierten Massenschwächungskoeffizienten ermitteln (Tabellen in den „International Tables for Crystallography C" [30]). Bei der numerischen Absorptionskorrektur wird dafür für jeden Reflex die Weglänge von ein- und ausfallendem Strahl aus dem Kristallformat und seiner Orientierung berechnet.

2.2.1.7. Strukturlösung und Strukturverfeinerung [24]

Nachdem in der *hkl*-Datei die Basisinformationen (Elementarzelle, mögliche Raumgruppen, Intensitäten) über die Struktur vorliegen, werden anschließend die Lagen der einzelnen Atome in der Elementarzelle bestimmt (es genügt die asymmetrische Einheit, aus der sich der Rest der Struktur ergibt). Nach Gleichung 22 lässt sich dazu an jedem Punkt XYZ der asymmetrischen Einheit die Elektronendichte ρ_{XYZ} berechnen (praktisch genügt ein Punkteraster mit 0,2-0,3 Å Abstand).

$$p_{XYZ} = \frac{1}{V} \sum_{hkl} F_{hkl} \cdot \{\cos[2\pi(hX + kY + lZ)] + i\sin[2\pi(hX + kY + lZ)]\} \qquad (22)$$

Das Beugungsbild wird durch die komplizierte dreidimensional periodische Elektronendichtefunktion des Kristalls ausgelöst. Durch diese Funktion wird der kohärente Röntgenstrahl mittels Fouriertransformation in lauter Einzelwellen $F_o(hkl)$ zerlegt. Sind alle diese Einzelwellen, die Strukturfaktoren F_o, mit ihren Phasen bekannt, lässt sich daraus umgekehrt durch Fouriersynthese die Elektronendichtefunktion (und damit die Kristallstruktur) zurückberechnen. Experimentell zugänglich ist jedoch nur $|F_{hkl(o)}|$, die Phaseninformation ist verloren gegangen (Phasenproblem, siehe auch Abschnitt 2.2.1).

Zur Lösung des Phasenproblems wurden verschiedene Methoden entwickelt, die zu einem grundsätzlichen Strukturmodell führen, welches allerdings noch mit Fehlern behaftet ist. Es werden die Methode nach Patterson und direkte Methoden unterschieden.

Bei der Methode nach Patterson wird auch eine Fouriersynthese analog Gleichung 22 durchgeführt. Allerdings werden die gemessenen F^2_{hkl}-Werte direkt verwendet und die Phasen bleiben unberücksichtigt.

$$P_{uvw} = \frac{1}{V^2} \sum_{hkl} F^2_{hkl} \cdot \{\cos[2\pi(hu + kv + lw)]\} \qquad (23)$$

Die Koordinaten u, v, w der Pattersonfunktion P_{uvw} (Gleichung 23) beziehen sich zwar auf die Achsen der Elementarzelle, geben jedoch nicht die realen Atomlagen an, da im Pattersonraum der Ursprung unabhängig von den Atomlagen durch den stärksten Reflex definiert wird. Als Ergebnis der Pattersonsynthese werden interatomare Abstandsvektoren erhalten, die alle von einem Nullpunkt ausgehen. Nur diese Information ist zugänglich, da die gemessenen Intensitäten nur Aussagen über die Amplitude der Streuwelle ermöglichen. In der Amplitude spiegelt sich die relative Verschiebung der an den verschiedenen Atomen gebeugten Wellen wieder und diese ist nur abhängig von den interatomaren Abstandsvektoren in Richtung des Streuvektors

$d^*(hkl)$. Wird die Funktion wieder für ein Punkteraster in der Elementarzelle ausgerechnet, werden Maxima an den Endpunkten der Vektoren erhalten. Die Abstandsvektoren von schweren Atomen setzen sich gut von denen leichter Atome ab, so dass in Strukturen mit wenigen schweren Atomen diese gut bestimmt werden können. Für die Bestimmung von Atomlagen müssen die Reflexintensitäten jedoch noch skaliert und mit den Symmetrieelementen der Raumgruppe verknüpft werden.

Bei den direkten Methoden werden Zusammenhänge zwischen den Intensitäten bestimmter Reflexgruppen (Amplituden der Reflexe) und den Phasen ausgenutzt. Es ergeben sich statistische Wahrscheinlichkeiten für die Vorzeichen bestimmter Phasen in zentrosymmetrischen Strukturen. Es können auch Aussagen über den Phasenwinkel in nicht zentrosymmetrischen Strukturen gemacht werden.

Aufgrund der Winkelabhängigkeit der Atomformfaktoren lassen sich die bei verschiedenen Beugungswinkeln gemessenen Amplituden von Reflexen jedoch nicht direkt vergleichen. Daher werden diese auf einen Erwartungswert für den aktuellen Beugungswinkel bezogen und die „normalisierten Strukturfaktoren" oder E-Werte werden erhalten:

$$E^2 = k \frac{F^2}{F^2_{erw}} \qquad (24)$$

Dabei ist k ein Skalierungsfaktor. Der Erwartungswert F^2_{erw} wird in der Regel aus dem Datensatz selbst berechnet, indem der F^2_o-Mittelwert in einem ähnlichen Beugungswinkelbereich gebildet wird. Die E- Werte sagen aus, wie stark ein Reflex vom Mittelwert abweicht. So lässt sich auch die Wahrscheinlichkeit für eine zentrosymmetrische Struktur ableiten. In zentrosymmetrischen Strukturen ist die statistische Häufigkeit besonders starker E-Werte relativ groß, da sich die Beträge zweier Reflexe durch das Symmetriezentrum paarweise direkt addieren. In nicht zentrosymmetrischen Strukturen dagegen sind die E-Werte stärker um den Mittelwert verteilt. Der theoretische Mittelwert von $E^2 - 1$ beträgt für nicht zentrosymmetrische Strukturen 0,74 und für zentrosymmetrische Strukturen 0,97. Der E-Wert kann also hilfreich sein, wenn noch eine zentrosymmetrische und eine nicht zentrosymmetrische Raumgruppe zur Auswahl steht.

Grundlegend für die Anwendung direkter Methoden ist die Sayre-Gleichung:

$$F_{hkl} = k \sum_{h'k'l'} F_{h'k'l'} \cdot F_{h-h',k-k',l-l'} \qquad (25)$$

Diese besagt, dass der Strukturfaktor eines Reflexes hkl sich aus der Summe der Produkte der Strukturfaktoren aller Reflexpaare ergibt, deren Indizes sich zu denen des gesuchten Reflexes addieren lassen. Es gilt also z. B.:

$$E_{321} = E_{100} \cdot E_{221} + E_{110} \cdot E_{211} + E_{111} \cdot E_{210} \quad \text{u. s. w.} \qquad (26)$$

Sobald die Intensität eines Reflexes schwach ist, fällt das Produkt kaum ins Gewicht. Wenn aber der gesuchte Reflex stark ist und ein Produkt zwei hohe E-Werte aufweist, ist die Wahrscheinlichkeit hoch, dass dieses Produkt den Reflex maßgeblich beeinflusst und auch die Phase bestimmt. Auf der Basis dieser Beziehung lassen sich in zentrosymmetrischen Strukturen Tripletts starker Reflexe ableiten, deren Phasen voneinander abhängen:

$$S_H \approx S_{H'} \cdot S_{H-H'} \qquad (27)$$

S_H steht in dieser so genannten Σ_2-Beziehung für das Vorzeichen eines Strukturfaktors. Wenn $S_{H'}$ und $S_{H-H'}$ das gleiche Vorzeichen haben, ist das Vorzeichen von S_H wahrscheinlich positiv, anderenfalls negativ.

Bei nicht zentrosymmetrischen Strukturen muss der Phasenwinkel Φ bestimmt werden. Analog zu den Vorzeichen in Reflextripletts lässt sich eine Beziehung zwischen den Phasenwinkeln ableiten:

$$\Phi_H \approx \Phi_{H'} + \Phi_{H-H'} \qquad (28)$$

Hier wird versucht, eine Phase Φ_H aus möglichst vielen Σ_2-Beziehungen zu erhalten. Bei der Strukturlösung wird nun von einem Startsatz mit bekannten Phasen ausgegangen. Die E-Werte werden nach Reflextripletts durchsucht, aus denen mit Hilfe der Startdaten neue Phasen bestimmen werden können. Für den Startsatz werden Reflexe verwendet, die den Nullpunkt definieren, dann werden immer neue Phasen dazu genommen. Wenn die Startdaten nicht ausreichen, um genügend weitere Phasen zu bestimmen, werden zusätzliche Reflexe mit willkürlich bestimmter Phase aufgenommen („Multisolution" Methoden). Die möglichen Kombinationen werden nacheinander getestet; dabei ist eine Ausdehnung der Phasen aufgrund von Triplettbeziehungen nur möglich, wenn der Startdatensatz richtig oder fast richtig ist. Als Ergebnis werden Strukturfaktoren erhalten, die nach Fouriersynthese Maxima an Stellen aufweisen, an denen sich Atome befinden. Die gesamte Strukturlösung wird von Programmen wie z. B. SHELXS übernommen. Das resultierende grundsätzliche Strukturmodell ist allerdings noch mit Fehlern behaftet und muss verfeinert werden.

Die Strukturverfeinerung gelingt mit der Differenz-Fouriersynthese, bei der beobachtete und berechnete Strukturfaktoren verglichen werden. Die beobachteten Werte werden von den berechneten Werten abgezogen. So lassen sich Abbrucheffekte aufgrund eines begrenzten Datensatzes reduzieren (beide Werte beruhen auf dem gleichen Reflexsatz). Außerdem lassen sich eventuell noch fehlende Atome anhand von deutlichen Elektronendichtemaxima identifizieren.

Als Ergebnis wird ein im Wesentlichen richtiges Strukturmodell erhalten, das aus einem Satz von Atomkoordinaten besteht. Diese Parameter enthalten aber trotzdem noch Fehler, die sich zum einen aus natürlichen Fehlern im Datensatz ergeben und die zum anderen auf Unzulänglichkeiten der Lösungsmethoden und der Elektronendichteberechnung aus Fouriersynthesen beruhen. Für jeden Reflex tritt ein Fehler Δ_1 bzw. Δ_2 auf:

$$\Delta_1 = ||F_o| - |F_c|| \quad (29)$$

$$\Delta_2 = |F_o^2 - F_c^2| \quad (30)$$

Um die Differenzen zu minimieren, werden die Parameter des Strukturmodells variiert. Dabei wird mathematisch mit der Methode der kleinsten Fehlerquadrate („least quares"-Verfeinerung) gearbeitet. Für alle Reflexe gilt:

$$\sum_{hkl} w\Delta_1^2 = \sum_{hkl} w(|F_o| - |F_c|)^2 = Min. \quad (31)$$

$$\sum_{hkl} w'\Delta_2^2 = \sum_{hkl} w'(|F_o^2| - |F_c^2|)^2 = Min. \quad (32)$$

Bei der Verwendung von F_o-Daten können Probleme auftauchen, da gelegentlich auch negative F_o^2-Werte gemessen werden, aus denen dann nicht die Wurzel gezogen werden kann. Daher wird heute meist mit Δ_2-Werten gerechnet, es wird gegen F_o^2-Daten verfeinert.

In Gleichung 31 und 32 ist w ein Gewichtungsfaktor, der berücksichtigt, dass Fehler von weniger gut bestimmten Reflexen geringeren Einfluss nehmen als Fehler von genau vermessenen Größen. Ein wichtiger Beitrag zum Fehler ist die Standardabweichung σ aus der Zählstatistik der Diffraktometermessung (bei F_o^2-Daten $\sigma(F_o^2)$). In vielen Fällen lässt sich das Gewicht nach Gleichung 33 berechnen:

$$w = 1/\sigma^2 \quad (33)$$

Außerdem treten systematische Fehler auf, die durch unzureichende oder nicht korrigierte Absorptions- und / oder Extinktionseffekte entstehen. Extinktionseffekte fallen besonders bei starken Reflexen bei niedrigen Beugungswinkeln ins Gewicht. Für diese Reflexe muss das Gewicht zusätzlich abgesenkt werden, da diese hohen Einzelfehler - besonders bei Quadrierung - ansonsten zu starken Einfluss haben.

Um die Güte eines Strukturmodells zu beurteilen, werden Zuverlässigkeitsfaktoren („residuals") oder *R*-Werte berechnet. Der „konventionelle *R*-Wert" nach Gleichung 34 gibt, mit 100 multipliziert, die mittlere prozentuale Abweichung zwischen beobachteten und berechneten Strukturamplituden an. Es wird stets vermerkt, mit welchen Reflexen er berechnet wurde (z. B. $F_o > 3w(F_o)$).

$$R = \frac{\sum_{hkl} \Delta_1}{\sum_{hkl} |F_o|} = \frac{\sum_{hkl} ||F_o| - |F_c||}{\sum_{hkl} |F_o|} \tag{34}$$

Beim „gewichteten *R*-Wert" (Gleichung 35 und 36) gehen die minimalisierten Fehlerquadratsummen direkt ein. Wurden die Gewichte vernünftig gewählt, zeigt dieser Wert besser an, ob Änderungen im Strukturmodell sinnvoll sind.

$$wR = \sqrt{\frac{\sum_{hkl} w\Delta_1^2}{\sum_{hkl} wF_o^2}} \tag{35}$$

$$wR_2 = \sqrt{\frac{\sum_{hkl} w\Delta_2^2}{\sum_{hkl} w(F_o^2)^2}} = \sqrt{\frac{\sum_{hkl} w(F_o^2 - F_c^2)^2}{\sum_{hkl} w(F_o^2)^2}} \tag{36}$$

Ein weiteres Qualitätsmerkmal der Bestimmung ist der „Gütefaktor" oder „Goodness of fit" (Gleichung 37). Hier wird auch der Grad der Übereinstimmung der Strukturparameter ($m - n$) einbezogen, wobei *m* für die Zahl der Reflexe und *n* für die Zahl der Parameter steht. *S* sollte bei richtiger Struktur und korrekter Gewichtung Werte um 1 annehmen.

$$S = \sqrt{\frac{\sum_{hkl} w\Delta^2}{m - n}} \tag{37}$$

Die Strukturverfeinerung wird durch Programme wie z. B. SHELXL übernommen.

2.2.1.8. Pulverdiffraktogramme [27]

Bei der Aufnahme von Pulverdiffraktogrammen wird monochromatische Röntgenstrahlung auf eine fein pulverisierte Probe gerichtet. Diese enthält Kristallite mit gleichmäßiger Richtungsverteilung. Die Röntgenstrahlen werden an allen Netzebenen gebeugt, für die die Braggsche Beziehung gilt. Aufgrund der statistischen Verteilung der Kristallite sollte das für alle Ebenen der Fall sein. Für jede Ebene entsteht ein Beugungskegel mit einem Öffnungswinkel von 4θ im Durchstrahlbereich und im Rückstrahlbereich (vgl. Abbildung 9).

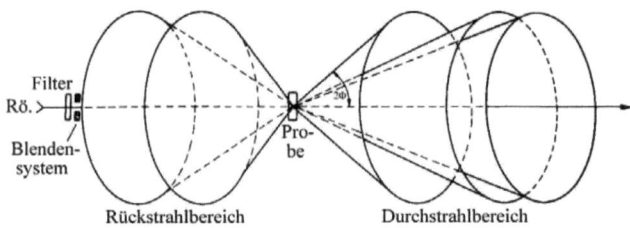

Abbildung 9: Beugungskegel, verändert nach [27]

Bei der Aufnahme von Pulverdiffraktogrammen gibt es verschiedene Verfahren. Im Rahmen dieser Arbeit wurde ein Transmissionsdiffraktometer mit ortsempfindlichem Zähler (Proportionalitätszählrohr) verwendet (Abbildung 10). Vorteile dieser Methode sind eine hohe Genauigkeit und relativ kurze Messzeiten.

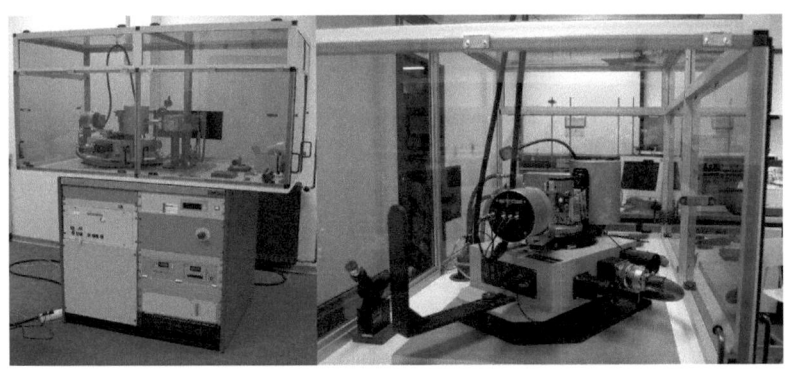

Abbildung 10: Verwendetes Pulverdiffraktometer

Die pulverisierte Probe wird in röntgenunempfindliche Glaskapillaren von 0,3 - 0,5 mm Durchmesser (Markröhrchen) eingeschmolzen. Diese werden während der Messung ständig gedreht, um mögliche Textureffekte auszugleichen. Eine andere Möglichkeit ist das Aufbringen der Probe auf einen Flächenträger, der ebenfalls gedreht wird. Dies ist allerdings bei luftempfindlichen Substanzen nicht möglich und Textureffekte können gewisse Reflexe ungewollt verstärken.

Bei der Messung wird die Probe im Mittelpunkt eines so genannten Messkreises justiert und während der Messung langsam bewegt, so dass verschiedene Winkel zum einstrahlenden Röntgenstrahl eingenommen werden. Der Brennfleck der Röntgenröhre, das Präparat sowie die Eintrittsblende des Zählrohrs befinden sich dabei am Umfang eines gedachten Kreises, dem Fokussierungskreis (vgl. Abbildung 11). Mit dem ortsempfindlichen Zähler (PSD[7]) ist es möglich, alle Reflexe in einem bestimmten Winkelbereich gleichzeitig zu messen.

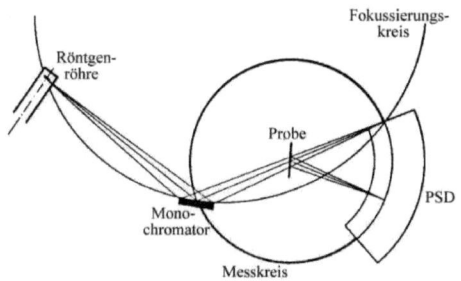

Abbildung 11: Schematischer Strahlengang im Transmissionsdiffraktometer mit Primärmonochromator und PSD, verändert nach [27]

Aus den Beugungswinkeln können über die Braggsche Beziehung die Netzebenenabstände d berechnet werden. So können die Zellkonstanten einer Verbindung weiter verfeinert werden. In manchen Fällen ist sogar die Strukturlösung mit Hilfe von Pulverdiffraktogrammen möglich. Meistens werden diese jedoch zur Identifizierung von Substanzen verwendet. Die relativen Intensitäten werden in Abhängigkeit von 2θ aufgetragen. Für jede Verbindung ergibt sich ein charakteristisches Beugungsdiagramm, anhand dessen die Identifikation einer Verbindung oder eines Gemisches möglich ist. Dabei sind die 2θ-Werte gut bestimmbar, während die Intensitäten nur grob abgeschätzt werden können. Für die Identifikation wird mit Beugungsdiagrammen für Verbindungen mit bekannter Struktur verglichen. Diese können problemlos simuliert werden. Bei einem Gemisch treten alle Reflexe der enthaltenen Verbindungen auf.

---

[7] PSD: englisch, **p**osition **s**ensitive **d**etector

2.2.2. Schwingungs-Spektroskopie [31]

Mit Hilfe schwingungsspektroskopischer Methoden lassen sich bei relativ schneller und einfacher Probenpräparation eine große Menge an Informationen über eine Substanz gewinnen. Einerseits lassen sich Informationen über die Struktur einer unbekannten Verbindung ermitteln (z. B. An- oder Abwesenheit funktioneller Gruppen) und andererseits können Proben mit Hilfe von Vergleichsspektren bekannter Verbindungen identifiziert werden.

Die Atome in einem Molekül können relativ zueinander in Schwingung versetzt werden. Diese Molekülschwingungen oder -rotationen lassen sich durch Strahlung aus dem infraroten Bereich des elektromagnetischen Spektrums anregen. IR-Strahlung weist Wellenlängen von etwa 750 nm bis 1 mm auf und schließt sich damit an den längerwelligen Bereich des sichtbaren Lichtes an. Bei der IR-Spektroskopie wird die Absorption durch die Probe bzw. die Transmission des Lichtes in Abhängigkeit von der Wellenlänge des Lichtes gemessen. Bei der Darstellung des Spektrums wird die Transmission in Prozent gegen die Wellenzahl in cm^{-1} aufgetragen. Die Wellenlänge wird reziprok als Wellenzahl angegeben, da die Wellenzahl direkt proportional zur Frequenz und zur Energie ist:

$$\tilde{v} = \frac{1}{\lambda} \qquad (38)$$

$$v = \frac{c}{\lambda} = c \cdot \tilde{v} \qquad (39)$$

$$\Delta E = h \cdot v = \frac{h \cdot c}{\lambda} = h \cdot c \cdot \tilde{v} \qquad (40)$$

mit: $\tilde{v}$: Wellenzahl c: Lichtgeschwindigkeit (3x10^{10} cm·s^{-1})
      λ: Wellenlänge E: Energie
      v: Frequenz h: Plancksche Konstante (6,626x10^{-34} J·s)

Eine weitere Möglichkeit in der Schwingungsspektroskopie ist die Bestrahlung der Probe mit monochromatischer Strahlung und die Detektion der Streustrahlung. Bei dieser indirekten Methode, der Raman-Spektroskopie, wird ein Emissionsspektrum aufgenommen. Als Strahlungsquelle wird üblicherweise ein Laser verwendet (z. B. ein Nd:YAG-Laser). Der größte Teil der Strahlung durchdringt die Probe ungehindert, aber ein kleiner Teil wird in alle Raumrichtungen gestreut. Während dies bei der sogenannten Rayleigh-Streuung unter Erhalt der Frequenz geschieht, ändert sich die Frequenz bei dem weitaus geringeren Anteil der Raman-Streuung. Dieser geringe Teil wird spektral zerlegt und mit einem fotoelektronischen Detektor registriert. Aus der

Differenz zwischen der Frequenz des eingestrahlten Lichtes und der der Raman-Linie ergibt sich die Frequenz der Schwingung. Diese kann eine längere oder eine kürzere Wellenlänge als die Eingangsstrahlung haben. Wird ein Teil der Lichtenergie zu Erhöhung der Schwingungsenergie des Moleküls aufgenommen, wird energieärmeres, längerwelliges Streulicht emittiert (Stokes-Linien). Trifft das monochromatische Licht auf ein Molekül im angeregten Schwingungszustand, tritt bei gleicher Wechselwirkung kürzerwelliges Streulicht aus (Anti-Stokes-Linien).

Mit Hilfe eines einfachen mechanistischen Modells lässt sich eine Molekülschwingung veranschaulichen. Dabei werden die Atommassen eines zweiatomigen Moleküls als Punktmassen behandelt, die durch eine elastische Feder verbunden sind. Bei einer Schwingung, also einer Auslenkung der beiden Massen aus ihrer Ursprungslage, lässt sich die rücktreibende Kraft K beschreiben durch:

$$K = -k \cdot \Delta r \tag{41}$$

mit: K: rücktreibende Kraft
k: Federkonstante
Δr: Auslenkung

Während k im mechanistischen Modell für die Federkonstante steht, steht k in der IR-Spektroskopie für die Kraftkonstante und ist ein Maß für die Bindungsstärke.

Die Energie der Schwingung und damit die Lage im Spektrum lassen sich qualitativ mit Hilfe des Modells des harmonischen Oszillators abschätzen. Seine potenzielle Energie ist eine Funktion des Kernabstandes r.

Für ein zweiatomiges Molekül ergibt sich nach dem mechanistischen Modell:

$$\nu_{osc} = \frac{1}{2\pi} \cdot \sqrt{\frac{k}{\mu}} \tag{42}$$

mit: ν_{osc}: Schwingungsfrequenz des Oszillators
k: Kraftkonstante
μ: reduzierte Masse

Es wird deutlich, dass die Schwingungsfrequenz umso höher ist, je größer k ist, also je stärker die Bindung ist und je kleiner die schwingenden Atommassen sind.

Die Anzahl der zu erwartenden Normalschwingungen eines Moleküls aus N Atomen beträgt 3N, da jedes Atom sich prinzipiell in alle drei Raumrichtungen bewegen kann.

Drei von diesen möglichen Bewegungen entfallen auf Translationsbewegungen des ganzen Moleküls in die drei Raumrichtungen und drei weitere auf Rotationsbewegungen (bei nicht linearen Molekülen). Bei linearen Molekülen kann die Rotationsschwingung um die Achse nicht beobachtet werden und es entfallen daher nur zwei Rotationsbewegungen. Dadurch ergeben sich für lineare Moleküle 3N-5 und für nicht lineare Moleküle 3N-6 Schwingungsfreiheitsgrade.

Grundsätzlich werden Valenzschwingungen ν und Deformationsschwingungen δ unterschieden. Bei den Valenzschwingungen ändert sich die Bindungslänge während der Schwingung und bei den Deformationsschwingungen ändert sich der Bindungswinkel. Außerdem wird zwischen symmetrischen und asymmetrischen Schwingungen unterschieden. Daneben sind auch Kombinationsschwingungen aus verschiedenen Normalschwingungen möglich. Oberschwingungen entstehen, wenn ein Molekül nicht in den nächsthöchsten diskreten Schwingungszustand angehoben wird, sondern in einen energetisch noch darüber liegenden.

Zusätzlich zu den Quantenbedingungen gelten bei der Schwingungsspektroskopie außerdem einige Auswahlregeln. Voraussetzung für die Absorption von Infrarot-Strahlung ist eine Änderung des Dipols im Molekül während der Schwingung. Damit ein Molekül Raman-Aktivität zeigt, muss sich dagegen die Polarisierbarkeit während der Schwingung ändern. Falls das Molekül ein Symmetriezentrum aufweist, ändert sich das Dipol-Moment bei Schwingungen, die zu diesem symmetrisch sind, nicht. Diese Schwingungen sind IR-inaktiv (verboten). Da sich jedoch in diesem Fall die Polarisierbarkeit ändert, sind die Schwingungen Raman-aktiv. Umgekehrt sind Schwingungen, die nicht symmetrisch zu einem Symmetriezentrum erfolgen, IR-aktiv und Raman-inaktiv. Dadurch können sich IR- und Raman-Spektren in vielen Fällen gut ergänzen.

2.2.3. Thermische Analysemethoden [26, 32]

Bei der thermischen Analyse werden physikalische und chemische Materialeigenschaften als Funktion der Temperatur gemessen. Es werden Thermogravimetrie (TG) und Differenz-Thermoanalyse (DTA) bzw. Dynamische Differenzkalorimetrie (DSC) unterschieden.

2.2.3.1. Thermogravimetrie (TG)

Bei der TG wird die Gewichtsänderung einer Substanz als Funktion der Temperatur oder der Zeit gemessen. Die Messung wird unter definierter Atmosphäre (z. B. Stickstoffstrom) durchgeführt. 10-25 mg der Probe werden dafür in einem speziellen Korund-Tiegel auf dem Messarm einer Präzisionswaage (Thermowaage) deponiert. Dann wird die Probe bei konstanter Heizgeschwindigkeit (1-10 °C/min) aufgeheizt. Sie hat zunächst ein konstantes Gewicht. T_{Start} kennzeichnet den Beginn einer thermischen Zersetzung, die durch den einsetzenden Masseverlust angezeigt wird. Bleibt das Gewicht wieder konstant, ist das Ende der Zersetzung (T_{Ende}) erreicht. T_{Start} und T_{Ende} sind abhängig von der Heizrate, der Form des Feststoffes und der Atmosphäre. Das Restgewicht sowie die Gewichtsdifferenz Δm sind dagegen grundsätzliche Probeneigenschaften. Eine Kurve für eine Zersetzungsreaktion in einem Schritt ist in Abbildung 12 gezeigt.

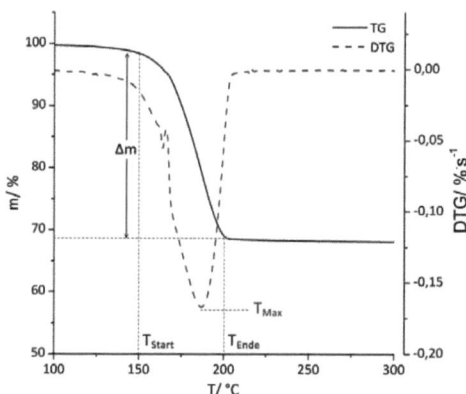

Abbildung 12: TG-Kurve einer Zersetzungsreaktion

Die Geschwindigkeit der Gewichtsänderung wird als DTG-Signal (1. Ableitung des TG-Signals nach der Zeit) aufgezeichnet. In der DTG-Kurve sind einzelne Signale oftmals leichter zu identifizieren. In der Kurve in Abbildung 12 wird dadurch deutlich, dass der Zersetzungsschritt eigentlich aus einem kleinen vorgelagerten Schritt und einem Hauptschritt besteht. T_{Max} gibt die Temperatur der stärksten Gewichtsänderung an. Die Thermogravimetrie wird hauptsächlich zur Gehaltsbestimmung z. B. von Wasser und zur Ermittlung von Temperatur und Verlauf von Zersetzungsreaktionen eingesetzt.

2.2.3.2. Differenz-Thermoanalyse (DTA)

Bei der DTA wird die Differenz ΔT zwischen der Temperatur der Probe T_P und der Temperatur eines inerten Referenzmaterials T_R während einer definierten Temperaturänderung gemessen. Die Änderung der Temperatur sollte bei beiden Materialien gleich bleiben, solange kein thermodynamischer Vorgang einsetzt. Findet jedoch ein endothermer Vorgang statt, erwärmt sich die Probe weniger stark als die Referenzsubstanz, die Differenz $T_R - T_P$ wird positiv. Bei einem exothermen Vorgang erwärmt sie sich stärker als die Referenzsubstanz und $T_R - T_P$ wird negativ. Wird $T_R - T_P$ gegen T_R aufgetragen, wird die DTA-Kurve erhalten, die endotherme Prozesse durch positive Signale und exotherme Prozesse durch negative Signale anzeigt. Mit dieser Methode können auch Prozesse wie Phasenänderungen detektiert werden, die nicht mit einer Masseänderung verbunden sind. Die Probenpräparation wird genau wie bei der TG durchgeführt.

2.2.3.3. Simultane Thermische Analyse (STA)

Mit einer modernen thermoanalytischen Ausstattung ist es möglich TG- und DTA-Untersuchungen simultan mit dem gleichen Gerät durchzuführen (STA). So können Masseänderungen und Temperaturdifferenzen unter exakt den gleichen Bedingungen aufgezeichnet und verglichen werden. Dabei benötigen einige Messgeräte keinen Referenztiegel mehr. Die Temperaturdifferenz wird zwischen Probentemperatur (Ist-Temperatur) und Ofentemperatur (Soll-Temperatur) gemessen. Die Methode wird auch als SDTA[8] bezeichnet. Abbildung 13 zeigt das im Rahmen der vorliegenden Arbeit verwendete Gerät.

---

[8] SDTA: englisch, **s**ingle **d**ifferential **t**hermal **a**nalysis

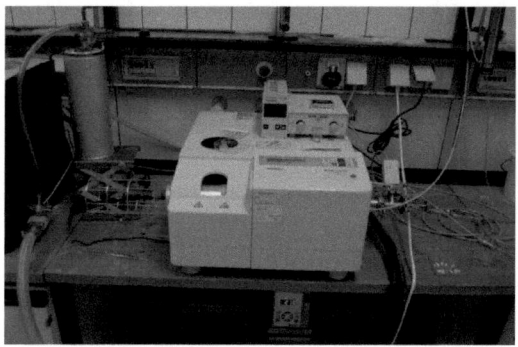

Abbildung 13: Verwendete SDTA/TG-Apparatur

2.2.3.4. Dynamische Differenzkalorimetrie (DSC)

Die Dynamische Differenzkalorimetrie funktioniert prinzipiell ähnlich wie eine Differenz-Thermoanalyse mit dem Unterschied, dass die Temperaturdifferenz hier nicht direkt als Messsignal verwendet wird. In dem hier verwendeten Gerät wird die Methode der Dynamischen Wärmestromdifferenzkalorimetrie realisiert. Dafür werden Referenz- und Probetiegel auf gut wärmeleitenden Scheiben platziert, unter denen sich Temperaturfühler befinden. Sie werden gemeinsam aufgeheizt und der Wärmestrom von den jeweiligen Tiegeln auf die Scheiben wird gemessen. Der Wärmestrom ist eine physikalische Leistung und wird in Watt angegeben, die Differenz der Wärmeströme ist dabei proportional zu der Temperaturdifferenz zwischen Referenz- und Probetiegel.

Abbildung 14 zeigt TG- und DSC-Kurve einer thermischen Zersetzungsreaktion. $T_{Max}(1)$ kennzeichnet die maximale Temperatur des endothermen Effekts, der der Abbaureaktion zuzuordnen ist. Dieser ist mit einem deutlichen Massenverlust verbunden. Die DSC-Kurve zeigt anschließend ein weiteres exothermes Signal mit der Maximaltemperatur $T_{Max}(2)$. Da dieses ohne eine gleichzeitige Änderung der Masse auftritt und ein Schmelzprozess ein endothermes Signal erzeugen würde, zeigt es eine Phasenumwandlung der eingesetzten Substanz an.

2 Theoretische Grundlagen

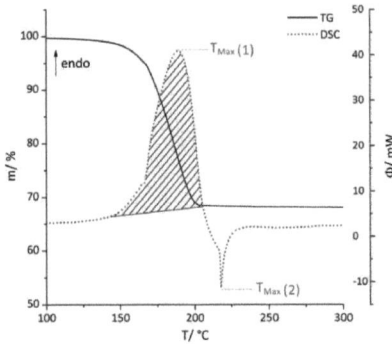

Abbildung 14: TG/DSC-Diagramm einer Zersetzungsreaktion

Der Vorteil dieser Methode gegenüber der älteren Differenz-Thermoanalyse liegt in der Möglichkeit auch quantitative Aussagen bezüglich einer Reaktionsenthalpie, eines Phasenüberganges oder einer Phasenumwandlung machen zu können. Durch Berechnung des Integrals der DSC-Kurve (schraffierte Fläche in Abbildung 14) kann die Wärmemenge des thermischen Effekts berechnet werden. Wird diese auf die eingesetzte Stoffmenge bezogen, kann beispielsweise eine molare Reaktionsenthalpie ermittelt werden. Auch die DSC kann selbstverständlich kombiniert mit TG-Messungen im selben Gerät durchgeführt werden.

2.2.4. Verwendete Geräte

Tabelle 5: Verwendete Geräte

Gerät	Typ	Herkunft
Image-Plate-Diffraction-System	IPDS 1	Stoe & Cie, Darmstadt, Deutschland
CCD Diffraktometer	APEX II	Bruker, Karlsruhe, Deutschland
Polarisationsmikroskop	KL 1500	Schott, Deutschland
Stickstoff-Handschuhbox	Unilab	Braun, Garching, Deutschland
SDTA / DTA / TG	TGA/SDTA 851e	Mettler-Toledo GmbH, Schwerzenbach, Schweiz
DSC / TG	DSC 01	Mettler-Toledo GmbH, Schwerzenbach, Schweiz
Pulverdiffraktometer	STADI P	Stoe & Cie, Darmstadt, Deutschland
Ozonisator	Ozon-Generator 502	Fischer technology
IR Spektrometer	Tensor	Bruker, Karlsruhe, Deutschland
Raman Spektrometer	RSF100/S	Bruker, Karlsruhe, Deutschland

2.2.5. Verwendete Computerprogramme

Tabelle 6: Verwendete Computerprogramme

Bezeichnung	Funktion
STOE X-RED 1.22 [33]	Programm zur Datenreduktion einschließlich Absorptionskorrektur
STOE X-RED32 1.31 [34]	Programm zur Datenreduktion einschließlich Absorptionskorrektur
SHELXS-86/-97 [35]	Programm zur Berechnung eines Strukturvorschlages aus Einkristalldiffraktometerdaten unter Verwendung von Direkten Methoden oder Pattersonmethoden
SHELXL-93/-97 [36]	Programm zur Strukturverfeinerung durch Differenz-Fouriersynthesen, "least-sqare"-Berechnungen und Wichtungsfunktion mit Darstellung von Bindungslängen und -winkeln
X-STEP32 1.06f [37]	Benutzeroberfläche zum Lösen und Verfeinern von Kristallstrukturen
STOE X-SHAPE [38]	Programm zur Optimierung der Gestalt von Einkristallen zur anschließenden numerischen Absorptionskorrektur
DIAMOND 3.2g [39]	Visualisierungsprogramm für Kristallstrukturen
PLATON [40]	Kristallographie-Programm zur Untersuchung von Symmetrie in Kristallstrukturen und zur Darstellung von Differenzfourierkarten
STOE WinXPOW 2.20 [41]	Programm zur Auswertung und Darstellung von Pulverdiffraktogrammen und Erzeugung von theoretischen Diffraktogrammen aus Einkristallstrukturdaten
METTLER TOLEDO STAR^e 9.30 [42]	Programmpaket zur Steuerung von DTA/TGA-Geräten und zur Auswertung und grafische Darstellung von Daten aus der thermischen Analyse
Match! 1.11b [43]	Programm zur Identifikation kristalliner Phasen aus Pulverdiffraktogrammen
Pearson's Crystal Data 1.3b [44]	Datenbank für Kristallstrukturen anorganischer Verbindungen.
FindIt 1.8.1 [45]	Anorganische Kristallstrukturen-Datenbank des Fachinformationszentrums (FIZ) Karlsruhe
EndNote X5 [46]	Programm zur Verwaltung von Literatur und anderer Quellen
Origin 8G SR5 [47]	Programm zur Analyse und Darstellung wissenschaftlicher Daten

2.3. Apparative Methoden

2.3.1. Stickstoff-Handschuhbox

In der Stickstoff-Handschuhbox kann mit luft- oder feuchtigkeitsempfindliche Substanzen unter Schutzgas gearbeitet werden. Die Box besteht aus einem gasdichten Metallgehäuse mit einer Frontscheibe aus Plexiglas. In die Frontscheibe sind zwei armlange Gummihandschuhe integriert, mit denen in der Box gearbeitet werden kann. Im Innenraum herrscht eine Stickstoff-Atmosphäre, die über eine Umwälz- und Reinigungsanlage ständig von Sauerstoff und Wasser befreit wird. Geräte und Chemikalien können über ein seitliches Schleusensystem eingebracht werden. Die Box ist auch mit einer Analysenwaage und einem Polarisationsmikroskop ausgestattet. Abbildung 15 zeigt die Handschuhbox, in der gearbeitet wurde.

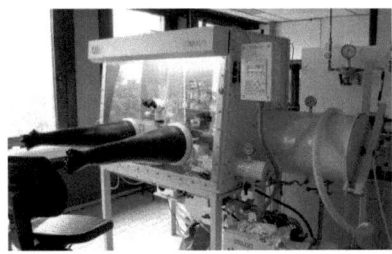

Abbildung 15: Stickstoff-Handschuhbox

2.3.2. Schlenktechnik

Die Schlenktechnik bietet eine weitere Möglichkeit mit luft- oder feuchtigkeitsempfindlichen Substanzen zu arbeiten. Schlenkgeräte besitzen mindestens einen zusätzlichen Gashahn, über den die Apparatur mit Schutzgas gefüllt, mit Schutzgas gespült oder mit einer Vakuumpumpe evakuiert werden kann. Die Schlenkgeräte können problemlos mit normalen Glasgeräten kombiniert werden. Abbildung 16 zeigt einen Schlenkkolben.

Abbildung 16: Schlenkkolben mit N_2O_5

3. N₂O₅ und rauchende Salpetersäure als Edukte zur Synthese neuartiger Nitrate

3.1. Zur Koordinationschemie des Nitrat-Anions in anorganischen Verbindungen [48]

Bevor die in dieser Arbeit dargestellten Nitrate näher beschrieben werden, soll an dieser Stelle kurz auf das Nitrat-Anion und dessen Koordinationsmöglichkeiten eingegangen werden. In komplexen Anionen zeigt das planare NO_3^--Anion sowohl terminal gebunden als auch in verbrückender Funktion vielfältige Koordinationsmodi, die in einem Übersichts-Artikel von *Morozov* in 28 Typen unterteilt wurden. Die relevanten Koordinationstypen und die hier verwendeten Kriterien zu ihrer Einordnung werden im Folgenden kurz vorgestellt.

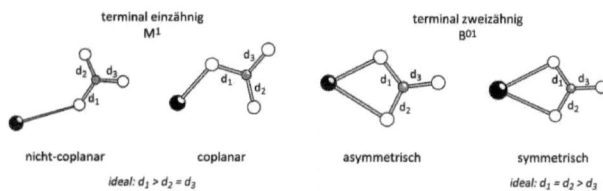

Abbildung 17: Koordinationsmodi terminaler Nitrat-Gruppen (verändert nach [48])

Häufige Koordinationsmodi des Nitrat-Anions sind terminal einzähnig (Typ M^1) und terminal zweizähnig (Typ B^{01}); diese lassen sich im Fall von M^1 weiter in nicht-coplanar und coplanar und im Fall von B^{01} in asymmetrisch und symmetrisch unterteilen (Abbildung 17). Als Kriterium zur Einordnung eignet sich die Differenz zwischen den beiden kürzesten Metall-Sauerstoff-Abständen $\Delta|$M-O$|$: Ist diese größer als 0,7 Å, greift die Nitrat-Gruppe einzähnig an, ist die Differenz kleiner als 0,7 Å, greift sie zweizähnig an. Des Weiteren lassen sich dadurch nicht-coplanare ($\Delta|$M-O$| \approx 0{,}50\text{-}1{,}25$ Å; $\varnothing \approx 1{,}0$ Å) und coplanare ($\Delta|$M-O$| \approx 1{,}35\text{-}1{,}65$ Å; $\varnothing \approx 1{,}5$ Å) einzähnig angreifende Nitrat-Gruppen unterscheiden. Dafür kann auch der Winkel ∠M-O-N betrachtet werden, der für nicht-coplanare Nitrat-Gruppen ca. 120° und für coplanare Nitrat-Gruppen ca. 134° beträgt.Die Art der Verzerrung einer Nitrat-Gruppe mit den N-O-Abständen d_1, d_2 und d_3 ($d_1 \geq d_2 \geq d_3$) lässt sich weiter durch dem Mittelwert d_m sowie die Werte Δ und γ einordnen, die in folgendem Zusammenhang stehen:

$$\gamma = \frac{d_1 - d_2}{d_1 - d_3} = \frac{d_1 - d_2}{\Delta} \qquad (43)$$

3 N_2O_5 und rauchende Salpetersäure als Edukte zur Synthese neuartiger Nitrate

Für eine ideal zweizähnig angreifende (terminale) Nitrat-Gruppe gilt demnach $\gamma = 0$ ($d_1 = d_2 > d_3$) und für eine ideal einzähnig angreifende Nitrat-Gruppe gilt $\gamma = 1$ ($d_1 > d_2 = d_3$) (vgl. Abbildung 17). So lässt sich der Angriff einer Nitrat-Gruppe in symmetrisch zweizähnig ($\gamma \leq 0{,}3$), asymmetrisch zweizähnig ($0{,}3 < \gamma < 0{,}7$) und einzähnig ($0{,}7 \leq \gamma \leq 1$) einteilen. Der Wert Δ beschreibt die Stärke der Verzerrung: Je größer Δ ist, desto verzerrter die Nitrat-Gruppe. Die Kriterien für die Einteilung der Nitrat-Gruppen sind in Tabelle 7 zusammengefasst.

Tabelle 7: Kriterien für die Einordnung der Koordinationsmodi von Nitrat-Gruppen

Kriterium	Beschreibung	Zuordnung	
$\Delta\|M\text{-}O\|$	Differenz zwischen den beiden kürzesten Metall-Sauerstoff-Abständen zur Einteilung in einzähnig und zweizähnig angreifende Nitrat-Gruppen	$\Delta\|M\text{-}O\| > 0{,}7$ Å:	einzähnig
		$\Delta\|M\text{-}O\| \approx 0{,}50\text{--}1{,}25$ Å:	nicht-coplanar einzähnig
		$\Delta\|M\text{-}O\| \approx 1{,}35\text{--}1{,}65$ Å:	coplanar einzähnig
		$\Delta\|M\text{-}O\| < 0{,}7$ Å:	zweizähnig
		$0{,}7$ Å $> \Delta\|M\text{-}O\| > 0{,}2$ Å:	asymmetrisch zweizähnig
		$\Delta\|M\text{-}O\| < 0{,}2$ Å:	symmetrisch zweizähnig
		$\Delta\|M\text{-}O\| = 0{,}5\text{--}0{,}8$ Å:	ein- oder zweizähnig
$\angle M\text{-}O\text{-}N$	Winkel zwischen Metall-Atom, koordinierenden Sauerstoff-Atom und Stickstoff-Atom zur Einteilung bezüglich der Orientierung der Nitrat-Gruppe zum Metallzentrum	$\angle M\text{-}O\text{-}N = 120°$	nicht-coplanar einzähnig
		$\angle M\text{-}O\text{-}N = 134°$	coplanar einzähnig
$d_m = \dfrac{d_1 + d_2 + d_3}{3}$	Mittelwert aller N-O-Abstände zur Einschätzung des Koordinationsverhaltens in Bezug auf die gesamte Nitrat-Gruppe		
$\Delta = d_1 - d_3$	Differenz zwischen kürzesten und längsten N-O-Abstand zu Beurteilung des Ausmaßes der Verzerrung	$\Delta \leq 0{,}03$ Å	leicht verzerrt
		$\Delta > 0{,}03$ Å	stark verzerrt
$\gamma = \dfrac{d_1 - d_2}{\Delta}$	Quotient aus der Differenz zwischen kürzesten und mittleren N-O-Abstand und Δ zur Einschätzung der Art der Verzerrung	$\gamma \leq 0{,}3$	symmetrisch zweizähnig
		$0{,}3 < \gamma < 0{,}7$	asymmetrisch zweizähnig
		$0{,}7$ Å $\leq \gamma \leq 1$	einzähnig

Relevant für diese Arbeit sind außerdem die Koordinationstypen T^{02} und T^{03}, die zwei bzw. drei Metallzentren unter Beteiligung von drei Sauerstoff-Atomen verbrücken (Abbildung 18). Der Koordinationsmodus T^{02} tritt bei den hier vorgestellten Verbindungen immer in Kombination mit einer zweizähligen Drehachse auf, so dass hier auch die Bedingung $d_1 > d_2 = d_3$ und $\gamma = 1$ gilt (das Stickstoff-Atom und das doppelt koordinierte Sauerstoff-Atom liegen dabei speziell).

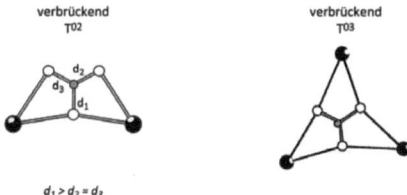

Abbildung 18: Koordinationsmodus einer verbrückenden Nitrat-Gruppe (verändert nach [48])

3.2. Reaktionen mit N_2O_5 zur Synthese der Nitrosylium-Nitratometallate Aluminium, Gallium, Zirconium und Hafnium sowie der Bismut-Verbindung $(NO)_5(Bi(NO_3)_4)_4(NO_3)\cdot HNO_3$

3.2.1. Stand der Forschung

Für die Synthesen der in diesem Kapitel vorgestellten Nitrosylium-Nitratometallate wurde das Anhydrid der Salpetersäure, Distickstoffpentoxid, N_2O_5, eingesetzt. N_2O_5 kann durch Entwässerung mit P_4O_{10} aus Salpetersäure hergestellt werden (siehe Abschnitt 3.2.2.1). Bei Raumtemperatur liegt N_2O_5 in Form farbloser zerfließender Kristalle vor. Die Substanz sublimiert bei 32,4 °C und schmilzt unter Druck bei 41 °C. In der Gasphase oder gelöst in CCl_4 liegt N_2O_5 molekular vor, während es im festen Zustand ein Nitrylium-Nitrat bildet (Abbildung 19). [1]

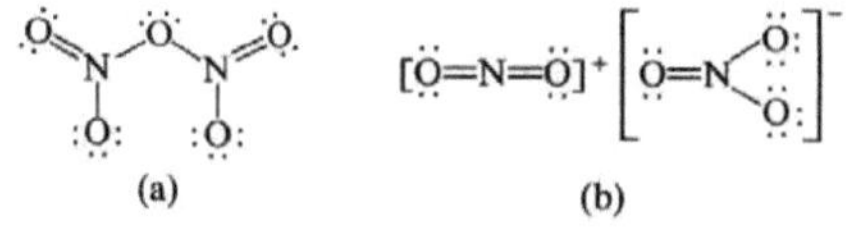

Abbildung 19: Struktur N_2O_5: Molekular (a) und ionisch (b) [1]

Addison untersuchte die Eigenschaften von flüssigem N_2O_4 und dessen Reaktionsverhalten bereits in den 1950er Jahren. Bei der Reaktion mit Metallen konnte er die Bildung von Metall-Nitraten (z. B. bei den Alkalimetallen [49]) bzw. die Bildung von sogenannten Addukten wie z. B. $Zn(NO_3)_2 \cdot 2N_2O_4$ beobachten [50]. Durch die Verwendung von flüssigem N_2O_4 als Reaktionsmedium wird die Synthese *wasserfreier* Nitrate deutlich erleichtert, da die schwächer koordinierenden Nitrat-Anionen nicht mehr mit Wasser-Molekülen konkurrieren. In den 1960er und 1970er Jahren dehnte *Addison* seine Forschung aus und beschrieb zahlreiche zunächst als Addukte bezeichnete Verbindungen der Zusammensetzung $M^{m+}(NO_3)_m \cdot xN_2O_4$.

Für die Hauptgruppen-Elemente M = Be, Mg, In, Tl, Bi und Po wurden bisher von verschiedenen Autoren Verbindungen mit x = 0,5-2 beschrieben [2, 51-52]. Diese wurden aus den elementaren Metallen, aus den Metallchloriden, aus den (zum Teil wasserhaltigen) Nitraten, aus den Metalloxiden oder im Falle von Indium aus $In(NO_3)_3 \cdot N_2O_5$ durch Umsetzung mit flüssigem N_2O_4 erhalten [51, 53-57]. Bei der Synthese der Beryllium- und Magnesium-Addukte wurde zudem Essigsäureethylester als Lösungsmittel verwendet [55]. *Archambault* erhielt aus der Umsetzung von Aluminiumchlorid mit N_2O_4 ein Produkt der Zusammensetzung $Al(NO_3)_3 \cdot 0,38N_2O_4$, das vermutlich aus einem Gemisch von $Al(NO_3)_3$ und $Al(NO_3)_3 \cdot N_2O_4$ bestand [56]. *Addison* gibt an, dass bei der Reaktion mit N_2O_4 normalerweise Oxid-Nitrat-Addukte wie z. B. $Al_2O(NO_3)_4 \cdot 2N_2O_4$ entstehen [58]. Aus der Reaktion von $Bi(NO_3)_3 \cdot 5H_2O$ mit N_2O_4 konnten *Tranter et al.* ein Produkt der Zusammensetzung $Bi(NO_3)_3 \cdot 0,8N_2O_4$ gewinnen [54].

Im Bereich der Übergangsmetalle sind Verbindungen der Zusammensetzung $M^{m+}(NO_3)_m \cdot xN_2O_4$ mit M = Cr, Mn, Fe, Co, Ni, Pd, Pt, Cu, Au, Zn, Hg und x = 0,5-2 bekannt [2, 59-61]. Die Synthese erfolgt in den allermeisten Fällen durch Umsetzung der Metalle oder der Metallchloride mit flüssigem N_2O_4 oder N_2O_5, welches oft auch gelöst in Essigsäureethylester oder Tetrachlorkohlenstoff eingesetzt wird [2, 59, 62-65]. Bei Eisen und Cobalt ist es auch möglich Verbindungen mit x = 1,5 bzw. x = 2 zu Verbindungen mit x = 1 zu zersetzen [64, 66]. Im Fall von Chrom gelang die Darstellung nur ausgehend von $Cr(CO)_6$ oder CrO_2Cl_2, während bei Quecksilber sowohl von den Oxiden Hg_2O und HgO als auch von dem Nitrat $Hg(NO_3)_2$ ausgegangen werden kann [2, 51]. Für Zirconium erwähnen *Field* und *Hardy* eine Verbindung der Zusammensetzung $Zr(NO_3)_4 \cdot 0,4N_2O_5 \cdot 0,6N_2O_4$ aus der Umsetzung von $ZrCl_4$ mit N_2O_5, welche als Vorstufe bei der Synthese von $Zr(NO_3)_4$ isoliert wurde [67].

Im Bereich der Actinoide sind die Addukte $Th(NO_3)_4 \cdot 2N_2O_4$ aus der Umsetzung von $Th(NO_3)_4 \cdot 2N_2O_5$ mit N_2O_4 und $UO_2(NO_3)_2 \cdot N_2O_4$ aus der Umsetzung von elementarem Uran oder eines wasserfreien Uran-Oxids mit N_2O_4 (ggf. gelöst in Nitromethan) bekannt [57, 68-69]. Auf die Umsetzungen von N_2O_4 mit Selten-Erd-Elementen wird in Kapitel 3.3 näher eingegangen.

3 N_2O_5 und rauchende Salpetersäure als Edukte zur Synthese neuartiger Nitrate

Später führte *Addison* weitere Versuche mit dem noch stärkeren Oxidationsmittel N_2O_5 durch. Er und andere Autoren konnten bisher Verbindungen der Zusammensetzung $M^{m+}(NO_3)_m \cdot N_2O_5$ mit M = Al, Ga, In, Bi, Zr, Hf, Fe, Au und Th (x = 1-2) isolieren. Die Synthese erfolgte meistens aus wasserhaltigen oder wasserfreien Metall-Nitrat-Verbindungen oder aus Metall-Halogeniden, die mit N_2O_5 oder manchmal auch $ClNO_3$ umgesetzt wurden. Bei der Darstellung von $(NO_2)[Au(NO_3)_4]$ wurde von elementarem Gold ausgegangen. Außerdem ist die Verbindung $UO_2(NO_3)_2 \cdot N_2O_5$ aus der Reaktion von UO_3 mit N_2O_5 bekannt. [54, 57-58, 66, 70-77]

Beide Verbindungsklassen zeigen eine hohe thermische Labilität und lassen sich in vielen Fällen zu den wasserfreien Nitraten $M^{m+}(NO_3)_m$ abbauen. Diese sind oftmals nicht auf anderem Wege erhältlich, da sich die entsprechenden wasserhaltigen Nitrate thermisch nicht entwässern lassen ohne sich gleichzeitig zu den Oxid-Nitraten zu zersetzen. Ausgehend von N_2O_4- bzw. N_2O_5-Addukten konnten so durch vorsichtiges thermisches Zersetzen die wasserfreien Nitrate $Mn(NO_3)_2$, $Co(NO_3)_2$, $Cu(NO_3)_2$, $Hg(NO_3)_2$, $Ni(NO_3)_3$, $Th(NO_3)_4$ und das Uranyl-Nitrat $UO_2(NO_3)_2$ erhalten werden [62, 65, 69, 75, 78-79]. Ebenso eignet sich die thermische Zersetzung der Addukte zur Synthese der wasserfreien Nitrate der Hauptgruppen-Elemente Beryllium, Magnesium und Aluminium [55, 58].

Die Strukturen von einer Reihe dieser Verbindungen wurden bereits einkristalldiffraktometrisch aufgeklärt und als Nitrosylium-Nitratometallate $(NO)_n[M^{m+}(NO_3)_{m+n}]$ bzw. Nitrylium-Nitratometallate $(NO_2)[M^{m+}(NO_3)_{m+n}]$ identifiziert. So konnten die Nitrosylium-Nitratometallate von Beryllium und der Übergangsmetalle Mangan, Eisen, Cobalt und Kupfer kristallographisch bestimmt werden [63, 80-83]. Eine Besonderheit zeigt die Struktur von „$Fe(NO_3)_3 \cdot 1,5N_2O_4$": Die Struktur enthält $Fe(NO_3)_4^-$-Anionen und kationische Einheiten, die aus einer Nitrat-Gruppe umgeben von drei NO^+-Ionen bestehen, so dass man die Verbindung als $((NO)_3(NO_3))[Fe(NO_3)_4]_2$ formulieren könnte [81]. Zudem sind die Strukturen von $(NO)_2[Pd(NO_3)_4]$, $(NO)_2[Pt(NO_3)_6]$, $(NO)[Au(NO_3)_4]$ und $(NO)_2[Zn(NO_3)_4]$ durch die Arbeitsgruppe *Wickleder* aufgeklärt worden [59-61].

Im Bereich der Nitrylium-Nitratometallate wurden bisher nur die Verbindungen der Elemente Gallium, Zirconium, Eisen und Gold durch Röntgenstrukturanalyse strukturell aufgeklärt [71, 73, 77]. Im Fall von Zirconium konnte zudem die Struktur der Verbindung $(NO_2)_{0,23}(NO)_{0,77}[Zr(NO_3)_5]$ bestimmt werden, die sowohl NO^+- als auch NO_2^+-Ionen enthält [84].

Fast alle der bisher strukturell bekannten Nitrosylium- bzw. Nitryliumverbindungen sind aus isolierten komplexen Anionen und NO^+- bzw. NO_2^+-Kationen aufgebaut. Ausnahmen bilden die Verbindungen $(NO)(Cu(NO_3)_3)$ und $(NO)(Mn(NO_3)_3)$, welche eine zweidimensional vernetzte Struktur aufweisen [63, 82-83]. Die Nickel-Verbindung

3 N_2O_5 und rauchende Salpetersäure als Edukte zur Synthese neuartiger Nitrate

$(NO)_6[Ni_4(NO_3)_{12}](NO_3)_2\cdot(HNO_3)$ ist das bisher einzige literaturbekannte Nitrosylium-Nitrat, in dem eine anionische Kettenstruktur vorliegt [61].

Im Rahmen dieser Arbeit wurden die neuen Nitrosylium-Nitratometallate $(NO)_2[Al(NO_3)_5]$, und $(NO)_2[Ga(NO_3)_5]$ synthetisiert und charakterisiert. Tabelle 8 zeigt die bekannten (schwarz) sowie die in dieser Arbeit vorgestellten (rot) Nitrate der dritten Hauptgruppe mit einwertigen Kationen. Einkristalldaten lassen sich jedoch bisher nur von drei dieser Verbindungen in der Literatur finden (fett gedruckt). Die Tabelle zeigt erstens, dass die meisten Verbindungen für die Elemente Aluminium und Gallium beschrieben wurden und zweitens, dass vor allem Tetranitrato-Verbindungen beschrieben wurden (weiß unterlegt). Nur von Aluminium konnten bisher auch Penta- oder sogar Hexanitratometallate erhalten werden (blau unterlegt).

Tabelle 8: Ternäre Nitrate der dritten Hauptgruppe mit einwertigen Kationen

	B	Al	Ga	In	Tl
Li^+			$Li[Ga(NO_3)_4]$ [85]		
Na^+			$Na[Ga(NO_3)_4]$ [85]		
K^+		$K_2[Al(NO_3)_5]$ [86] $K_3[Al(NO_3)_6]$ [86]	$K[Ga(NO_3)_4]$ [87]		
Rb^+	$Rb[B(NO_3)_4]$ [88]	$Rb[Al(NO_3)_4]$ [89] **$Rb_2[Al(NO_3)_5]$** **[89]** $Rb_3[Al(NO_3)_6]$ [90]	$Rb[Ga(NO_3)_4]$ [87]		
Cs^+	$Cs[B(NO_3)_4]$ [88]	$Cs[Al(NO_3)_4]$ [91] **$Cs_2[Al(NO_3)_5]$** **[93]**	$Cs[Ga(NO_3)_4]$ [92]	$Cs[In(NO_3)_4]$ [92]	
NO^+		**$(NO)_2[Al(NO_3)_5]$**	**$(NO)_2[Ga(NO_3)_5]$**	$NO[In(NO_3)_4]$ [92]	$NO[Tl(NO_3)_4]$ [53]
NO_2^+		$NO_2[Al(NO_3)_4]$ [58]	$NO_2[Ga(NO_3)_4]$ [71]	$NO_2[In(NO_3)_4]$ [57]	

Dabei hängt die Stabilität des Komplexes laut *Shirokova* von der Größe des Gegenkations ab: Je kleiner dieses ist, desto stabiler werden die nitratreicheren Verbindungen und desto instabiler werden die nitratärmeren Verbindungen [90]. Dieser Effekt ist möglicherweise auch dafür verantwortlich, dass es sich bei den hier vorgestellten Verbindungen $(NO)_2[Al(NO_3)_5]$ und $(NO)_2[Ga(NO_3)_5]$ um Pentanitratometallate handelt, während in der Klasse der Nitryliumverbindungen nur die Tetranitratometallate $NO_2[Al(NO_3)_4]$ und $NO_2[Ga(NO_3)_4]$ bekannt sind. Die etwas geringere Größe des NO^+-Ions im Gegensatz zum NO_2^+-Ion könnte für die Bildung des nitratreicheren Pentanitratoaluminats bzw. Pentanitratogallats ausreichen. Erwartungsgemäß sind diese neuen Verbindungen auch wenig stabil und zersetzen sich schnell unter Abspaltung nitroser Gase. Dies gilt besonders für die Gallium-

Verbindung, das erste Pentanitratogallat überhaupt. Die geringe Stabilität von $(NO)_2[Al(NO_3)_5]$ könnte ebenfalls dafür verantwortlich sein, dass die Verbindung aus Umsetzungen mit N_2O_4 bisher nicht isoliert werden konnte.

Außerdem werden die neuen Nitrosylium-Verbindungen $(NO)[Zr(NO_3)_5]$ und $(NO)[Hf(NO_3)_5]$ vorgestellt. In der Literatur sind nur wenige nicht basische Zirconium(IV)- und Hafnium(IV)-Nitrat-Verbindungen beschrieben. Ein Grund dafür ist vermutlich die Tendenz zur Bildung von Zirconyl-Verbindungen wie $ZrO(NO_3)_2 \cdot 2H_2O$ in salpetersaurer Lösung [94]. Durch Umsetzung der entsprechenden Hexachlorido-Komplexe mit N_2O_4 allerdings wurden die Verbindungen $(Me_4N)_2[Zr(NO_3)_6]$ und $(Me_4N)_2[Hf(NO_3)_6]$ erhalten [95]. Bei Umsetzung der Chloride $ZrCl_4$ bzw. $HfCl_4$ mit N_2O_5 haben *Field* und *Hardy*, wie oben bereits erwähnt, Produkte der Zusammensetzung $Zr(NO_3)_4 \cdot 0,4 N_2O_5 \cdot 0,6 N_2O_4$ und $Hf(NO_3)_4 \cdot N_2O_5$ synthetisiert [67, 74]. Diese Verbindungen wurden später durch die Arbeitsgruppe um *Troyanov* strukturell aufgeklärt und im Falle von Zirconium als $(NO_2)_{0,23}(NO)_{0,77}[Zr(NO_3)_5]$ und $(NO_2)[Zr(NO_3)_5]$ identifiziert [73, 84]. Die in der vorliegenden Arbeit neu beschriebenen Verbindungen enthalten ausschließlich Nitrosylium-Ionen. Des Weiteren sind die Strukturen von $Cs[Zr(NO_3)_5]$ und $(NH_4)[Zr(NO_3)_5] \cdot HNO_3$ bekannt, die ebenfalls die anionische Einheit $[Zr(NO_3)_5]^-$ enthalten [84]. Im Gegensatz dazu ist die Struktur von $(NO_2)[Zr(NO_3)_3(H_2O)_3]_2(NO_3)_3$ aus kationischen $[Zr(NO_3)_3(H_2O)_3]^+$-Einheiten und Nitrat-Anionen aufgebaut [84].

Schließlich wird auch die neue Verbindung $(NO)_5(Bi(NO_3)_4)_4(NO_3) \cdot HNO_3$ in diesem Kapitel vorgestellt. Es handelt sich hierbei um die erste Struktur eines wasserfreien Nitrats des Bismuts, das neben den Nitrat-Ionen keine weiteren Anionen wie Oxid, Hydroxid oder Halogenid enthält und um die erste Struktur eines Bismut-Salpetersäure-Addukts. Während eine Vielzahl an Strukturen basischer Bismut-Nitrate bereits mit Hilfe von Einkristalldaten aufgeklärt wurde [96], sind als Beispiele für (anorganische) nicht basische Bismut-Nitrate nur die Strukturen von $Bi(NO_3)_3 \cdot 5H_2O$, $Cs_2Bi(NO_3)_5 \cdot H_2O$ und $KBiCl_3(NO_3)$ bekannt [97-99]. In der chloridhaltigen Verbindung wird eine Schichtstruktur über verbrückende Nitrat- und Chlorid-Ionen ausgebildet, die „reinen" Nitrate liegen dagegen als Monomere „nulldimensional" vor.

Die Struktur von $Cs_2Bi(NO_3)_5 \cdot H_2O$ wurde 1982 von *Lazarini et al.* bestimmt „to prove that isolated Bi^{3+} cations are present in the compounds crystallizing from solutions with pH below 0.8 [...]" [98]. Die hier vorgestellte Verbindung wurde aus einem Gemisch aus flüssigem N_2O_5, N_2O_4 und HNO_3 kristallisiert, dessen pH-Wert sicherlich unter 0,8 liegt, und bildet dennoch eine Ketten-Struktur gemäß $^1_\infty\{[Bi(NO_3)_{3/1}(NO_3)_{3/3}]^-\}$ aus. Es konnte also gezeigt werden, dass auch aus sehr sauren Lösungen polymere Bismut-Nitrat-Strukturen erhalten werden können.

3.2.2. Synthese

3.2.2.1. Synthese von N_2O_5 [100]

Das verwendete N_2O_5 wird nach einer leicht veränderten Literaturvorschrift durch Entwässerung von Salpetersäure mit P_4O_{10} hergestellt. Für die Synthese wird ein 500-ml-Dreihalskolben mit einem Tropftrichter mit Druckausgleich, einer Destillierbrücke und einem Schlauch verbunden, über den ein durch konzentrierte Schwefelsäure getrockneter O_2/O_3-Strom eingeleitet wird. O_3 wird mit Hilfe eines Ozonisators hergestellt und ist zu etwa 3 % dem Sauerstoff zugesetzt. Die Destillierbrücke wird mit einem Schlenkkolben verbunden, der mit einem Ethanol/N_2-Kältebad bei ca. -70 °C gehalten wird. In den Dreihalskolben wird P_4O_{10} im Überschuss (ca. 40 g) vorgelegt und über den Tropftrichter werden sehr langsam (1 ml/min) 30 ml rauchende HNO_3 hinzu getropft. Anschließend wird der Dreihalskolben im Ölbad langsam auf ca. 40-70 °C erwärmt. Das entstehende N_2O_5 wird durch den Sauerstoffstrom in den Schlenkkolben getragen und kondensiert dort. Nach mehreren Stunden ist die Reaktion beendet und das Produkt kann im Kühlschrank bei -70 °C gelagert werden. Neben N_2O_5 entsteht bei der Reaktion auch Polyphosphorsäure, $(HPO_3)_n$:

$$4\ HNO_3 + P_4O_{10} \rightarrow 2\ N_2O_5 + 4/n\ (HPO_3)_n$$

Bei der Synthesemethode entsteht als Nebenprodukt auch immer N_2O_4. Um möglichst reines N_2O_5 zu erhalten, muss die Synthese langsam und vorsichtig durchgeführt werden. Außerdem ist die Verwendung eines Ozonisators wichtig. Ohne diesen enthält das Produkt noch mindestens 10-20 % N_2O_4 und möglicherweise Reste von HNO_3.

3.2.2.2. Synthese der Nitrosylium-Nitrate $(NO)_2[Al(NO_3)_5]$, $(NO)_2[Ga(NO_3)_5]$, $(NO)[Zr(NO_3)_5]$, $(NO)[Hf(NO_3)_5]$ und $(NO)_5(Bi(NO_3)_4)_4(NO_3) \cdot HNO_3$

Für die Synthese der Nitrosylium-Nitratometallate werden die Metalle in elementarer Form oder als Chloride in einer Schlenkampulle vorgelegt. Die Schlenkampulle wird über einen Krümmer gemäß Abbildung 20 mit einem Schlenkkolben verbunden, in dem sich das N_2O_5 in fester Form befindet.

3 N$_2$O$_5$ und rauchende Salpetersäure als Edukte zur Synthese neuartiger Nitrate

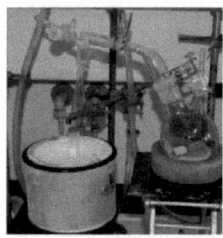

Abbildung 20: Synthese der Nitrosylium-Nitrate mit N$_2$O$_5$

Sobald das N$_2$O$_5$ nicht mehr gekühlt wird, erwärmt es sich langsam, sublimiert und geht in die Schlenkampulle über, die mit flüssigem Stickstoff gekühlt wird. Wenn sich genügend N$_2$O$_5$ in der Ampulle befindet, wird diese – ebenfalls unter Kühlung mit Stickstoff – abgeschmolzen. Anschließend wird die Ampulle entweder bei Raumtemperatur gelagert oder einem Temperaturprogramm in einem Blockthermostaten ausgesetzt. Das zunächst feste N$_2$O$_5$ wird, verunreinigt durch die gebildeten Reaktionsprodukte, mit der Zeit flüssig und es bilden sich braune nitrose Gase über der Flüssigkeit. Die vorgestellten Verbindungen sind sehr luftempfindlich und müssen unbedingt unter Schutzgas gehandhabt werden. Wie Abbildung 21 zeigt, zersetzen sich die erhaltenen Kristalle zum Teil selbst unter Inert-Öl unter Abspaltung nitroser Gase (Blasenbildung). In Tabelle 9 sind Mengenangaben sowie Reaktionsbedingungen zusammengefasst und in Tabelle 10 werden Reaktionsgleichungen aufgelistet.

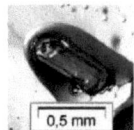 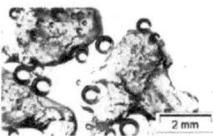 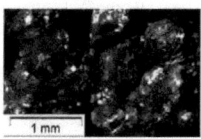

Abbildung 21: Kristalle von (NO)$_2$[Al(NO$_3$)$_5$] (links), (NO)$_2$[Ga(NO$_3$)$_5$] (Mitte) und (NO)[Hf(NO$_3$)$_5$] (rechts)

3 N$_2$O$_5$ und rauchende Salpetersäure als Edukte zur Synthese neuartiger Nitrate

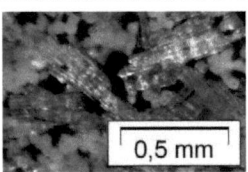

Abbildung 22: Kristalle von (NO)$_5$(Bi(NO$_3$)$_4$)$_4$(NO$_3$)·HNO$_3$

Tabelle 9: Reaktionsbedingungen für Reaktionen mit N$_2$O$_5$

Verbindung	Edukte		Temperaturprogramm
(NO)$_2$[Al(NO$_3$)$_5$]	150 mg AlCl$_3$	+ N$_2$O$_5$	Raumtemperatur (RT) $\xrightarrow{20\,h}$
(NO)$_2$[Ga(NO$_3$)$_5$]	265 mg Ga	+ N$_2$O$_5$	Raumtemperatur $\xrightarrow{20\,h}$
(NO)[Zr(NO$_3$)$_5$]	300 mg ZrCl$_4$	+ N$_2$O$_5$	RT $\xrightarrow{20\,h}$ 60 °C $\xrightarrow{80\,h}$ 60 °C $\xrightarrow{80\,h}$ RT
(NO)[Hf(NO$_3$)$_5$]	300 mg HfCl$_4$	+ N$_2$O$_5$	RT $\xrightarrow{1\,h}$ 100 °C $\xrightarrow{99\,h}$ 100 °C $\xrightarrow{50\,h}$ RT
(NO)$_5$(Bi(NO$_3$)$_4$)$_4$(NO$_3$)·HNO$_3$	150 mg Bi	+ N$_2$O$_5$	RT $\xrightarrow{72\,h}$ 100 °C $\xrightarrow{72\,h}$ 100 °C $\xrightarrow{96\,h}$ RT

Tabelle 10: Übersicht über Reaktionen zu Nitrosylium-Nitratometallaten

Verbindung	Reaktionsgleichung
(NO)$_2$[Al(NO$_3$)$_5$]	AlCl$_3$ + 5 N$_2$O$_4$ → (NO)$_2$[Al(NO$_3$)$_5$] + 3 NOCl
(NO)$_2$[Ga(NO$_3$)$_5$]	Ga + 5 N$_2$O$_4$ → (NO)$_2$[Ga(NO$_3$)$_5$] + 3 NO
(NO)[Zr(NO$_3$)$_5$]	ZrCl$_4$ + 5 N$_2$O$_4$ → (NO)[Zr(NO$_3$)$_5$] + 4 NOCl
(NO)[Hf(NO$_3$)$_5$]	HfCl$_4$ + 5 N$_2$O$_4$ → (NO)[Hf(NO$_3$)$_5$] + 4 NOCl
(NO)$_5$(Bi(NO$_3$)$_4$)$_4$(NO$_3$)·HNO$_3$	4 Bi + 17 N$_2$O$_4$ + HNO$_3$ → (NO)$_5$(Bi(NO$_3$)$_4$)$_4$(NO$_3$)·HNO$_3$ + 12 NO

Obwohl festes N$_2$O$_5$ („NO$_2^+$NO$_3^-$") als Edukt eingesetzt wurde, wurden in keinem Fall Nitrylium-Nitrate erhalten und die Reaktionsgleichungen in Tabelle 10 wurden entsprechend mit N$_2$O$_4$ („NO$^+$NO$_3^-$") formuliert. Das N$_2$O$_4$ entsteht einerseits schon bei der Synthese des Edukts als Verunreinigung und bildet sich andererseits im Nachhinein durch die Zersetzung von N$_2$O$_5$ zu NO$_2$ und O$_2$. NO$_2$ steht mit dem Dimer N$_2$O$_4$ in einem temperaturabhängigen Gleichgewicht, welches bei Raumtemperatur hauptsächlich auf der Seite des Dimers und bei einer Temperatur von 100 °C zu 90 % auf der Seite von NO$_2$ liegt (gasförmiges N$_2$O$_4$, 1 bar Gesamtdruck); NO$_2$ kann zusätzlich aus der Reaktion des Reaktionsproduktes NO mit O$_2$ entstehen [100]. Die möglichen Reaktionswege sind schematisch in Abbildung 23 dargestellt. Es ist dabei jedoch nicht auszuschließen, dass zunächst auch N$_2$O$_5$ eine wichtige Rolle bei dem

Ablauf der Reaktionen gespielt haben könnte. Wenn das verwendete N_2O_5 mit Spuren von HNO_3 verunreinigt ist, ist auch die Bildung von $(NO)_5(Bi(NO_3)_4)_4(NO_3)\cdot HNO_3$ möglich (Kristalle: Abbildung 22).

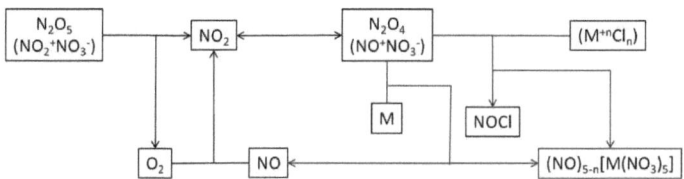

Abbildung 23: Schema der Reaktionswege im N_2O_5/N_2O_4-System (grau: Reaktion zu vorgestellten Verbindungen)

3.2.3. Nitrosylium-pentanitratoaluminat(III), $(NO)_2[Al(NO_3)_5]$

3.2.3.1. Kristallstruktur

$(NO)_2[Al(NO_3)_5]$ kristallisiert trigonal in der azentrischen Raumgruppe $P3_2$ mit den in Tabelle 11 angegebenen Gitterkonstanten und Güteparametern. Die Struktur enthält isolierte $[Al(NO_3)_5]^{2-}$-Anionen, wie sie auch schon 1973 für $Cs_2[Al(NO_3)_5]$ (trigonal, $P3_121$, $a = 11,16(4)$ Å, $c = 10,02(3)$ Å, $V = 1080$ Å^3, $Z = 3$, $R = 0,084$ [101]) beschrieben wurden. Die Al^{3+}-Kationen sind hier ebenfalls von fünf Nitrat-Gruppen umgeben, von denen vier einzähnig und eine zweizähnig angreifen, so dass sich eine Koordinationszahl von sechs ergibt (Abbildung 24). Die sechs Sauerstoff-Atome bilden ein stark verzerrtes Oktaeder mit Al-O-Abständen zwischen 1,84 Å und 1,99 Å (Ø 1,91 Å). Die Verzerrung äußert sich in einem von idealen 180° abweichenden Bindungswinkel zwischen axialen Sauerstoff-Atomen und Metallzentrum ($\angle O_{ax}$-Al-$O_{ax} = 174,8°$). Außerdem weichen die Winkel zwischen axialen Sauerstoff-Atomen und äquatorialen Sauerstoff-Atomen $\angle O_{ax}$-Al-$O_{äq} = 86,1 - 96,1°$ bzw. die Winkel in der Äquatorialebene $\angle O_{äq}$-Al-$O_{äq} = 65,4 - 106,9°$ stark von den idealen 90° ab.

3 N$_2$O$_5$ und rauchende Salpetersäure als Edukte zur Synthese neuartiger Nitrate

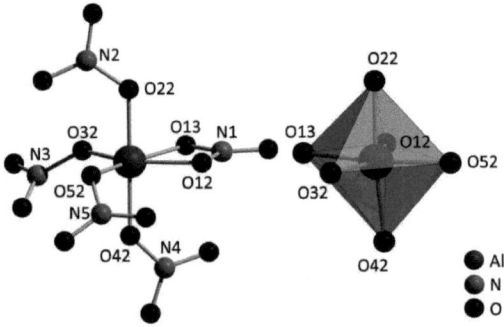

Abbildung 24: Koordination von Al^{3+} in (NO)$_2$[Al(NO$_3$)$_5$]

Der Angriff der chelatisierenden Nitrat-Gruppe (Typ B^{01}) erfolgt symmetrisch (Δ|M-O| = 0,03 Å, γ = 0,063). Alle weiteren Nitrat-Gruppen greifen einzähnig an (Typ M^1). Dabei liegen die Nitrat-Gruppen N(2)O$_3^-$ und N(3)O$_3^-$ (Δ|M-O| ≈ 1,19 Å) coplanar zum Metallzentrum und die Nitrat-Gruppen N(4)NO$_3^-$ und N(5)O$_3^-$ (Δ|M-O| ≈ 1,35 Å) liegen nicht-coplanar zum Metallzentrum (vgl. Abbildung 24). Allerdings weist nur die N(4)O$_3^-$-Gruppe einen für nicht-coplanare Nitrat-Gruppen typischen M-O-N-Winkel von 133° auf (vgl. Abschnitt 3.1 bzgl. der Einteilung der Nitrat-Gruppen). Die N-O-Bindungslängen aller Nitrat-Gruppen befinden sich zwischen 1,20 Å und 1,33 Å, wobei die N-O-Abstände für die an das Metallzentrum koordinierten Sauerstoff-Atome erwartungsgemäß länger sind (N-O$_{co}$ ≈ 1,31 Å) als für die unkoordinierten Sauerstoff-Atomen (N-O$_{unc}$ ≈ 1,22 Å). Anstelle von Cs$^+$-Ionen fungieren in dieser Struktur Nitrosylium-Ionen NO$^+$ als Gegenionen, wodurch die Symmetrie von $P3_121$ auf $P3_2$ erniedrigt wird. Es lassen sich zwei Nitrosylium-Ionen mit einem N-O-Abstand von 0,997(3) Å (N(6)O$^+$) bzw. 0,815(4) Å (N(7)O$^+$) kristallographisch unterscheiden. Die gemessenen N-O-Abstände sind etwas kürzer als der theoretische Wert von 1,06 Å [1], liegen aber in dem für Röntgenstrukturanalysen normalen Bereich [102]. Die Nitrosylium-Ionen sind keinem bestimmten Sauerstoff-Atom der Nitrat-Gruppen zugeordnet; in ihrer Umgebung befinden sich stattdessen bei Berücksichtigung der Umgebung bis 3 Å jeweils fünf Sauerstoff-Atome in einem Abstand von 2,73 Å bis 2,98 Å zum Schwerpunkt des Nitrosylium-Ions. Diese gehören im Fall von N(6)O$^+$ zu fünf verschiedenen Nitrat-Gruppen (N1-N5) und im Fall von N(7)O$^+$ zu nur vier Nitrat-Gruppen (N2, N3, 2 x N4) (Abbildung 26). Die Gesamtstruktur ist in Abbildung 25 dargestellt.

3 N$_2$O$_5$ und rauchende Salpetersäure als Edukte zur Synthese neuartiger Nitrate

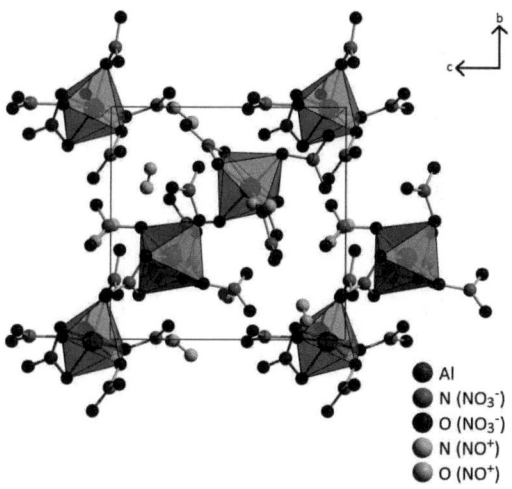

Abbildung 25: Kristallstruktur von (NO)$_2$[Al(NO$_3$)$_5$] in Projektion auf (100)

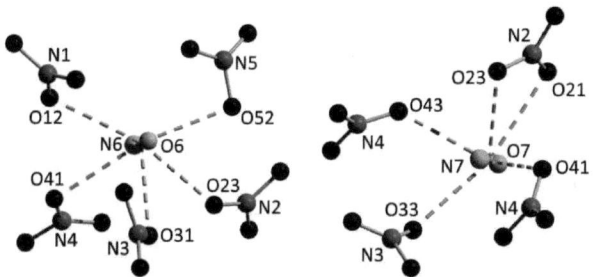

Abbildung 26: Umgebung von NO$^+$ in (NO)$_2$[Al(NO$_3$)$_5$]

Tabelle 11: Kristallographische Daten von $(NO)_2[Al(NO_3)_5]$

Verbindung	$(NO)_2[Al(NO_3)_5]$	Temperatur	153(2) K
Kristallgröße	0,23 mm x 0,18 mm x 0,11 mm	Strahlung	Mo-K$_\alpha$, λ = 0,7107 Å
Kristallbeschreibung	farblose Blöcke	µ	0,298
Molare Masse	397,05 g/mol	Extinktionskoeffizient	-
Kristallsystem	trigonal	Gemessene Reflexe	13397
Raumgruppe	$P3_2$ (Nr. 145)	Unabhängige Reflexe	4929
Gitterparameter	a = 10,7000(3) Å	mit $I_o > 2\,\sigma(I)$	4202
	c = 9,3336(3) Å	R_{int}	0,0270
	V = 925,44(4) Å^3	R_σ	0,0302
Zahl der Formeleinheiten	3	R_1: wR_1 ($I_o > 2\,\sigma(I)$)	0,0395; 0,1033
		R_2; wR_2 (alle Daten)	0,0482; 0,1119
		Goodness of fit	1,059
		Restelektronendichte (max/min)	1,092/-0,444 e$^-$/Å^3
ICSD Nummer	423684	Flack x Parameter	0,08(14)

3.2.3.2. Thermischer Abbau

Um den thermischen Abbau zu untersuchen, wurde die Verbindung im Stickstoffstrom getrocknet, in der Stickstoffhandschuhbox in einen Korund-Tiegel überführt und einem Temperaturprogramm von 25 °C bis 600 °C ausgesetzt. Die endotherme Zersetzung beginnt bei ca. 55 °C, verläuft kontinuierlich und ist bei ca. 400 °C abgeschlossen (Abbildung 27). Der gemessene Massenverlust von 78,5 % ist deutlich niedriger als der berechnete Massenverlust von 87,2 % (Tabelle 12). Es ist anzunehmen, dass die Verbindung sich aufgrund der hohen Empfindlichkeit bereits vor der Messung zum Teil zersetzt hat. Auch bei der Handhabung unter Stickstoffatmosphäre konnte die Bildung nitroser Gase in Form brauner Dämpfe beobachtet werden. Dabei lässt sich nicht unterscheiden, ob diese von anhaftenden N_2O_5-Resten stammen oder bereits Zersetzungsprodukte sind. Der Rückstand der Zersetzung wurde pulverdiffraktometrisch untersucht und konnte als hexagonales Al_2O_3 identifiziert werden (Abbildung 28).

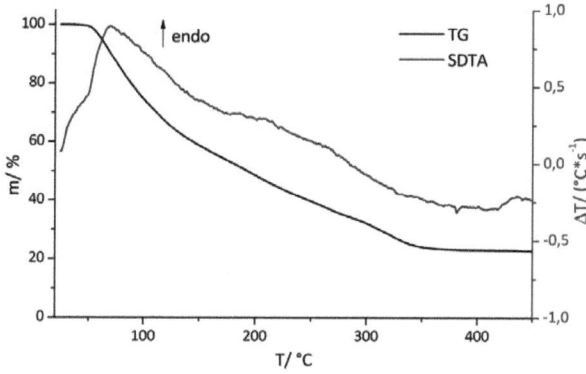

Abbildung 27: TG/SDTA-Diagramm des thermischen Abbaus von $(NO)_2[Al(NO_3)_5]$

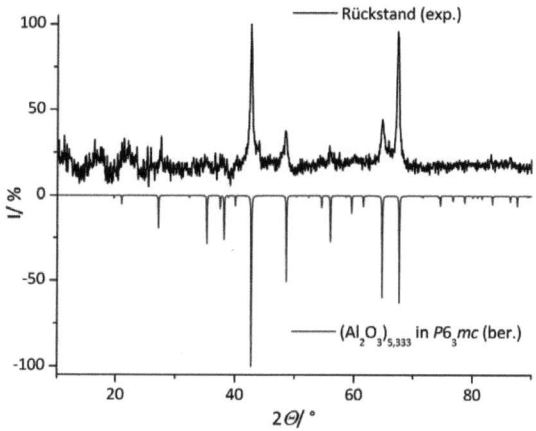

Abbildung 28: Pulverdiffraktogramm des Rückstandes der Zersetzung von $(NO)_2[Al(NO_3)_5]$ im Vergleich mit Literaturdaten [103]

Tabelle 12: Daten zum thermischen Abbau von $(NO)_2[Al(NO_3)_5]$

Stufe	T_{Start}/ °C	T_{Ende}/ °C	T_{Max}/ °C	Δm/ % exp.	Δm/ % ber.	vermutetes Zersetzungsprodukt
$\sum$ (endo)	55	400	70[a]	−78,5	−87,2	Al_2O_3

a – DTA-Kurve

3 N₂O₅ und rauchende Salpetersäure als Edukte zur Synthese neuartiger Nitrate

3.2.4. Nitrosylium-pentanitratogallat(III), $(NO)_2[Ga(NO_3)_5]$

3.2.4.1. Kristallstruktur

$(NO)_2[Ga(NO_3)_5]$ kristallisiert monoklin in der Raumgruppe $P2_1/c$ mit den in Tabelle 13 angegebenen Gitterkonstanten und Güteparametern. Die Struktur ist aus isolierten $[Ga(NO_3)_5]^{2-}$-Anionen und NO^+-Kationen aufgebaut (Abbildung 30). Die Ga^{3+}-Ionen sind verzerrt oktaedrisch von sechs Sauerstoff-Atomen koordiniert, die zu fünf Nitrat-Gruppen gehören (Abbildung 29). Die Ga-O-Abstände liegen im Bereich von 1,92 Å bis zu 2,36 Å, wobei die Abstände zu der einzigen zweizähnig angreifenden Nitrat-Gruppe $N(1)NO_3^-$ deutlich verlängert sind (Ga-O12 = 1,98 Å; Ga-O13 = 2,36 Å). Die zweizähnige Koordination verursacht die starke Verzerrung des entstehenden Oktaeders in Bezug auf die Winkel innerhalb der Äquatorialebene, die deutlich von idealen 90° abweichen ($\angle O_{äq}$-$O_{äq}$ = 58,8 - 111,7°). Auch die gegenüberliegenden Sauerstoff-Atome bilden mit dem Zentral-Ion stark von 180° abweichende Winkel ($\angle$O-Ga-O = 138,3 – 168,5°), während die Abweichung von 90° bezüglich der äquatorialen Sauerstoff-Atome zu den axialen Sauerstoff-Atomen geringer ausfällt ($\angle O_{äq}$-Ga-O_{ax} = 79,7 – 99,1°).

Die N-O-Abstände innerhalb der Nitrat-Gruppen sind zu den an das Metall-Ion koordinierten Sauerstoff-Atomen deutlich länger (Ø 1,57 Å) als zu den nicht koordinierten Sauerstoff-Atomen (Ø 1,22 Å). Die chelatisierende Nitrat-Gruppe (Typ M^{01}) greift stark asymmetrisch an (Δ|M-O| = 0,38 Å, γ = 0,57). Alle anderen Nitrat-Gruppen (Typ M^1) greifen einzähnig an und liegen coplanar zum Metallzentrum (γ = 0,87 - 0,98).

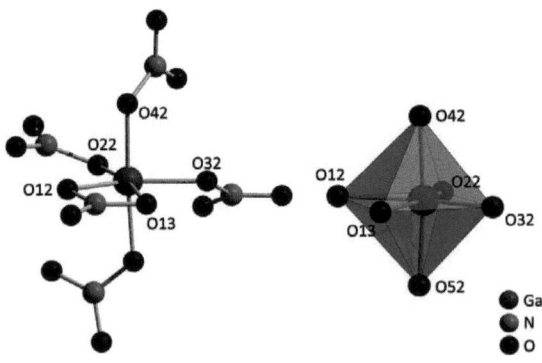

Abbildung 29: Koordination von Ga^{3+} in $(NO)_2[Ga(NO_3)_5]$

3 N$_2$O$_5$ und rauchende Salpetersäure als Edukte zur Synthese neuartiger Nitrate

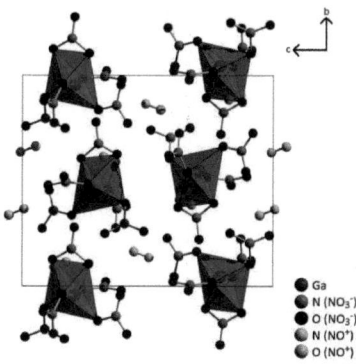

Abbildung 30: Kristallstruktur von (NO)$_2$[Ga(NO$_3$)$_5$] in Projektion auf (100)

Die literaturbekannte Struktur von (NO$_2$)[Ga(NO$_3$)$_4$] (tetragonal, I-4, a = 9,2774(3) Å, c = 6,1149(2) Å, Z = 2, R_1 = 0,0228, T = 298(2) K [71]) unterscheidet sich in Hinblick auf die Koordination des Ga^{3+}-Ions zunächst deutlich von der hier beschriebenen Verbindung. Das Ga^{3+}-Kation ist tetraedrisch von nur vier Sauerstoff-Atomen umgeben, die zu einer einzigen kristallographisch bestimmbaren, einzähnig angreifenden Nitrat-Gruppe gehören ($\angle$O-Ga-O = 104,84(6)°). Die Ga-O-Bindungslänge ist mit 1,888(2) Å deutlich kürzer als in (NO)$_2$[Ga(NO$_3$)$_5$]. Die Struktur wurde allerdings durch Röntgenstrukturanalyse bei Raumtemperatur bestimmt und eine weitere bei 173(2) K durchgeführte Messung zeigt, dass bei tiefer Temperatur eine Phasenumwandlung unter Zwillingsbildung stattfindet. Eine Verzerrung führt bei Symmetrieerniedrigung in das monokline Kristallsystem dazu, dass zwei der vier Nitrat-Liganden zweizähnig asymmetrisch angreifen. Somit ergeben sich auch in (NO$_2$)[Ga(NO$_3$)$_4$] eine Koordinationszahl von sechs und eine verzerrte oktaedrische Koordinationsumgebung für das Ga^{3+}-Ion. [71] Die Verzerrung ist hier noch etwas drastischer als in (NO)$_2$[Ga(NO$_3$)$_5$], da nicht eine, sondern zwei der Nitrat-Gruppen zweizähnig angreifen; dies äußert sich besonders in den Winkeln zwischen äquatorialen Sauerstoff-Atomen, Metall-Kation und axialen Sauerstoff-Atomen, welche 59,3° bis 112,1° anstatt 90° betragen (in (NO)$_2$[Ga(NO$_3$)$_5$]: 79,7-99,1°). Die Ga-O-Abstände in dieser Tieftemperaturphase liegen zwischen 1,89 Å und 2,34 Å (Ø 2,05 Å) und sind damit ähnlich den Abständen in (NO)$_2$[Ga(NO$_3$)$_5$] (Ga-O: 1,92-2,36 Å; Ø 2,02 Å).

Als Gegenionen fungieren wiederum zwei kristallographisch unterscheidbare Nitrosylium-Ionen mit N-O-Abständen von 1,039(2) Å (N(6)O$^+$) und 1,009(2) Å (N(7)O$^+$). In einem Abstand von bis zu 3 Å zu ihrem Schwerpunkt sind diese von sechs Sauerstoff-Atomen umgeben, die zu drei (N(6)O$^+$) bzw. zu fünf (N(7)O$^+$) Nitrat-Gruppen gehören (O-(NO$^+$) = 2,69-2,98 Å) (Abbildung 31).

3 N$_2$O$_5$ und rauchende Salpetersäure als Edukte zur Synthese neuartiger Nitrate

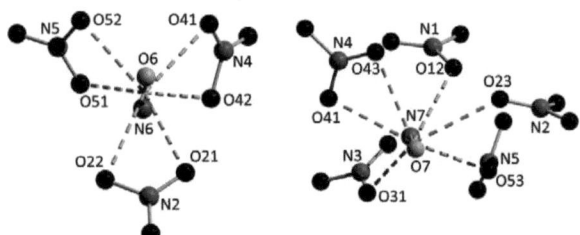

Abbildung 31: Umgebung von NO$^+$ in (NO)$_2$[Ga(NO$_3$)$_5$]

Tabelle 13: Kristallographische Daten von (NO)$_2$[Ga(NO$_3$)$_5$]

Verbindung	(NO)$_2$[Ga(NO$_3$)$_5$]	Temperatur	153(2) K
Kristallgröße	0,61 mm x 0,28 mm x 0,26 mm	Strahlung	Mo-K$_\alpha$, λ = 0,7107 Å
Kristallbeschreibung	farblose Prismen	µ	2,307
Molare Masse	439,79 g/mol	Extinktionskoeffizient	-
Kristallsystem	monoklin	Gemessene Reflexe	19012
Raumgruppe	$P2_1/c$ (Nr. 14)	Unabhängige Reflexe	3125
Gitterparameter	a = 7,8488(9) Å	mit $I_o > 2\ \sigma(I)$	2356
	b = 11,6583(9) Å	R_{int}	0,0533
	c = 13,853(2) Å	R_σ	0,0417
	β = 94,46(1)°	R_1: wR_1 ($I_o > 2\ \sigma(I)$)	0,0222; 0,0442
	V = 925,44(4) Å^3	R_2; wR_2 (alle Daten)	0,0351; 0,0458
Zahl der Formeleinheiten	4	Goodness of fit	0,847
ICSD Nummer	423685	Restelektronendichte (max/min)	0,392/-0,360 e$^-$/Å^3

3.2.4.2. Thermischer Abbau

Um den thermischen Abbau von (NO)$_2$[Ga(NO$_3$)$_5$] zu untersuchen, wurde die Substanz im Stickstoffstrom getrocknet. Ca. 18 mg wurden in der Stickstoffhandschuhbox in einen Korundtiegel gefüllt, welcher in ein TG/DTA-Gerät eingesetzt und mit einer Aufheizrate von 10 °C/min einem Temperaturprogramm von 25°C bis 600°C ausgesetzt wurde. Die Zersetzung beginnt bei 40 °C, ist bei ca. 600 °C abgeschlossen und mit einem Massenverlust von insgesamt 72,8 % verbunden (Abbildung 32, Tabelle 14). Die Differenz zum berechneten Massenverlust von 78,7 % bei Ga$_2$O$_3$ als Endprodukt lässt sich durch Zersetzungsprozesse dieser sehr empfindlichen Substanz bei der Probenpräparation erklären. Der thermische Abbau verläuft über drei Stufen, die nicht klar voneinander abgegrenzt sind. Die ersten beiden stark endothermen Zersetzungsstufen sind bei ca. 376 °C abgeschlossen und mit einem Massenverlust von 69,2 % verbunden. Möglicherweise entsteht hier GaO(NO$_3$) als Zwischenprodukt (ber. Masseverlust: 66,4%). Die letzte Zersetzungsstufe weist ein Maximum bei 558 °C auf und ist mit einem geringen Massenverlust von 3,6 % verbunden. Der Rückstand der Zersetzung wurde pulverdiffraktometrisch untersucht und konnte als β-Ga$_2$O$_3$ identifiziert werden (Abbildung 33).

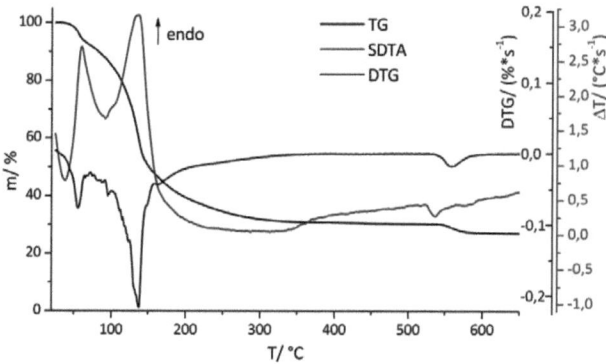

Abbildung 32: TG/DTG/SDTA-Diagramm des thermischen Abbaus von (NO)$_2$[Ga(NO$_3$)$_5$]

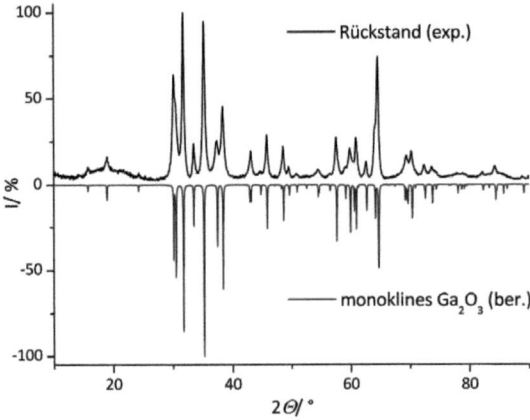

Abbildung 33: Pulverdiffraktogramm des Rückstandes der Zersetzung von (NO)$_2$[Ga(NO$_3$)$_5$] im Vergleich mit Literaturdaten [104]

Tabelle 14: Daten zum thermischen Abbau von (NO)$_2$[Ga(NO$_3$)$_5$]

Stufe	T_{Start}/ °C	T_{Ende}/ °C	T_{Max}/ °C	Δm/ % exp.	Δm/ % ber.	vermutetes Zersetzungsprodukt
1 (endo)	40	71	60^a/55^b	-7,8	- 66,4 (1+2)	unbekannt
2 (endo)	71	376	136^a/138^b	-61,4		GaO(NO$_3$)
3	376	600	558^b	-3,6	-12,3	Ga$_2$O$_3$
Σ				**-72,8**	**-78,7**	**Ga$_2$O$_3$**

a – DTA-Kurve, b – DTG-Kurve

3.2.5. Die Nitrosylium-pentanitratometallate (NO)[Zr(NO$_3$)$_5$] und (NO)[Hf(NO$_3$)$_5$]

3.2.5.1. Kristallstruktur

Erstmals wurde die Kristallstruktur einer Verbindung aus der Reaktion von ZrCl$_4$ mit N$_2$O$_5$ aus Einkristalldaten von *Kaiser* bestimmt und mit der Formel (NO)$_{3/4}$(NO$_2$)$_{1/4}$[Zr(NO$_3$)$_5$] bzw. (NO)$_{1/2}$(NO$_2$)$_{1/2}$[Zr(NO$_3$)$_5$] beschrieben [105]. Allerdings konnte *Tikhomirov* zeigen, dass die Struktur nicht korrekt gelöst wurde, da die Strukturverfeinerung in der falschen Raumgruppe *P*-1 durchgeführt wurde. Eine erneute Messung und anschließende Strukturverfeinerung in der tetragonalen Raumgruppe *I*4$_1$/*a* lieferten schließlich die korrekte Strukturlösung und die Formel (NO)$_2$[Zr(NO$_3$)$_5$] [73]. Dennoch wurde mit der Verbindung (NO$_2$)$_{3/4}$(NO)$_{0,77}$[Zr(NO$_3$)$_5$] eine isotype Struktur beschrieben, in der tatsächlich ein Teil der NO$_2^+$-Ionen durch NO$^+$-Ionen ersetzt wurden [84]. Die in dieser Arbeit gezeigten Verbindungen (NO)[Zr(NO$_3$)$_5$] und (NO)[Hf(NO$_3$)$_5$] enthalten ausschließlich NO$^+$-Ionen und kristallisieren ebenfalls isotyp in *I*4$_1$/*a* mit den in Tabelle 15 angegebenen Gitterkonstanten und Güteparametern. Tabelle 16 beinhaltet eine Übersicht über die Gitterkonstanten der isotypen Strukturen und zeigt, dass der Austausch von NO$_2^+$-Ionen durch NO$^+$-Ionen zu einer Abnahme des Zellvolumens durch eine verkürzte *c*-Achse führt. Die Länge dieser Achse hängt von der Größe der Gegenkationen ab, da diese in Form gewellter Schichten senkrecht zu dieser Achse angeordnet sind (vgl. Abbildung 34).

Abbildung 34: Kristallstruktur von (NO)[Zr(NO$_3$)$_5$] in Projektion auf (100)

Im Folgenden wird exemplarisch nur die Zirconium-Verbindung, aufgebaut aus NO$^+$-Kationen und [Zr(NO$_3$)$_5$]$^-$-Anionen, genauer diskutiert. In dieser Verbindung und auch in allen erwähnten isotypen Strukturen sowie in Cs[Zr(NO$_3$)$_5$] und

(NH$_4$)[Zr(NO$_3$)$_5$]·HNO$_3$ [84] ist das Zentral-Ion von fünf zweizähnig angreifenden Nitrat-Gruppen umgeben, so dass sich eine Koordinationszahl von zehn ergibt (Abbildung 35). Die Sauerstoff-Atome bilden dabei ein verzerrtes zweifach überkapptes quadratisches Antiprisma, ein Motiv, das auch durch ternäre Selten-Erd-Nitrate wie z. B. (NH$_4$)$_2$[Tm(NO$_3$)$_5$] [106] bekannt ist. Wenn die Nitrat-Gruppen als einzähnige Liganden und die Stickstoff-Atome somit als Eckpunkte betrachtet werden, kann der Koordinationspolyeder nach *Bergman* auch als trigonale Bipyramide beschrieben werden (vgl. Abbildung 35) [107]. Der Winkel zwischen den axialen Stickstoff-Atomen ∠N$_{ax}$-M-N$_{ax}$ beträgt 179,7°, die Winkel zwischen axialen und äquatorialen Stickstoff-Atomen betragen 81,8° bis 98,4°. Die Metall-Sauerstoff-Abstände in (NO)[Zr(NO$_3$)$_5$] liegen zwischen 2,25 Å und 2,38 Å (Ø 2,29 Å), wobei der Abstand vom Zentral-Ion zu den überkappenden Sauerstoff-Atomen O$_k$ ca. 2,37 Å und der Abstand zu den das Antiprisma bildenden Sauerstoff-Atomen O$_p$ ca. 2,27 Å beträgt. Die Bindungslängen und -winkel weichen nur gering von denen der literaturbekannten isotypen Verbindungen ab.

Der zweizähnige Angriff der Nitrat-Gruppen (Typ: B^{01}) erfolgt stets symmetrisch mit N-O-Bindungslängen in einem Bereich von 1,19 Å bis 1,31 Å (Ø 1,26 Å). Dabei sind die N-O-Abstände zu den an das Metallzentrum koordinierenden Sauerstoff-Atomen um durchschnittlich 0,09 Å länger als die zu den nicht koordinierenden Sauerstoff-Atomen (N-O$_{co}$ ≈ 1,29 Å; N-O$_{unc}$ ≈ 1,20 Å).

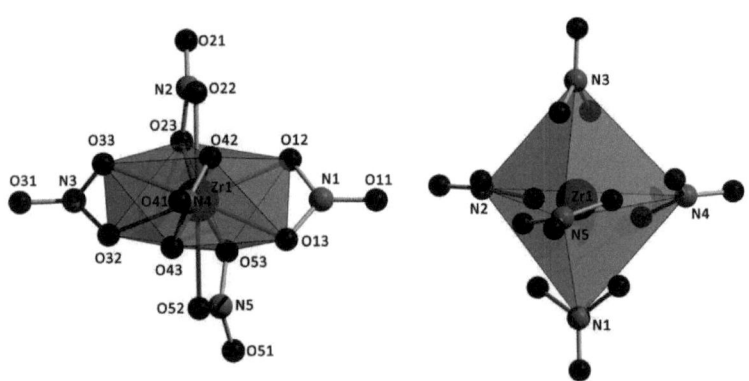

Abbildung 35: Koordination von Zr^{4+} in (NO)[Zr(NO$_3$)$_5$]

Als Gegen-Ionen fungieren Nitrosylium-Ionen NO$^+$, welche einen N-O-Abstand von 1,04 Å aufweisen. Der Abstand von NO$^+$ zum nächstgelegenen Sauerstoff-Atom einer Nitrat-Gruppe (O22) beträgt 2,63 Å. Dieser Kontakt führt zu einer leichten Verzerrung

3 N$_2$O$_5$ und rauchende Salpetersäure als Edukte zur Synthese neuartiger Nitrate

der entsprechenden Nitrat-Gruppe N(2)O$_3^-$. Diese greift zwar ebenfalls symmetrisch zweizähnig an, befindet sich jedoch mit $\gamma = 0{,}25$ nah an der Grenze zum asymmetrischen Angriff. Die Verzerrung ist zusätzlich dadurch bedingt, dass O22 eine Überkappung des Koordinationspolyeders um das Zentral-Kation bildet. Auch die Nitrat-Gruppe N(5)O$_3^-$, die an der zweiten Überkappung beteiligt ist, ist mit $\gamma = 0{,}13$ im Gegensatz zu den restlichen drei Nitrat-Gruppen ($\gamma \approx 0{,}02$) leicht verzerrt (vgl. Abbildung 35). Die Umgebung des NO$^+$-Ions in (NO)[Zr(NO$_3$)$_5$] ist bis zu einem Abstand von 3 Å in Abbildung 36 dargestellt. In diesem Abstand kommt es insgesamt zu sieben NO$^+$-O$_{NO3}$-Kontakten unter Beteiligung von sechs Nitrat-Gruppen.

Abbildung 37 zeigt ein gemessenes Pulverdiffraktogramm von (NO)[Hf(NO$_3$)$_5$] in guter Übereinstimmung zu einem aus Einkristalldaten simulieren Pulverdiffraktogramm, wodurch die Phasenreinheit des Reaktionsproduktes belegt wird.

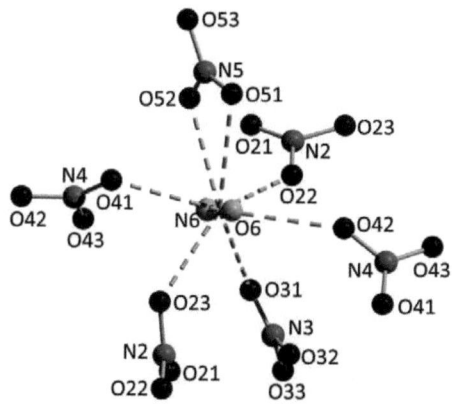

Abbildung 36: Umgebung von NO$^+$ in (NO)[Zr(NO$_3$)$_5$]

Tabelle 15: Kristallographische Daten von (NO)[Zr[NO$_3$)$_5$] und (NO)[Hf(NO$_3$)$_5$]

Verbindung	(NO)[Zr(NO$_3$)$_5$]	(NO)[Hf(NO$_3$)$_5$]
Kristallgröße	0,50 mm x 0,36 mm x 0,34 mm	0,18 mm x 0,17 mm x 0,10 mm
Kristallbeschreibung	farblose Polyeder	farblose Blöcke
Molare Masse	431,28 g/mol	518,55 g/mol
Kristallsystem	tetragonal	tetragonal
Raumgruppe	$I4_1/a$ (Nr. 88)	$I4_1/a$ (Nr. 88)
Gitterparameter	a = 13,7051(4) Å c = 25,358(1) Å V = 4763,0(3) Å^3	a = 13,6587(7) Å c = 25,475(2) Å V = 4752,6(5) Å^3
Zahl der Formeleinheiten	16	16
Temperatur	153(2) K	153(2) K
Strahlung	Mo-K$_\alpha$, λ = 0,7107 Å	Mo-K$_\alpha$, λ = 0,7107 Å
µ	1,044	8,900
Extinktionskoeffizient	-	-
Gemessene Reflexe	36156	36067
Unabhängige Reflexe	2964	2962
mit $I_o > 2\ \sigma(I)$	2553	2395
R_{int}	0,0665	0,0563
R_σ	0,0254	0,0284
R_1; wR_2 ($I_o > 2\ \sigma(I)$)	0,0163; 0,0365	0,0157; 0,0309
R_1; wR_2 (alle Daten)	0,0224; 0,0375	0,0252; 0,0318
Goodness of fit	0,929	0,884
Restelektronendichte (max/min)	0,306/-0,314 e$^-$Å^{-3}	1,018/0,796- e$^-$Å^{-3}
ICSD Nummer	423686	423687

Tabelle 16: Vergleich der Gitterkonstanten der isotypen Zirconium- und Hafnium-Nitrate (Raumgruppe $I4_1/a$)

Verbindung	$(NO_2)[Zr(NO_3)_5]$ [73]	$(NO_2)_{0,23}(NO)_{0,77}[Zr(NO_3)_5]$ [84]	$(NO)[Zr(NO_3)_5]$
a / Å	13,772(2)	13,675(3)	13,7051(4)
c / Å	26,311(5)	25,489(5)	25,358(1)
V / Å^3	4990(1)	4767(2)	4763,0(3)
Temperatur/ K	170(2)	160(2)	153(2)
Verbindung	$(NO_2)[Hf(NO_3)_5]$ [73]		$(NO)[Hf(NO_3)_5]$
a / Å	13,766(2)		13,6587(7)
c / Å	26,518(5)		25,475(2)
V / Å^3	5025,2 (ber.)		4752,6(5)
Temperatur/ K	170(2)		153(2)

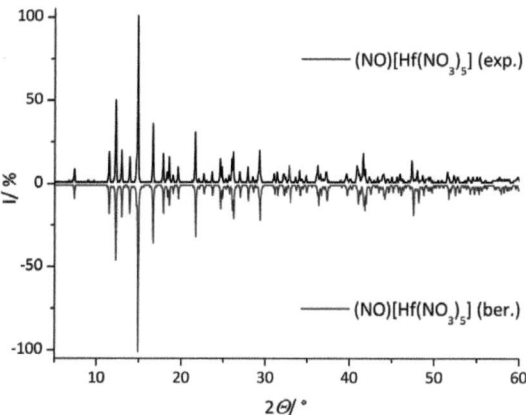

Abbildung 37: Pulverdiffraktogramm von $(NO)[Hf(NO_3)_5]$ im Vergleich mit simulierten Daten

3.2.5.2. Thermischer Abbau

Die thermische Zersetzung von $(NO)[Zr(NO_3)_5]$ und $(NO)[Hf(NO_3)_5]$ wurde im Bereich von 25 °C bis 650 °C bei einer Aufheizrate von 5 °C/min untersucht; die gewonnenen Daten sind in Tabelle 17 und Tabelle 18 zusammengefasst. Der Abbau der Verbindungen verläuft auf ähnliche Art und Weise über drei nicht klar voneinander abgegrenzte endotherme Stufen (Abbildung 38).

3 N_2O_5 und rauchende Salpetersäure als Edukte zur Synthese neuartiger Nitrate

Tabelle 17: Daten zum thermischen Abbau von (NO)[Zr(NO$_3$)$_5$]

Stufe	T_{Start}/ °C	T_{Ende}/ °C	T_{Max}/ °C	Δm/ % exp.	ber.	vermutetes Zersetzungsprodukt
1 (endo)	74	127	119^a/117^b	6,5		
2 (endo)	127	203	180^a/179^b	37,3	71,4 (1-3)	unbekannt
3 (endo)	203	397	222^a/218^b	23,4		
4 (exo)	397	600	458^a/455^b	2,8		
Σ				-70,1	-71,4	ZrO$_2$

a – DTA-Kurve, b – DTG-Kurve

Tabelle 18: Daten zum thermischen Abbau von (NO)[Hf(NO$_3$)$_5$]

Stufe	T_{Start}/ °C	T_{Ende}/ °C	T_{Max}/ °C	Δm/ % exp.	ber.	vermutetes Zersetzungsprodukt
1 (endo)	58	99	78^{a,b}	6,2		
2 (endo)	99	146	127^a/126^b	15,6	59,4 (1-3)	unbekannt
3 (endo)	146	470	217^a/218^b	31,8		
4 (exo)	470	650	543^{a,b}	1,6		
Σ				-55,2	-59,4	HfO$_2$

a – DTA-Kurve, b – DTG-Kurve

Die Zirconium-Verbindung zersetzt sich bei 74 °C (1. Stufe, T_{Max} = 119 °C) und zeigt damit eine etwas höhere thermische Stabilität als die Hafnium-Verbindung, die sich bereits bei 58 °C (1. Stufe, T_{Max} = 78 °C) zersetzt. Auch die zweite Stufe des thermischen Abbaus liegt bei (NO)[Zr(NO$_3$)$_5$] bei höheren Temperaturen (T_{Max} = 180 °C) als bei (NO)[Hf(NO$_3$)$_5$] (T_{Max} = 127 °C). Die Temperaturmaxima der dritten Zersetzungsstufe liegen dagegen bei beiden Verbindungen bei ähnlichen Temperaturen (Zr: T_{max} = 222 °C, Hf: T_{max} = 217 °C). Beide Komplexe zeigen zudem noch einen weiteren letzten Zersetzungsschritt, der mit einem sehr geringen Massenverlust von 2,8 % für die Zirkonium-Verbindung (T_{max} = 458 °C) und 1,6 % für die Hafnium-Verbindung (T_{max} = 543 °C) einhergeht. Diese exotherme Stufe könnte die Kristallisation der jeweiligen monoklinen Oxide anzeigen. Bei der Untersuchung des thermischen Abbaus von Zr(NO$_3$)$_4$·5H$_2$O im Luftstrom wurde ein ähnliches exothermes Signal bei 420 °C beobachtet und der Kristallisation von ZrO$_2$ zugeschrieben [108].

Insgesamt ist der thermische Abbau von (NO)[Zr(NO$_3$)$_5$] mit einem Massenverlust von 70,1 % (ber. 71,4 %) verbunden und führt zu monoklinem α-ZrO$_2$. Entsprechend zersetzt sich (NO)[Hf(NO$_3$)$_5$], verbunden mit einem Massenverlust von 55,2 % (ber. 59,4 %), schließlich zu monoklinem α-HfO$_2$. Die Zersetzungsprodukte wurden jeweils mit Hilfe von Pulverdiffraktogrammen identifiziert (Abbildung 39 und Abbildung 40).

3 N$_2$O$_5$ und rauchende Salpetersäure als Edukte zur Synthese neuartiger Nitrate

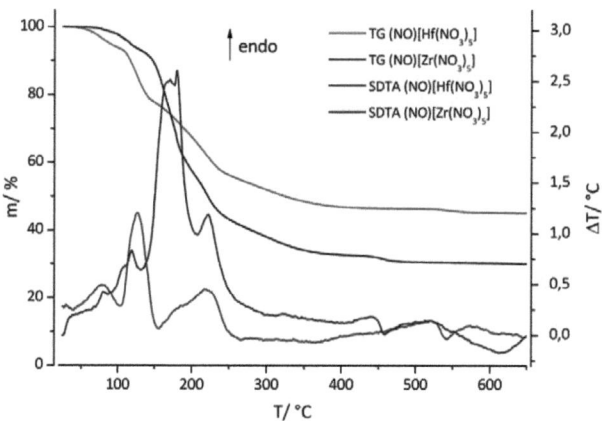

Abbildung 38: TG/SDTA-Diagramm des thermischen Abbaus von (NO)[Zr(NO$_3$)$_5$] und (NO)[Hf(NO$_3$)$_5$]

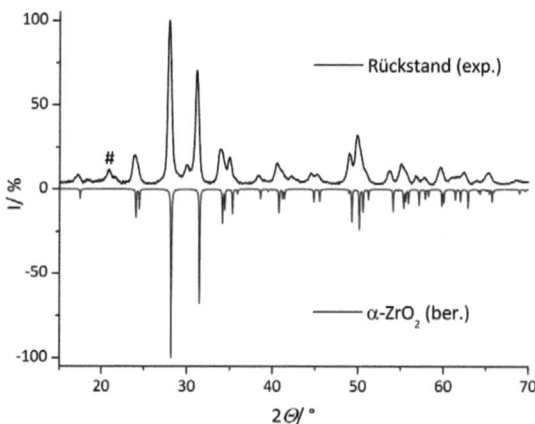

Abbildung 39: Pulverdiffraktogramm des Rückstandes der Zersetzung von (NO)[Zr(NO$_3$)$_5$] im Vergleich mit Literaturdaten [109] (# - Messartefakt)

3 N$_2$O$_5$ und rauchende Salpetersäure als Edukte zur Synthese neuartiger Nitrate

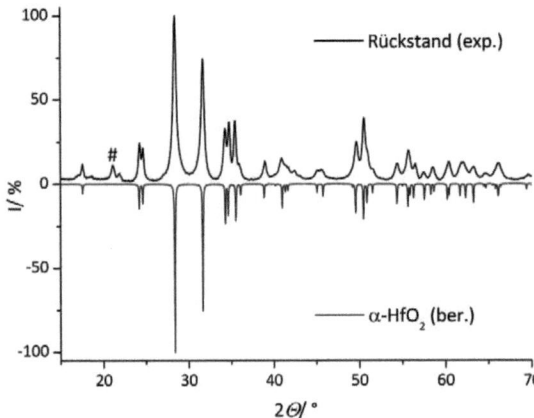

Abbildung 40: Pulverdiffraktogramm des Rückstandes der Zersetzung von (NO)[Hf(NO$_3$)$_5$] im Vergleich mit Literaturdaten [110] (# - Messartefakt)

3.2.6. Das Bismut-Nitrat-Salpetersäure-Addukt $(NO)_5(Bi(NO_3)_4)_4(NO_3) \cdot HNO_3$

3.2.6.1. Kristallstruktur

Das neuartige Bismut-Nitrat-Salpetersäure-Addukt $(NO)_5(Bi(NO_3)_4)_4(NO_3) \cdot HNO_3$ kristallisiert im orthorhombischen Kristallsystem in der Raumgruppe *Pbca* mit den in Tabelle 19 angegebenen Gitterkonstanten und Güteparametern. Tabelle 20 und Tabelle 21 enthalten ausgewählte Abstände.

Tabelle 19: Kristallographische Daten von $(NO)_5(Bi(NO_3)_4)_4(NO_3) \cdot HNO_3$

Verbindung	$(NO)_5(Bi(NO_3)_4)_4(NO_3) \cdot HNO_3$	Temperatur	153(2) K
Kristallgröße	0,27 mm x 0,04 mm x 0,03 mm	Strahlung	Mo-K$_\alpha$, $\lambda = 0{,}7107$ Å
Kristallbeschreibung	farblose Plättchen	µ	16,286
Molare Masse	2103,16 g/mol	Extinktionskoeffizient	0,000019(2)
Kristallsystem	orthorhombisch	Gemessene Reflexe	207505
Raumgruppe	*Pbca* (Nr.61)	Unabhängige Reflexe	15904
Gitterparameter	$a = 13{,}0346(2)$ Å	mit $I_o > 2\,\sigma(I)$	8707
	$b = 25{,}7661(5)$ Å	R_{int}	0,1582
	$c = 25{,}9707(4)$ Å	R_σ	0,1057
	$V = 8722{,}3(3)$ Å^3	R_1: wR_1 ($I_o > 2\,\sigma(I)$)	0,0288; 0,0353
Zahl der Formeleinheiten	8	R_2; wR_2 (alle Daten)	0,0897; 0,0423
		Goodness of fit	0,730
ICSD Nummer	423748	Restelektronendichte (max/min)	1,403/-1,038 e·Å^{-3}

Tabelle 20: Ausgewählte Abstände in $(NO)_5(Bi(NO_3)_4)_4(NO_3) \cdot HNO_3$

Gruppe	Koordination	Bemerkung	Ø *d* M-O/ Å	Ø *d* N-O/ Å
NO_3^-	B^{01} und T^{03}		2,65	1,26
	B^{01}	alle		1,26
	B^{01}	O koordiniert	2,48	1,28
	B^{01}	O unkoordiniert		1,21
	T^{03}	O koordiniert	2,83	1,25
	frei	O unkoordiniert		1,25
HNO_3		alle		1,24
		O protoniert		1,31
		O unprotoniert		1,21

In der Struktur liegen vier kristallographisch unterscheidbare Bi^{3+}-Ionen vor, deren Koordinationsumgebung jedoch sehr ähnlich ist. Sie sind jeweils von sechs zweizähnig angreifenden Nitrat-Gruppen umgeben, so dass sich eine Koordinationszahl von zwölf und ein verzerrtes Ikosaeder als Koordinationspolyeder ergibt (Abbildung 41). Drei dieser Nitrat-Gruppen liegen terminal vor (Typ B^{01}) und drei gehören zum verbrückenden Typ T^{03}. Die insgesamt zwölf kristallographisch unterscheidbaren terminalen Nitrat-Gruppen greifen dabei größtenteils asymmetrisch an, nur drei zeigen eine symmetrische zweizähnige Koordination an das Zentral-Kation. Die Bi-O-Abstände variieren sehr stark und liegen zwischen 2,36 Å und 3,02 Å, wobei die Abstände zu Sauerstoff-Atomen terminaler Nitrat-Gruppen um ca. 0,36 Å kürzer sind als die Abstände zu Sauerstoff-Atomen verbrückender Nitrat-Gruppen (vgl. Tabelle 20).

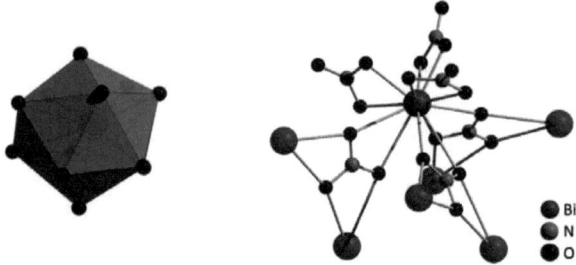

Abbildung 41: Verzerrtes Ikosaeder um Bi^{3+} (links) und Umgebung von Bi^{3+} (rechts) in $(NO)_5(Bi(NO_3)_4)_4(NO_3)\cdot HNO_3$

Abbildung 42 zeigt den in der Struktur realisierten verbrückende Koordinationsmodus T^{03} der Nitrat-Gruppen, der bisher nur selten beobachtet wurde. In dem Übersichtsartikel zur Koordinationschemie des Nitrat-Ions von *Morozov* (2008) werden nur fünf der insgesamt 950 betrachteten Nitrat-Gruppen diesem Typ zugeordnet [48]. Für basische Bismut-Nitrate ist eine derartige Koordination jedoch nicht untypisch, in Verbindungen wie $(Bi_6O_{4,5}(OH)_{3,5})_2(NO_3)_{11}$ verknüpfen Nitrat-Gruppen sogar bis zu fünf Bi^{3+}-Ionen miteinander [111]. Die bisher strukturell charakterisierten *nicht*-basischen Bismut-Nitrate $Bi(NO_3)_3\cdot 5H_2O$ und $Cs_2[Bi(NO_3)_5(H_2O)]$ zeigen dagegen einen „nulldimensionalen" Aufbau und enthalten keinerlei verbrückende Nitrat-Gruppen [97-98].

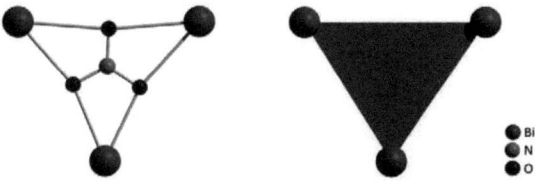

Abbildung 42: Verbrückender Koordinationsmodus T^{03} einer Nitrat-Gruppe (links) und schematische Darstellung (rechts)

In der Struktur von $(NO)_5(Bi(NO_3)_4)_4(NO_3) \cdot HNO_3$ führen zwölf kristallographisch unterscheidbare terminale und vier verbrückende Nitrat-Gruppen zu Ketten entlang der kristallographischen a-Achse gemäß $^1_\infty\{[Bi(NO_3)_{3/1}(NO_3)_{3/3}]^-\}$. In Abbildung 43 ist die Verknüpfung der Bi^{3+}-Ionen schematisch dargestellt: Die kristallographisch unterscheidbaren Nitrat-Gruppen werden durch verschieden farbige Dreiecke symbolisiert, terminale Nitrat-Gruppen sind aus Übersichtsgründen nicht dargestellt.

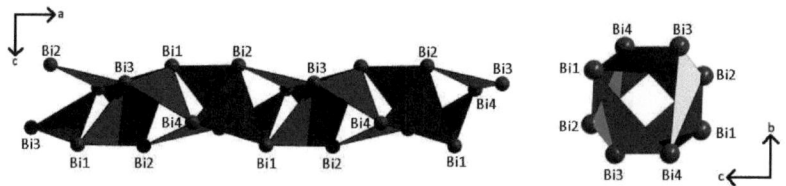

Abbildung 43: Ketten gemäß $^1_\infty\{[Bi(NO_3)_{3/1}(NO_3)_{3/3}]^-\}$ in $(NO)_5(Bi(NO_3)_4)_4(NO_3) \cdot HNO_3$ in Projektion auf (010) (links) und (100) (rechts)

Die Gesamtstruktur von $(NO)_5(Bi(NO_3)_4)_4(NO_3) \cdot HNO_3$ ist in Abbildung 44 dargestellt. Zwischen den Ketten gemäß $^1_\infty\{[Bi(NO_3)_{3/1}(NO_3)_{3/3}]^-\}$ befinden sich freie Nitrat-Gruppen, freie Salpetersäure-Moleküle HNO_3 sowie Nitrosylium-Ionen NO^+.

3 N$_2$O$_5$ und rauchende Salpetersäure als Edukte zur Synthese neuartiger Nitrate

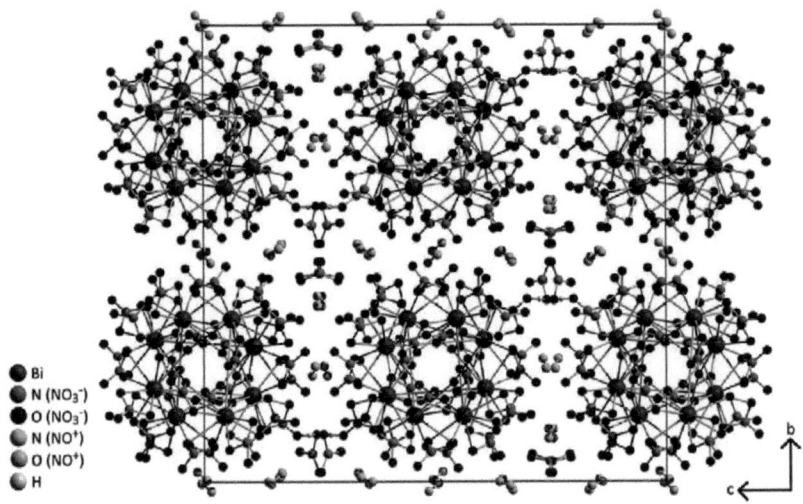

Abbildung 44: Struktur von (NO)$_5$(Bi(NO$_3$)$_4$)$_4$(NO$_3$)·HNO$_3$ in Projektion auf (100)

Die freie Säure HNO$_3$ bildet eine, nach *Steiner* [112] mittelstarke, Wasserstoffbrückenbindung mit einem D···A-Abstand von 3,08 Å zu einem nicht koordinierten Sauerstoff-Atom (O121) einer terminalen Nitrat-Gruppe aus. Das betreffende Atom O121 zeigt ungewöhnlich hohe anisotrope Auslenkungsparameter und ein zigarrenförmiges Ellipsoid. Die dadurch angedeutete Fehlordnung könnte durch die Wasserstoffbrückenbindung einerseits und den Kontakt zu einer NO$^+$-Gruppe andererseits verursacht werden (Abbildung 45).

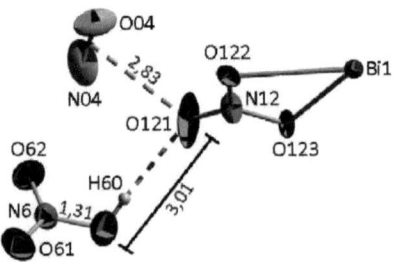

Abbildung 45: Wasserstoffbrückenbindung in (NO)$_5$(Bi(NO$_3$)$_4$)$_4$(NO$_3$)·HNO$_3$
(Abstände in Å)

Es liegt ein kristallographisch bestimmbares freies Nitrat-Ion NO_3^- in der Struktur vor, das von drei Nitrosylium-Ionen im Abstand von ca. 2,70 Å umgeben ist (Abbildung 46). Insgesamt lassen sich fünf Nitrosylium-Ionen mit einem N-O-Abstand von ca. 0,99 Å kristallographisch unterscheiden (Tabelle 21). In einem Bereich von bis zu 3 Å zum Schwerpunkt der Ionen werden bis zu fünf Kontakte zu umgebenden Nitrat-Ionen ausgebildet. Kommt es zu einem Kontakt mit dem freien Nitrat-Ion, so ist der Abstand zu diesem besonders kurz.

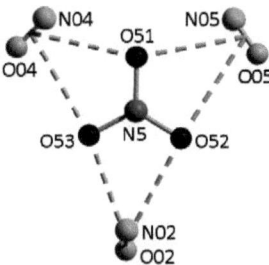

Abbildung 46: Umgebung des freien Nitrat-Ions in $(NO)_5(Bi(NO_3)_4)_4(NO_3)\cdot HNO_3$

Tabelle 21: Abstände in NO^+ und Umgebung von NO^+ in $(NO)_5(Bi(NO_3)_4)_4(NO_3)\cdot HNO_3$

NO^+-Ion	d N-O/ Å	Anzahl Kontakte bis 3 Å	Ø d (NO^+)-O $(NO_3^-,$ $B^{01})$ / Å	d (NO^+)-O $(NO_3^-,$ frei)/ Å
01	1,02	4	2,77	-
02	1,02	4	2,84	2,61; 2,72
03	0,96	3	2,84	-
04	0,95	5	2,84	2,58; 2,78
05	1,01	5	2,76	2,62; 2,86
Ø	0,99	4,2	2,81	2,70

3.2.6.2. Thermischer Abbau

Um das thermische Verhalten zu untersuchen, wurde eine TG/SDTA-Messung mit einer Aufheizrate von 10 °C/min und einer Maximaltemperatur von 650 °C durchgeführt. Der thermische Abbau beginnt bei ca. 40 °C, verläuft über sechs endotherme Stufen und ist bei 540 °C abgeschlossen (Abbildung 47). Tabelle 22 enthält signifikante Temperaturen und Massenverluste sowie vermutete Zersetzungsprodukte. Die ersten Zersetzungsstufen bis 205 °C überlagern sich; der Massenverlust von 25,9 % nach der zweiten Stufe deutet trotz dieser schlechten Auflösung auf die Bildung von $Bi(NO_3)_3$ hin (ber. 24,9 %). Bei der von 205 °C bis 260 °C vorliegenden Verbindung handelt es sich wahrscheinlich um ein Oxid-Nitrat, dessen genaue Zusammensetzung jedoch unbekannt ist. Dieses zersetzt sich mit T_{max} = 291 °C und bildet vermutlich zuerst $BiO(NO_3)$ und dann $Bi_5O_7(NO_3)$, welches sich schließlich zu Bi_2O_3 zersetzt. Die gefundenen und berechneten Massenverluste für die Bildung der letzten beiden Oxid-Nitrate zeigen recht hohe Abweichungen und deuten darauf hin, dass diese Verbindungen sich zum Teil parallel bilden oder, dass andere unbekannte Zwischenprodukte entstehen.

Der Rückstand der thermischen Analyse wurde pulverdiffraktometrisch untersucht und als monoklines Bi_2O_3 identifiziert (Abbildung 48).

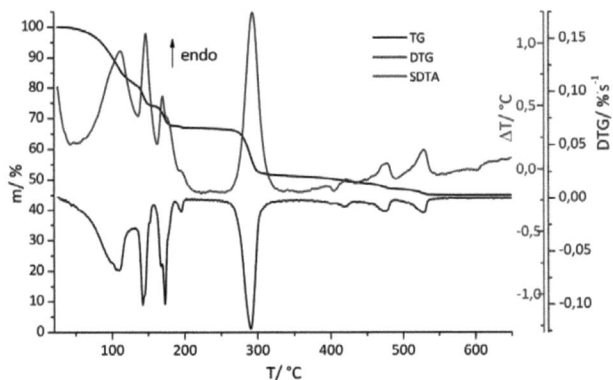

Abbildung 47: TG/DTG/SDTA-Diagramm des thermischen Abbaus von $(NO)_5(Bi(NO_3)_4)(NO_3) \cdot HNO_3$

Tabelle 22: Daten zum thermischen Abbau von (NO)$_5$(Bi(NO$_3$)$_4$)$_4$(NO$_3$)·HNO$_3$

Stufe	T$_{Start}$/ °C	T$_{Ende}$/ °C	T$_{Max}$/ °C	Δm/ % exp.	Δm/ % ber.	vermutetes Zersetzungsprodukt
1 (endo)	40	125	111[a]/110[b]	-25,9 (1+2)	-24,9	unbekannt
2 (endo)	125	155	147[a]/143[b]			Bi(NO$_3$)$_3$
3 (endo)	155	205	170[a]/173[b]	-22,3 (3+4)	-20,5	unbekannt
4 (endo)	260	315	293[a]/291[b]			BiO(NO$_3$)
5 (endo)	315	490	478[a]/475[b]	-4,7	-8,2	Bi$_5$O$_7$(NO$_3$)
6 (endo)	490	540	529[a,b]	-2,0	-2,1	Bi$_2$O$_3$
Σ				-54,9	-55,7	Bi$_2$O$_3$

a – DTA-Kurve, b – DTG-Kurve

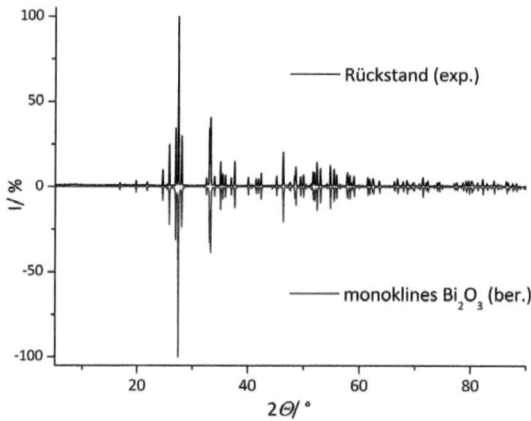

Abbildung 48: Pulverdiffraktogramm des Rückstandes der Zersetzung von (NO)$_5$(Bi(NO$_3$)$_4$)$_4$(NO$_3$)·HNO$_3$ im Vergleich mit Literaturdaten [113]

3.3. Reaktionen mit rauchender Salpetersäure zur Synthese der Selten-Erd-Nitrate $(NO)_3(SE_2(NO_3)_9)$, $(NO)[SE_2(NO_3)_7(H_2O)_4]$ und $SE(NO_3)_3(H_2O)_x$

3.3.1. Stand der Forschung

Bisher sind die Strukturen einer Vielzahl von Nitraten der Selten-Erd-Elemente aufgeklärt worden. *Wickleder* beschreibt in einem Übersichts-Artikel 2002 zahlreiche Nitrat-Hydrate, basische Nitrate sowie wasserhaltige und wasserfreie ternäre Nitrate. Es werden die Strukturen einer Reihe von Nitrat-Hydraten $SE(NO_3)_3(H_2O)_x$ mit x = 1, 3, 3 ½, 4-6 und SE = Y, La-Nd, Sm-Gd, Yb, Lu erwähnt. Besonders viele Strukturen sind dabei von den Verbindungen mit höherem Wassergehalt bekannt (x = 4-6), dazu kommen $Y(NO_3)_3(H_2O)$, $Y(NO_3)_3(H_2O)_{3,5}$ und $SE(NO_3)_3(H_2O)_3$ mit SE = Yb, Lu, Y. [114]

Im Rahmen dieser Arbeit konnten ergänzend die Strukturen von $SE(NO_3)_3(H_2O)_3$ mit SE = Er-Lu sowie $Sc(NO_3)_3(H_2O)_2$ mit Hilfe von Einkristalldaten bestimmt werden. Bei $Sc(NO_3)_3(H_2O)_2$ handelt es sich um die erste Struktur eines Scandium-Nitrat-Hydrates überhaupt und zudem um die erste Verbindung vom Typ $SE(NO_3)_3(H_2O)_x$ mit x = 2. Von $Lu(NO_3)_3(H_2O)_3$ ist zwar bereits eine im triklinen Kristallsystem kristallisierende Struktur bekannt [115], hier wird jedoch eine neue monokline Modifikation vorgestellt. Auch von $Yb(NO_3)_3(H_2O)_3$ ist schon eine (rhomboedrische) Struktur bekannt; in dieser Arbeit wird nun eine trikline Modifikation vorgestellt. Die Struktur der erhaltenen Kristalle von $Y(NO_3)_3(H_2O)_3$ wurde durch Bestimmung der Gitterkonstanten als literaturbekannt identifiziert [116].

Im Bereich der ternären Selten-Erd-Nitrate sind schon von fast allen Selten-Erd-Elementen Verbindungen der Zusammensetzung $A_ySE(NO_3)_{3+y}(H_2O)_x$ mit einwertigen Kationen A^+ bekannt. Für x wurden bisher Werte von null bis vier und für y Werte von eins bis sechs gefunden. [114] Die bekannten sowie die in dieser Arbeit vorgestellten Verbindungsklassen wurden in Abbildung 49 zusammengefasst und nach ihrem Verhältnis $SE:A:H_2O$ eingeordnet (der Gehalt an Nitrat wurde nicht berücksichtigt, da dieser sich aus dem SE:A-Verhältnis ergibt). Zusätzlich sind die Dimensionalitäten der Verknüpfung in den Verbindungen durch verschiedene Farben gekennzeichnet. Je größer das Verhältnis SE:A ist, desto stärker sind die Verbindungen in der Regel vernetzt. Dieser Trend lässt sich besonders gut für die wasserfreien ternären Selten-Erd-Nitrate erkennen: Die Verbindungen mit einem SE:A Verhältnis von 1:6, 1:3 und 1:2½ sind alle „nulldimensional" aufgebaut. Bei einem Verhältnis von SE:A = 1:2 gibt es sowohl nulldimensionale als auch eindimensionale Strukturen (Ketten) und bei einem Verhältnis von SE:A = 1:1,5 bilden die Verbindungen dreidimensional verknüpfte Strukturen aus.

Auch innerhalb der wasserhaltigen ternären Selten-Erd-Nitrate wird die Dimensionalität der Strukturen durch das SE:A-Verhältnis bestimmt: Erst wenn dieses Verhältnis ausreichend hoch ist, kommen höherdimensional verknüpfte Strukturen vor. Allerdings spielt der Wassergehalt hier ebenfalls eine entscheidende Rolle: Alle literaturbekannten Verbindungen, bei denen Wasser-Moleküle an die SE^{3+}-Kationen koordinieren, sind „nulldimensional" und bilden Monomere aus (Abbildung 49: b-d, f): Die Wasser-Moleküle sättigen die Koordinationssphäre der Zentral-Kationen ausreichend ab, so dass eine Verknüpfung über verbrückende Nitrat-Gruppen nicht mehr notwendig wird. Die Verbindung $Rb_5Nd_2(NO_3)_{11}(H_2O)$ kristallisiert zwar ebenfalls nulldimensional, ist aber aus Dimeren aufgebaut (Abbildung 49: h) [117]. In diesem Fall sowie in den Verbindungen $A_2SE(NO_3)_5(H_2O)$ (eindimensional) und $A_3SE_2(NO_3)_9(H_2O)_3$ (dreidimensional) sind die enthaltenen Wassermoleküle jedoch *nicht* an das SE^{3+}-Kation koordiniert, sondern an das Gegen-Kation A^+ oder sie bleiben unkoordiniert. Dadurch wird das Gegen-Kation für die Nitrat-Gruppen blockiert und diese greifen verstärkt die SE^{3+}-Kationen an, wodurch die mehrdimensionale Verknüpfung unter Ausbildung von Nitrat-Brücken begünstigt wird.

Die hier vorgestellten Strukturen von $(NO)[SE_2(NO_3)_7(H_2O)_4]$ weisen das bislang größte SE:A-Verhältnis (2:1) innerhalb der ternären Selten-Erd-Nitrate auf. Es handelt sich um die ersten Verbindungen, die nicht aus Monomeren aufgebaut sind, obwohl die Wasser-Moleküle an das Selten-Erd-Kation koordiniert vorliegen. Das große SE:A-Verhältnis führt dazu, dass die Koordinationssphäre der Zentral-Kationen trotz der koordinierten Wasser-Moleküle nur durch die Bildung von Dimeren abgesättigt werden kann.

3 N_2O_5 und rauchende Salpetersäure als Edukte zur Synthese neuartiger Nitrate

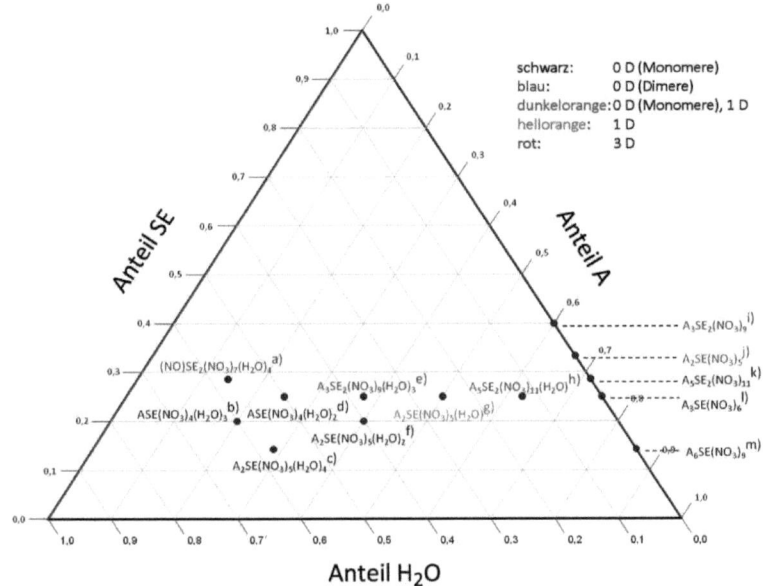

a) SE = Tb, Dy, Ho (A = NO)
b) SE = La (A = NH_4), Nd, Dy (A = Cs), Tm (A = Rb) [114, 118]
c) SE = La, Ce, Pr, Nd (A = NH_4, Rb) [114, 119-120]
d) SE = Sm, Tb (A = K) [114]
e) SE = La, Nd (A = Li) [114]
f) SE = La, Ce, Nd (A = Cs, K), Pr (A = K) [114]
g) SE = Ce (A = H_3O, Ag, Na), Pr, Nd (A = Na) [114]
h) SE = Nd (A = Rb) [114]

i) SE = La (A = K), Ce (A = Rb, K), Pr (A = NH_4, Rb, K), Nd (A = Rb, K, Na) [114]
SE = La, Ce, Pr, Nd, Sm, Eu (A = NO)
j) SE = Sc, Y (A = Rb, NO), Ce (A = K, Rb, NH_4), Pr (A = Li), Ho (A = NO), Er (A = Tl, Ag, K), Tm (A = NH_4) [114, 121-122]
k) SE = Er (A = Ag) [114]
l) SE = Er (A = Li) [114]
m) SE = Ce, Pr (A = Ag), Nd (A = NH_4) [114]

Abbildung 49: Einordnung der ternären Selten-Erd-Nitrate nach ihrem SE:A:H_2O-Verhältnis

Trotz der weitreichenden Untersuchungen im Bereich der Nitrate der Selten-Erd-Elemente konnte die Struktur eines binären wasserfreien Selten-Erd-Nitrats SE(NO_3)$_3$ bisher nicht einkristalldiffraktometrisch bestimmt werden. Eine Synthesemethode zur Herstellung dieser Verbindungen ist allerdings schon länger bekannt: *Moeller* hat schon 1954 beschrieben, wie aus Umsetzung von Selten-Erd-Oxiden mit „flüssigem N_2O_5" und anschließender thermischer Behandlung die wasserfreien Nitrate SE(NO_3)$_3$ für SE = La, Pr, Nd, Sm, Gd, Y synthetisiert werden können [123]. Auf die bei dieser

Synthesemethode entstehenden Zwischenprodukte ging er jedoch nicht ein. Diese wurden später gezielt von *Addison* und anderen Autoren synthetisiert und untersucht. Aus Umsetzungen der Metalle (Y, Ho, La, Eu), der Metall-Chloride (Sc) oder der Metall-Oxide (La, Eu) mit N_2O_4 (z. T. gelöst in Essigsäureethylester) wurden bisher wasserfreie Selten-Erd-Verbindungen der Zusammensetzungen $SE(NO_3)_3 \cdot xN_2O_4$ mit $x = 0{,}5\text{-}2$ und SE = Sc, Y, La, Eu, Ho beschrieben [121-122, 124-125]. Dabei wurde die Zusammensetzung $SE(NO_3)_3 \cdot 1{,}5N_2O_4$ für SE = La, Eu gefunden [124-125]. Aus $Eu(NO_3)_3 \cdot 1{,}5N_2O_4$ konnte durch thermische Zersetzung auch $Eu(NO_3)_3 \cdot N_2O_4$ und $Eu(NO_3)_3 \cdot 0{,}5N_2O_4$ erhalten werden [125]. Für SE = Sc, Y, Ho ($x = 2$) wurden die Strukturen aus Einkristalldaten bestimmt und die Verbindungen konnten so als komplexe Nitrosylium-pentanitratometallate $(NO)_2[SE(NO_3)_5]$ identifiziert werden [121-122].

Im Zuge dieser Arbeit konnten die Verbindungen $SE(NO_3)_3 \cdot xN_2O_4$ mit $x = 1{,}5$ und SE = La-Gd sowohl synthetisiert als auch durch Röntgenstrukturanalyse strukturell aufgeklärt werden. Sie sind demnach gemäß $(NO)_3(SE_2(NO_3)_9)$ zu formulieren und weisen im Gegensatz zu den Selten-Erd-Verbindungen des Typs $(NO)_2[SE(NO_3)_5]$ eine dreidimensional vernetzte Struktur auf. Für diesen Verbindungstyp wurden bereits isotype Verbindungen $A_3[SE_2(NO_3)_9]$ mit SE = Pr (A= NH_4, Rb, K), Ce (A = Rb, K), Nd (A = Rb, K, Na) strukturell beschrieben (vgl. Abbildung 49) [114].

Im Zuge dieser Arbeit wird auch der thermische Abbau der vorgestellten Verbindungen diskutiert. Die thermische Zersetzung von „$La(NO_3)_3 \cdot 1{,}5N_2O_4$" und „$Eu(NO_3)_3 \cdot 1{,}5N_2O_4$" wurde schon Anfang der 90er Jahre untersucht [124-125]. In der vorliegenden Arbeit erfolgt nun eine vollständige thermische Analyse aller Verbindungen des Typs $(NO)_3(SE_2(NO_3)_9)$ mit SE = La-Nd, Sm-Gd. Im Bereich der wasserhaltigen Nitrate der Selten-Erd-Elemente wurden thermoanalytische Untersuchungen bereits in einer Vielzahl von Veröffentlichungen behandelt. Tabelle 23 zeigt eine Auswahl der Literatur zu thermischen Abbaureaktionen der Selten-Erd-Nitrat-Hydrate.

Tabelle 23: Auswahl an Literatur zur thermischen Zersetzung von $SE(NO_3)_3(H_2O)_x$ mit $x = 2\text{-}6$

Verbindungsklasse	Selten-Erd-Elemente (SE)	Literatur
$SE(NO_3)_3(H_2O)_6$	La-Nd, Sm-Ho, Y, Sc	[126-132]
$SE(NO_3)_3(H_2O)_5$	Nd, Sm, Eu-Lu, Y	[127-131, 133-135]
$SE(NO_3)_3(H_2O)_4$	La-Nd, Sm-Gd, Dy-Lu	[127-128, 130, 136]
$SE(NO_3)_3(H_2O)_{3,5}$	Eu-Dy	[131]
$SE(NO_3)_3(H_2O)_3$	Dy, Ho, Yb	[129, 131, 135]
$SE(NO_3)_3(H_2O)_2$	Pr	[130]

Besonders gut untersucht sind die Verbindungen mit hohem Wassergehalt, während Untersuchungen zu Selten-Erd-Nitrat-Trihydraten und -Dihydraten seltener sind. Die wasserärmeren Varianten werden jedoch häufig als Zwischenprodukte bei der thermischen Entwässerung der wasserreicheren Verbindungen genannt. Als weitere Zwischenprodukte werden außerdem vielfach die Verbindungen $SE(NO_3)_3$ und $SEO(NO_3)$ angegeben. Oft deuten die gefundenen Massenverluste aber auch auf Zwischenprodukte hin, die zu keiner dieser Zusammensetzungen passen. In diesen Fällen werden dann in einigen Veröffentlichungen Zwischenprodukte z. B. der Zusammensetzung „$2SE(NO_3)_3 \cdot 2H_2O \cdot SEO(NO_3)$" oder „$2SEO(NO_3) \cdot SE_2O_3$" genannt, wobei aber nicht klar ist, ob es sich hier um definierte Verbindungen oder Mischungen verschiedener Abbauprodukte handelt. Die in der Literatur angegebenen Temperaturbereiche für Zersetzungsstufen variieren durch unterschiedliche Bedingungen (z. B. bezüglich Aufheizrate und Gasstrom) sehr stark, wodurch die Vergleichbarkeit eingeschränkt ist.

3.3.2. Synthese

Für die Umsetzungen mit rauchender Salpetersäure wurden Selten-Erd-Elemente in Form von Metallpulver, als wasserfreies Chlorid oder als Oxid eingesetzt. Die jeweilige Ausgangsverbindung wurde in Duranglasampullen eingewogen und mit rauchender Salpetersäure versetzt. Die Ampullen wurden anschließen unter Kühlung mit Stickstoff abgeschmolzen und in einem Blockthermostaten einem Temperaturprogramm von 25 °C bis 100 °C unterworfen. Mengenangaben und Reaktionsbedingungen sowie Reaktionsgleichungen sind in Tabelle 24 und Tabelle 25 zusammengefasst.

3 N_2O_5 und rauchende Salpetersäure als Edukte zur Synthese neuartiger Nitrate

Tabelle 24: Reaktionsbedingungen für Reaktionen mit rauchender Salpetersäure

Verbindung	SE-Quelle	rauch. HNO_3	Temperaturprogramm
$(NO)_3(La_2(NO_3)_9)$	100 mg La	1,0 ml	RT $\xrightarrow{72\,h}$ 100 °C $\xrightarrow{72\,h}$ 100 °C $\xrightarrow{96\,h}$ RT
$(NO)_3(Ce_2(NO_3)_9)$	100 mg $CeCl_3$	0,5 ml	RT $\xrightarrow{72\,h}$ 100 °C $\xrightarrow{72\,h}$ 100 °C $\xrightarrow{96\,h}$ RT
$(NO)_3(Pr_2(NO_3)_9)$	50 mg Pr_6O_{11}	0,5 ml	RT $\xrightarrow{72\,h}$ 100 °C $\xrightarrow{72\,h}$ 100 °C $\xrightarrow{96\,h}$ RT
$(NO)_3(Nd_2(NO_3)_9)$	100 mg Nd_2O_3	0,5 ml	RT $\xrightarrow{72\,h}$ 100 °C $\xrightarrow{72\,h}$ 100 °C $\xrightarrow{96\,h}$ RT
$(NO)_3(Sm_2(NO_3)_9)$	100 mg $SmCl_3$	1,0 ml	RT $\xrightarrow{72\,h}$ 100 °C $\xrightarrow{72\,h}$ 100 °C $\xrightarrow{96\,h}$ RT
$(NO)_3(Eu_2(NO_3)_9)$	100 mg $EuCl_3$	1,0 ml	RT $\xrightarrow{72\,h}$ 100 °C $\xrightarrow{72\,h}$ 100 °C $\xrightarrow{96\,h}$ RT
	100 mg Eu_2O_3	0,5 ml	RT $\xrightarrow{72\,h}$ 100 °C $\xrightarrow{72\,h}$ 100 °C $\xrightarrow{96\,h}$ RT
$(NO)_3(Gd_2(NO_3)_9)$	100 mg $GdCl_3$	1,0 ml	RT $\xrightarrow{48\,h}$ 100 °C $\xrightarrow{48\,h}$ 100 °C $\xrightarrow{120\,h}$ RT
$(NO)[Tb_2(NO_3)_7(H_2O)_4]$	500 mg Tb_4O_7	0,5 ml	RT $\xrightarrow{48\,h}$ 100 °C $\xrightarrow{48\,h}$ 100 °C $\xrightarrow{120\,h}$ RT
$(NO)[Dy_2(NO_3)_7(H_2O)_4]$	200 mg Dy_2O_3	0,5 ml	RT $\xrightarrow{24\,h}$ 100 °C $\xrightarrow{72\,h}$ 100 °C $\xrightarrow{72\,h}$ RT
	200 mg $DyCl_3$	0,5 ml	RT $\xrightarrow{24\,h}$ 100 °C $\xrightarrow{72\,h}$ 100 °C $\xrightarrow{72\,h}$ RT
$(NO)[Ho_2(NO_3)_7(H_2O)_4]$	150 mg Ho_2O_3	0,5 ml	RT $\xrightarrow{72\,h}$ 100 °C $\xrightarrow{72\,h}$ 100 °C $\xrightarrow{96\,h}$ RT
$Er(NO_3)_3(H_2O)_3$	150 mg Er_2O_3	0,5 ml	RT $\xrightarrow{72\,h}$ 100 °C $\xrightarrow{72\,h}$ 100 °C $\xrightarrow{96\,h}$ RT
$Tm(NO_3)_3(H_2O)_3$	150 mg Tm_2O_3	0,5 ml	RT $\xrightarrow{72\,h}$ 100 °C $\xrightarrow{72\,h}$ 100 °C $\xrightarrow{96\,h}$ RT
$Yb(NO_3)_3(H_2O)_3$	100 mg Yb_2O_3	0,5 ml	RT $\xrightarrow{72\,h}$ 100 °C $\xrightarrow{72\,h}$ 100 °C $\xrightarrow{96\,h}$ RT
$Lu(NO_3)_3(H_2O)_3$	150 mg Lu_2O_3	0,5 ml	RT $\xrightarrow{72\,h}$ 100 °C $\xrightarrow{72\,h}$ 100 °C $\xrightarrow{96\,h}$ RT
$Y(NO_3)_3(H_2O)_3$	200 mg Y_2O_3	0,5 ml	RT $\xrightarrow{72\,h}$ 100 °C $\xrightarrow{72\,h}$ 100 °C $\xrightarrow{96\,h}$ RT
$Sc(NO_3)_3(H_2O)_2$	150 mg Sc_2O_3	0,5 ml	RT $\xrightarrow{72\,h}$ 100 °C $\xrightarrow{72\,h}$ 100 °C $\xrightarrow{96\,h}$ RT

Tabelle 25: Übersicht über Reaktionen mit rauchender Salpetersäure

Verbindung	Reaktionsgleichung
$(NO)_3(SE_2(NO_3)_9)$	$2\,SE + 9\,N_2O_4 \rightarrow (NO)_3(SE_2(NO_3)_9) + 6\,NO$
	$2\,SECl_3 + 9\,N_2O_4 \rightarrow (NO)_3(SE_2(NO_3)_9) + 6\,NOCl$
	$2\,SE_2O_3 + 12\,HNO_3 + 3\,N_2O_4 \rightarrow 2\,(NO)_3(SE_2(NO_3)_9) + 6\,H_2O$
$(NO)[SE_2(NO_3)_7(H_2O)_4]$	$SE_2O_3 + 6\,HNO_3 + N_2O_4 + H_2O \rightarrow (NO)[SE_2(NO_3)_7(H_2O)_4]$
	$2\,SECl_3 + 7\,N_2O_4 + 4\,H_2O \rightarrow (NO)[SE_2(NO_3)_7(H_2O)_4] + 6\,NOCl$
$SE(NO_3)_3(H_2O)_3$	$SE_2O_3 + 6\,HNO_3 + 3\,H_2O \rightarrow 2\,SE(NO_3)_3(H_2O)_3$
$SE(NO_3)_3(H_2O)_2$	$SE_2O_3 + 6\,HNO_3 + 2\,H_2O \rightarrow 2\,SE(NO_3)_3(H_2O)_2$

3 N$_2$O$_5$ und rauchende Salpetersäure als Edukte zur Synthese neuartiger Nitrate

Die in Tabelle 25 aufgeführten Reaktionsgleichungen beinhalten zum Teil neben HNO$_3$ und H$_2$O auch N$_2$O$_4$, welches aus NO$_2$ durch den Zerfall von HNO$_3$ entstehen kann. Die möglichen Reaktionswege zu den verschiedenen Produkten bei Einsatz unterschiedlicher Edukte (Metall-Pulver, Chlorid, Oxid) sind in Abbildung 50 schematisch dargestellt.

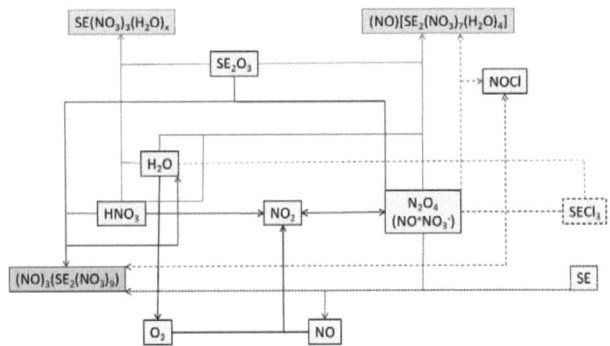

Abbildung 50: Schema zu Reaktionswegen im System N$_2$O$_4$/HNO$_3$/H$_2$O (Grautöne: Reaktionen zu vorgestellten Verbindungen)

3.3.3. (NO)$_3$(SE$_2$(NO$_3$)$_9$) mit SE = La, Ce, Pr, Nd, Sm, Eu, Gd

3.3.3.1. Kristallstruktur

Im Gegensatz zu den monomer aufgebauten Nitrosylium-Nitratometallaten (NO)$_2$[Sc(NO$_3$)$_5$], (NO)$_2$[Y(NO$_3$)$_5$] [122] und (NO)$_2$[Ho(NO$_3$)$_5$] [121] bilden die Verbindungen (NO)$_3$(SE$_2$(NO$_3$)$_9$) mit SE = La-Nd, Eu, Gd dreidimensional vernetzte Strukturen aus. Die Verbindungen kristallisieren isotyp in den enantiomorphen Raumgruppen $P4_132$ bzw. $P4_332$ mit den in Tabelle 26 angegebenen Gitterkonstanten und Güteparametern.

Im Folgenden wird die Kristallstruktur von (NO)$_3$(Eu$_2$(NO$_3$)$_9$) exemplarisch für alle Verbindungen des Typs (NO)$_3$(SE$_2$(NO$_3$)$_9$) genauer diskutiert (Abbildung 52). In der Struktur liegen die Eu^{3+}-Ionen speziell auf einer dreizähligen Drehachse entlang [111] (Wyckoff-Lage 8c). Jedes Eu^{3+}-Ion ist von sechs zweizähnig angreifenden Nitrat-Gruppen umgeben, so dass sich eine Koordinationszahl von zwölf ergibt (Abbildung 51, links). Die Sauerstoff-Atome bilden dabei ein verzerrtes Ikosaeder (Abbildung 51, rechts). Werden die Nitrat-Gruppen auf ihre Stickstoff-Atome reduziert, ergibt sich ein deutlich verzerrtes trigonales Prisma als Koordinationspolyeder (Abbildung 51, Mitte).

Es können zwei Nitrat-Gruppen kristallographisch unterschieden werden: In der Koordinationssphäre des Eu^{3+}-Ions befinden sich drei mal die terminale Nitrat-Gruppe $N(1)O_3^-$ mit Eu-O-Abständen von ca. 2,53 Å und drei mal die verbrückende Nitrat-Gruppe $N(2)O_3^-$ mit Eu-O-Abständen von ca. 2,63 Å (vgl. Abbildung 51). Die Gruppe $N(2)O_3^-$ verknüpft immer zwei Eu^{3+}-Ionen miteinander, so dass ein dreidimensionales Netzwerk gemäß $^3_\infty\{[SE(NO_3)_{3/1}(NO_3)_{3/2}]^{4,5-}\}$ aufgebaut wird. In der Projektion der Kristallstruktur auf (001) in Abbildung 52 stellen die rot eingekreisten Eu^{3+}-Ionen eine durch Nitrat-Gruppen verknüpfte Kette dar, die aus der Papierebene heraus verläuft. Gleiche Ketten verlaufen entsprechend dem kubischen Kristallsystem auch in die anderen beiden Raumrichtungen, wie durch die gelb markierten Metall-Ionen angedeutet wird.

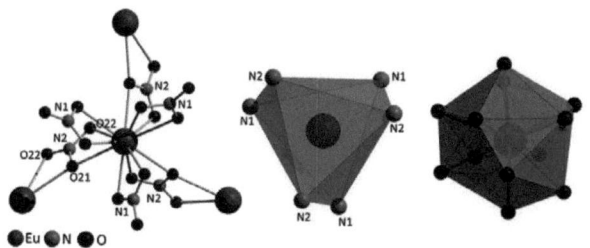

Abbildung 51: Koordination von Eu^{3+} in $(NO)_3(Eu_2(NO_3)_9)$

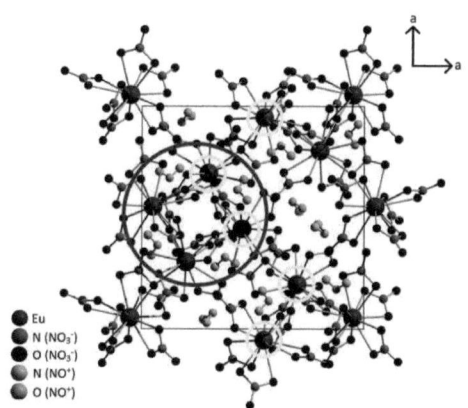

Abbildung 52: Kristallstruktur von $(NO)_3(Eu_2(NO_3)_9)$ in Projektion auf (001)

Beide Nitrat-Gruppen greifen zweizähnig symmetrisch an: Die Nitrat-Gruppe $N(1)O_3^-$ entspricht dabei dem Typ B^{01} ($\Delta|M\text{-}O| = 0{,}04$ Å, $\gamma = 0{,}21$) und die Nitrat-Gruppe $N(2)O_3^-$ entspricht dem Typ T^{02} ($\Delta|M\text{-}O| = 0{,}07$ Å, $\gamma = 1$). Bei der $N(2)O_3^-$-Gruppe liegen das Stickstoff-Atom und das Sauerstoff-Atom O21 speziell auf einer zweizähligen Drehachse (Wyckoff-Lage 12d), so dass sich für γ ein Wert von 1 ergibt (vgl. Abbildung 51 und Abschnitt 3.1). Die N-O-Abstände in den Nitrat-Gruppen sind für die unkoordinierten Sauerstoff-Atome mit 1,22 Å etwas kürzer als für die koordinierten Sauerstoff-Atome (ca. 1,26 Å).

Der Ladungsausgleich wird durch Nitrosylium-Ionen NO^+ mit einem N-O-Abstand von 0,92 Å erreicht, die in das dreidimensionale Netzwerk eingelagert sind. Das Sauerstoff-Atom O3 des einen kristallographisch bestimmbaren NO^+-Ions befindet sich auf einer zweizähligen Achse (Wyckoff-Lage 12d). Die Fehlordnung des zugehörigen Stickstoff-Atom N3 ist dadurch prinzipiell nicht auflösbar (Abbildung 53, links). Die Umgebung des Nitrosylium-Ions in einem Abstand bis zu 3 Å zum Schwerpunkt ist in Abbildung 53 rechts dargestellt: Es befindet sich ca. 2,68 Å entfernt zu den Sauerstoff-Atomen der terminalen Nitrat-Gruppe $N(1)O_3^-$.

Abbildung 54 zeigt ein Pulverdiffraktogramm von $(NO)_3(Nd_2(NO_3)_9)$ in guter Übereinstimmung mit den aus der Einkristallstrukturanalyse simulierten Daten, wodurch die Phasenreinheit des Produktes nachgewiesen wird.

Entsprechend der Lanthanoidenkontraktion verringert sich das Volumen der Elementarzelle in $(NO)_3(SE_2(NO_3)_9)$ aufgrund der mit zunehmender Masse kleiner werdenden SE^{3+}-Ionen von SE = La bis SE = Gd (Abbildung 55, blau). Die durchschnittliche SE-O-Bindungslänge nimmt durch den geringer werdenden Ionenradius der SE^{3+}-Ionen ebenfalls ab (Abbildung 55, rot).

Von der Verbindungsklasse $A_3SE_2(NO_3)_9$ sind bereits die isotypen Strukturen weiterer Verbindungen mit einwertigen Kationen A+ bekannt (vgl. Abbildung 49, S. 76) [114]. So kann ebenfalls die Abhängigkeit des Zellvolumens vom Gegenkation A^+ betrachtet und so die Größe des NO^+-Ions in den Verbindungen $(NO)_3(SE_2(NO_3)_9)$ abgeschätzt werden (Abbildung 56). Die gestrichelten Linien in Abbildung 56 markieren die Volumina der Nitrosylium-Verbindungen und in fast allen Fällen verlaufen diese in Höhe der entsprechenden Kalium-Verbindungen. Offensichtlich ist die Größe des Nitrosylium-Ions NO^+ also am besten mit der Größe eines Kalium-Ions K^+ (Radius: 1,38 Å) vergleichbar.

3 N$_2$O$_5$ und rauchende Salpetersäure als Edukte zur Synthese neuartiger Nitrate

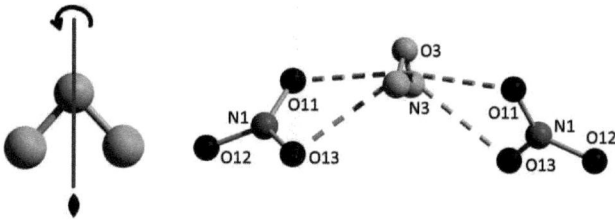

Abbildung 53: Fehlordnung des Stickstoff-Atoms (links) und Umgebung von NO$^+$ (rechts)

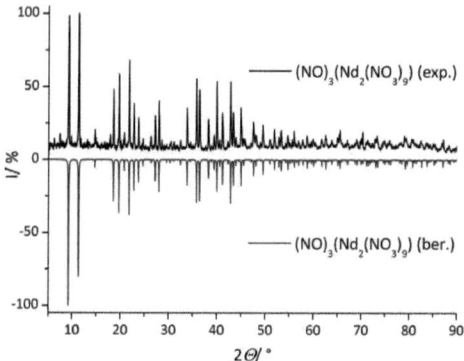

Abbildung 54: Pulverdiffraktogramm von (NO)$_3$(Nd$_2$(NO$_3$)$_9$) im Vergleich mit simulierten Daten

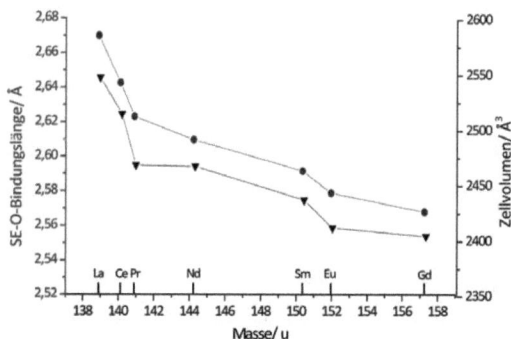

Abbildung 55: Abhängigkeit des SE-O-Abstandes und des Zellvolumens von der Masse in (NO)$_3$(SE$_2$(NO$_3$)$_9$)

3 N_2O_5 und rauchende Salpetersäure als Edukte zur Synthese neuartiger Nitrate

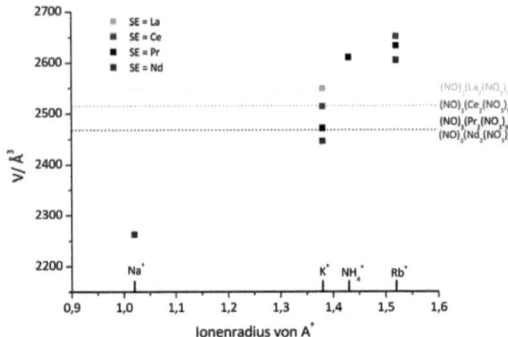

Abbildung 56: Abhängigkeit des Zellvolumens vom Ionenradius von A^+ in $A_3(SE_2(NO_3)_9)$
[114, 137]

Tabelle 26: Kristallographische Daten von (NO)$_3$(SE$_2$(NO$_3$)$_9$) mit SE = La, Ce, Pr, Nd, Sm, Eu, Gd

SE-Elemente	La	Ce	Pr	Nd
Kristallgröße/ mm	0,29 x 0,25 x 0,23	0,87 x 0,22 x 0,19	0,73 x 0,50 x 0,32	0,08 x 0,07 x 0,06
Kristallbeschreibung	farblose Polyeder	gelbe Polyeder	grüne Polyeder	rosa Polyeder
Molare Masse/ g·mol^{-1}	925,94	928,36	929,94	936,60
Kristallsystem	kubisch	kubisch	kubisch	kubisch
Raumgruppe	$P4_132$ (Nr. 213)	$P4_132$ (Nr. 213)	$P4_132$ (Nr. 213)	$P4_132$ (Nr. 213)
Gitterparameter a/ Å	13,6589(5)	13,5997(8)	13,5154(2)	13,5134(2)
V/ Å^3	2548,3(2)	2515,3(3)	2468,80(4)	2467,71(4)
Z	4	4	4	4
Temperatur/ K	153(2)	153(2)	153(2)	153(2)
Strahlung	Mo-K$_\alpha$, λ = 0,7107 Å	Mo-K$_\alpha$, λ = 0,7107 Å	Mo-K$_\alpha$, λ = 0,7107 Å	Mo-K$_\alpha$, λ = 0,7107 Å
µ	3,455	3,723	4,052	4,313
Extinktionskoeffizient	-	-	-	-
Gemessene Reflexe	33889	27668	40444	55876
Unabhängige Reflexe	1064	857	2572	1213
mit $I_o > 2\,\sigma(I)$	906	763	2482	1101
R_{int}	0,0769	0,0849	0,1462	0,0662
R_σ	0,0279	0,0228	0,0341	0,0216
R_1; wR_2 ($I_o > 2\,\sigma(I)$)	0,0365; 0,0998	0,0304; 0,0777	0,0204; 0,0551	0,0220; 0,0622
R_1; wR_2 (alle Daten)	0,0432; 0,1017	0,0350; 0,0788	0,0213; 0,0554	0,0254; 0,0630
Goodness of fit	0,065	1,080	1,140	1,120
max. Restelektronendichte e$^-$/Å^3	1,571	1,900	1,822	1,969
min. Restelektronendichte e$^-$/Å^3	-0,539	-0,525	-0,655	-0,367
Flack x Parameter	0,08(6)	-0,03(6)	-0,014(18)	-0,01(3)
Diffraktometer-Typ	Stoe IPDS	Stoe IPDS	Bruker Apex II	Bruker Apex II
ICSD Nummer	423688	423689	423690	423691

Fortsetzung Tabelle 26: Kristallographische Daten von $(NO)_3(SE_2(NO_3)_9)$ mit SE = Sm, Eu, Gd

SE-Elemente	Sm	Eu	Gd
Kristallgröße/ mm	0,36 x 0,34 x 0,31	0,62 x 0,51 x 0,44	0,38 x 0,32 x 0,11
Kristallbeschreibung	farblose Polyeder	farblose Polyeder	farblose Polyeder
Molare Masse/ g·mol^{-1}	948,82	952,04	962,62
Kristallsystem	kubisch	kubisch	kubisch
Raumgruppe	$P4_132$ (Nr. 213)	$P4_332$ (Nr. 212)	$P4_332$ (Nr. 212)
Gitterparameter a/ Å	13,4580(6)	13,4114(6)	13,3973(5)
V/ Å^3	2437,5(2)	2412,3(2)	2404,7(2)
Z	4	4	4
Temperatur/ K	153(2)	153(2)	153(2)
Strahlung	Mo-K$_\alpha$, λ = 0,7107 Å	Mo-K$_\alpha$, λ = 0,7107 Å	Mo-K$_\alpha$, λ = 0,7107 Å
µ	4,925	5,308	5,624
Extinktionskoeffizient	-	0,00042(11)	-
Gemessene Reflexe	36193	33411	33398
Unabhängige Reflexe	1016	1005	1005
mit $I_o > 2\ \sigma(I)$	983	981	876
R_{int}	0,0459	0,0684	0,0534
R_σ	0,0108	0,0141	0,0200
R_1: wR_2 ($I_o > 2\ \sigma(I)$)	0,0189; 0,0500	0,0188; 0,0418	0,0429; 0,1235
R_1; wR_2 (alle Daten)	0,0206; 0,0505	0,0202; 0,0421	0,0466; 0,1243
Goodness of fit	1,190	1,293	1,263
max. Restelektronendichte e$^-$/Å^3	1,630	1,067	2,613
min. Restelektronendichte e$^-$/Å^3	-0,436	-0,347	-0,756
Flack x Parameter	-0,03(3)	-0,01(2)	-0,02(6)
Diffraktometer-Typ	Stoe IPDS	Stoe IPDS	Stoe IPDS
ICSD Nummer	423692	423693	423694

Abbildung 57: Kristallbilder von $(NO)_3(SE_2(NO_3)_9)$
(Maßstab im linken Bild gilt für alle Bilder)

3 N_2O_5 und rauchende Salpetersäure als Edukte zur Synthese neuartiger Nitrate

3.3.3.2. Thermischer Abbau

Um den thermischen Abbau zu untersuchen, wurden die Verbindungen im Stickstoffstrom getrocknet, in der Stickstoffhandschuhbox in einen Korund-Tiegel überführt und einem Temperaturprogramm von 25 °C bis 700 °C bei einer Aufheizrate von 10 °C/min ausgesetzt. Die erhaltenen TG-Kurven für alle Verbindungen sind in Abbildung 58 zusammengestellt, Tabelle 27 enthält signifikante Temperaturen, berechnete und experimentelle Massenverluste sowie Angaben über die Zersetzungsprodukte. Der thermische Abbau verläuft bei fast allen Verbindungen (Ausnahmen: SE = Ce, Pr) über vier Stufen, führt zum dem jeweiligen Selten-Erd-Sesquioxid SE_2O_3 und ist bei ca. 650 °C abgeschlossen. Als Zwischenprodukte werden das entsprechende wasserfreie Nitrat $SE(NO_3)_3$ nach der ersten Stufe, das Oxid-Nitrat $SEO(NO_3)$ nach der zweiten Stufe und eine Verbindung der Zusammensetzung $SE_3O_4(NO_3)$ nach der dritten Stufe angenommen. Aufgrund der Lanthanoidenkontraktion besitzen die Nitrate der größeren Selten-Erd-Elemente Lanthan, Neodym und Praseodym eine etwas höhere thermische Stabilität als die der kleineren Selten-Erd-Elemente Samarium, Europium und Gadolinium (vgl. Abbildung 58).

Auch die Nitrat-Hydrate der Selten-Erd-Elemente Lanthan bis Samarium bilden laut Literaturangaben durch Thermolyse die wasserfreien Nitrate $SE(NO_3)_3$ und für Lanthan bis Gadolinium werden (mit Ausnahme von Cer) größtenteils die Oxid-Nitrate $SEO(NO_3)$ als Zwischenstufe angenommen [126-128, 130-131]. Mehrere Autoren erwähnen außerdem ein Zersetzungsprodukt der Zusammensetzung „$SEO(NO_3) \cdot SE_2O_3$" (= $SE_3O_4(NO_3)$ für SE = La, Pr-Gd [127-128, 130-131], das hier den Massenverlusten nach zu urteilen auch auftritt.

3 N$_2$O$_5$ und rauchende Salpetersäure als Edukte zur Synthese neuartiger Nitrate

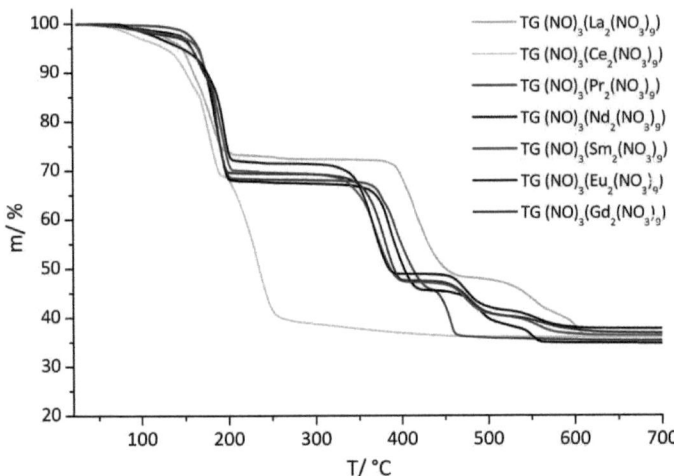

Abbildung 58: TG-Diagramm des thermischen Abbaus von (NO)$_3$(SE$_2$(NO$_3$)$_9$) mit SE = La-Nd, Sm-Gd

Tabelle 27: Daten zum thermischen Abbau von (NO)₃(SE₂(NO₃)₉) mit SE = La-Nd, Sm-Gd

Stufe		La	Ce	Pr	Nd
1	T_{Start}/ °C	80	50	80	70
	T_{Ende}/°C	215	195	205	220
	T_{Max}/ °C	185^a/182^b	183^a/180^b	189^a/187^b	191^a/189^b
	Δm/ % exp.	-27,6	-31,1	-31,5	-32,1
	Δm/ % ber.	-29,8	-29,7	-29,7	-29,5
	verm. Zersetzungsprodukt	La(NO$_3$)$_3$	Ce(NO$_3$)$_3$	Pr(NO$_3$)$_3$	Nd(NO$_3$)$_3$
2	T_{Start}/ °C	370	195	355	345
	T_{Ende}/°C	475	270	435	430
	T_{Max}/ °C	396^a/413^b	236^a/234^b	374^a/392^b	386^{a,b}
	Δm/ % exp.	-24,2	-32,8	-22,8	-22,3
	Δm/ % ber.	-23,3	-33,2	-23,2	-23,1
	verm. Zersetzungsprodukt	LaO(NO$_3$)	CeO$_2$	PrO(NO$_3$)	NdO(NO$_3$)
3	T_{Start}/ °C	475		435	445
	T_{Ende}/°C	575		470	515
	T_{Max}/ °C	557^a/554^b		458^a/457^b	493^a/489^b
	Δm/ % exp.	-7,1		-9,9	-6,8
	Δm/ % ber.	-7,8		-10,5	-7,7
	Zersetzungsprodukt	La$_3$O$_4$(NO$_3$)		Pr$_6$O$_{11}$	Nd$_3$O$_4$(NO$_3$)
4	T_{Start}/ °C	575			515
	T_{Ende}/°C	615			660
	T_{Max}/ °C	604^{a,b}			553^a/552^b
	Δm/ % exp.	-4,8			-4,1
	Δm/ % ber.	-3,9			-3,8
	verm. Zersetzungsprodukt	La$_2$O$_3$			Nd$_2$O$_3$
Σ	T_{Start}/ °C	80	50	80	70
	T_{Ende}/°C	615	270	470	660
	Δm/ % exp.	-63,7	-63,9	-64,2	-65,3
	Δm/ % ber.	-64,8	-62,9	-63,4	-64,1

Fortsetzung Tabelle 27: Daten zum thermischen Abbau von (NO)₃(SE₂(NO₃)₉) mit SE = La-Nd, Sm-Gd

Stufe		Sm	Eu	Gd
1	T_{Start}/ °C	70	80	65
	T_{Ende}/°C	210	215	205
	T_{Max}/ °C	194^a/193^b	198^a/195^b	190/187^b
	Δm/ % exp.	-29,9	-28,5	-30,4
	Δm/ % ber.	-29,1	-29,0	-28,7
	verm. Zersetzungsprodukt	Sm(NO₃)₃	Eu(NO₃)₃	Gd(NO₃)₃
2	T_{Start}/ °C	320	315	330
	T_{Ende}/°C	410	400	405
	T_{Max}/ °C	348^a/371^b	369^a/367^b	373/380^b
	Δm/ % exp.	-22,8	-22,6	-22,0
	Δm/ % ber.	-22,8	-22,7	-22,4
	verm. Zersetzungsprodukt	SmO(NO₃)	EuO(NO₃)	GdO(NO₃)
3	T_{Start}/ °C	440	440	440
	T_{Ende}/°C	515	520	525
	T_{Max}/ °C	476^a/473^b	477^a/474^b	481/479^b
	Δm/ % exp.	-6,9	-7,4	-7,4
	Δm/ % ber.	-7,6	-7,6	-7,5
	Zersetzungsprodukt	Sm₃O₄(NO₃)	Eu₃O₄(NO₃)	Gd₃O₄(NO₃)
4	T_{Start}/ °C	515	520	525
	T_{Ende}/°C	630	610	610
	T_{Max}/ °C	559^a/558^b	560^a/558^b	565^a/564^b
	Δm/ % exp.	-4,1	-3,8	-3,4
	Δm/ % ber.	-3,8	-3,8	-3,4
	verm. Zersetzungsprodukt	Sm₂O₃	Eu₂O₃	Gd₂O₃
Σ	**T_{Start}/ °C**	**70**	**80**	**65**
	T_{Ende}/°C	**630**	**610**	**610**
	Δm/ % exp.	**-63,7**	**-62,3**	**-63,2**
	Δm/ % ber.	**-63,2**	**-63,0**	**-62,3**

Im Folgenden wird exemplarisch der thermische Abbau von (NO)₃(Eu₂(NO₃)₉) zu Eu₂O₃ diskutiert; die TG/DTG/DSC-Diagramme für SE = La, Nd, Sm Gd befinden sich im Anhang (Abschnitt 7.1, S. 215). Das TG/DTG/DSC-Diagramm zeigt vier endotherme Zersetzungsstufen (Abbildung 59). Die erste Stufe beginnt bei 80 °C, ist bei 215 °C abgeschlossen und führt vermutlich zu Europium(III)-nitrat Eu(NO₃)₃. Der experimentelle Massenverlust von 28,5 % stimmt gut mit dem berechneten Massenverlust von 29,0 % überein. Die zweite Stufe beginnt bei 315 °C, endet bei 400 °C und ist mit einem Massenverlust von 22,6 % verbunden. Dieser Schritt führt wahrscheinlich zu der Bildung von EuO(NO$_3$) (berechneter Massenverlust: 22,7 %). Dieses zersetzt sich ab 440 °C weiter und bildet bei 520 °C ein Zwischenprodukt der Zusammensetzung Eu$_3$O$_4$(NO$_4$). Es lässt sich nicht entscheiden, ob es sich hier um eine definierte Verbindung oder um ein Gemisch von EuO(NO$_3$) und Eu$_2$O$_3$ im Verhältnis 1:1 handelt. Aus diesem Zwischenprodukt entsteht im letzten Zersetzungsschritt von 520 °C bis 610 °C kubisches Eu$_2$O$_3$, das pulverdiffraktometrisch nachgewiesen werden konnte (Abbildung 60).

Der thermische Abbau könnte gemäß folgender Reaktionsgleichungen ablaufen:

1. Stufe: $(NO)_3(Eu_2(NO_3))_9 \xrightarrow{\Delta} 2\ Eu(NO_3)_3 + 6\ NO_2$

2. Stufe: $Eu(NO_3)_3 \xrightarrow{\Delta} EuO(NO_3) + 2\ NO_2 + 0{,}5\ O_2$

3. Stufe: $3\ EuO(NO_3) \xrightarrow{\Delta}$ „EuO(NO$_3$)·Eu$_2$O$_3$" $+ 2\ NO_2 + 0{,}5\ O_2$

4. Stufe: 2 „EuO(NO$_3$)·Eu$_2$O$_3$" $\xrightarrow{\Delta} 3\ Eu_2O_3 + 2\ NO_2 + 0{,}5\ O_2$

Gesamtgleichung: $(NO)_3(Eu_2(NO_3))_9 \xrightarrow{\Delta} Eu_2O_3 + 12\ NO_2 + 1{,}5\ O_2$

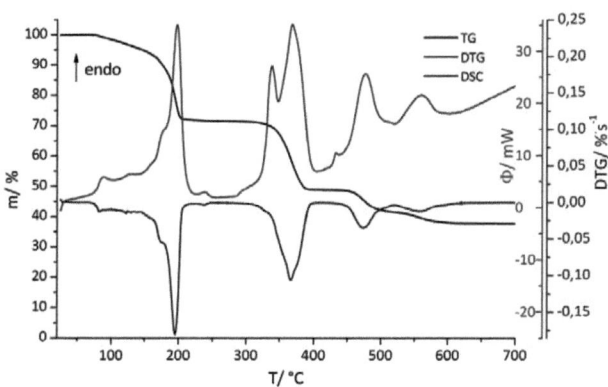

Abbildung 59: TG/DTG/DSC-Diagramm des thermischen Abbaus von (NO)$_3$(Eu$_2$(NO$_3$)$_9$)

3 N₂O₅ und rauchende Salpetersäure als Edukte zur Synthese neuartiger Nitrate

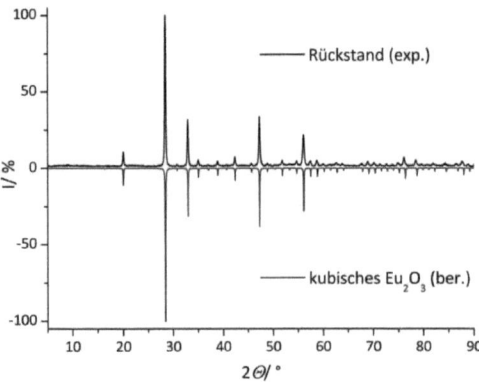

Abbildung 60: Pulverdiffraktogramm des Rückstandes der Zersetzung von (NO)₃(Eu₂(NO₃)₉) im Vergleich mit Literaturdaten [138]

Sonderfälle in dieser Verbindungsklasse bilden die thermischen Abbaureaktionen der Cer- und der Praseodym-Verbindung (Abbildung 61). Die TG-Kurve des thermischen Abbaus von (NO)$_3$(Ce$_2$(NO$_3$)$_9$) zeigt nur zwei (endotherme) Stufen und die Zersetzung ist bereits bei 270 °C abgeschlossen. Der erste Abbauschritt führt vermutlich ebenfalls zu dem wasserfreien Cer-Nitrat Ce(NO$_3$)$_3$. Dieses ist jedoch unter den gegebenen Bedingungen wenig stabil und zersetzt sich anschließend direkt zu CeO$_2$, wie pulverdiffraktometrisch belegt werden konnte (Abbildung 62). Die Zersetzung von (NO)$_3$(Pr$_2$(NO$_3$)$_9$) führt zu einem Oxid der Zusammensetzung Pr$_6$O$_{11}$ als Abbauprodukt, sie verläuft jedoch zunächst typisch unter der Bildung von Pr(NO$_3$)$_3$ und PrO(NO$_3$) als Zwischenprodukte. PrO(NO$_3$) zersetzt sich allerdings sofort weiter, so dass der Abbau bereits bei 470 °C abgeschlossen ist. Der Rückstand wurde pulverdiffraktometrisch als kubisches Pr$_6$O$_{11}$ identifiziert (Abbildung 63). Die DSC-Kurve der Zersetzung von (NO)$_3$(Pr$_2$(NO$_3$)$_9$) zeigt als weitere Besonderheit ein exothermes Signal bei T_{Max} = 218 °C, das möglicherweise auf einen Kristallisationsprozess des Pr(NO$_3$)$_3$ hindeutet. Ein ähnliches Signal konnte ansonsten nur beim thermischen Abbau der Neodym-Verbindung bei T_{Max} = 213 °C beobachtet werden (vgl. Abbildung 61).

3 N₂O₅ und rauchende Salpetersäure als Edukte zur Synthese neuartiger Nitrate

Möglich wären folgende Reaktionsgleichungen:

1. Stufe: $(NO)_3(SE_2(NO_3)_9) \xrightarrow{\Delta} 2\ SE(NO_3)_3 + 6\ NO_2$ SE = Ce, Pr

2. Stufe: $Ce(NO_3)_3 \xrightarrow{\Delta} CeO_2 + 3\ NO_2 + 0{,}5\ O_2$

   $Pr(NO_3)_3 \xrightarrow{\Delta} PrO(NO_3) + 2\ NO_2 + 0{,}5\ O_2$

3. Stufe: $6\ PrO(NO_3) \xrightarrow{\Delta} Pr_6O_{11} + 6\ NO_2 + 0{,}5\ O_2$

   Gesamt: $(NO)_3(Ce_2(NO_3)_9) \xrightarrow{\Delta} 2\ CeO_2 + 12\ NO_2 + O_2$

   $(NO)_3(Pr_2(NO_3)_9) \xrightarrow{\Delta} 1/3\ Pr_6O_{11} + 12\ NO_2 + 7/6\ O_2$

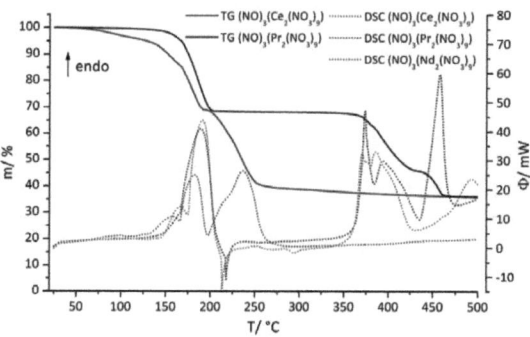

Abbildung 61: TG/DSC-Diagramm des thermischen Abbaus von $(NO)_3(SE_2(NO_3)_9)$ mit SE = Ce, Pr (Nd)

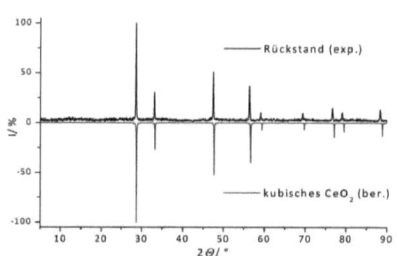

Abbildung 62: Pulverdiffraktogramm des Rückstandes der Zersetzung von $(NO)_3(Ce_2(NO_3)_9)$ im Vergleich mit Literaturdaten [139]

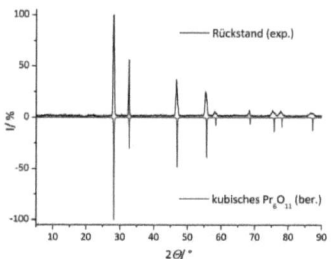

Abbildung 63: Pulverdiffraktogramm des Rückstandes der Zersetzung von $(NO)_3(Pr_2(NO_3)_9)$ im Vergleich mit Literaturdaten [140]

Auch die Rückstände der übrigen thermischen Zersetzungen wurden pulverdiffraktometrisch untersucht. Bis auf Nd_2O_3 und La_2O_3 (hexagonal) wurden alle

Sesquioxide in kubischen Modifikationen gefunden; bei Sm_2O_3 konnte neben der kubischen Phase eine monokline Nebenphase nachgewiesen werden. Die jeweiligen Pulverdiffraktogramme im Vergleich mit Literaturdaten befinden sich im Anhang (Abschnitt 7.1, S. 215).

Durch Integration der DSC-Kurven lassen sich die Reaktionsenthalpien der vorgestellten Zersetzungsreaktionen berechnen. Die Genauigkeit der durchgeführten Messungen lässt jedoch nur eine relativ grobe Schätzung zu, so dass hier lediglich die Mittelwerte aller Messungen angegeben werden:

1. Stufe: ΔH_R = 292 kJ/mol   (alle Messungen)
2. Stufe: ΔH_R = 221 kJ/mol   (Cer ausgenommen)   Cer: ΔH_R = 139 kJ/mol
3. Stufe: ΔH_R = 166 kJ/mol   (Cer ausgenommen)
Gesamt: ΔH_R = 1079 kJ/mol   (Cer ausgenommen)   Cer: ΔH_R = 484 kJ/mol

Die erhaltenen Werte sind zwar relativ ungenau, liegen aber in einem sinnvollen Bereich. Ein Literaturwert für die Zersetzung von $Nd(NO_3)_3$ zu $NdO(NO_3)$ beträgt 208,6 kJ/mol [141] und liegt damit in der gleichen Größenordnung wie der hier ermittelte Wert für die zweite Zersetzungsstufe von 221 kJ/mol.

3.3.4. $(NO)[SE_2(NO_3)_7(H_2O)_4]$ mit SE = Tb, Dy, Ho

3.3.4.1. Kristallstruktur

Die Verbindungen $(NO)[SE_2(NO_3)_7(H_2O)_4]$ mit SE = Tb, Dy, Ho kristallisieren isotyp in der monoklinen Raumgruppe $C2/c$ mit den in Tabelle 30 angegebenen Gitterkonstanten und Güteparametern. Abbildung 67 zeigt lichtmikroskopische Aufnahmen der erhaltenen Kristalle. Im Folgenden wird die Struktur am Beispiel von $(NO)[Tb_2(NO_3)_7(H_2O)_4]$ genauer diskutiert.

Die Terbium-Verbindung besteht aus $[Tb_2(NO_3)_7(H_2O)_4]^-$-Dimeren und Nitrosylium-Ionen NO^+. Dabei sind die Tb^{3+}-Ionen von vier symmetrisch zweizähnig angreifenden Nitrat-Gruppen und zwei Wasser-Molekülen koordiniert. Während drei der Nitrat-Gruppen terminal angreifen (Typ B^{01}), verknüpft die vierte Nitrat-Gruppe $N(1)O_3^-$ vom Typ T^{02} jeweils zwei Tb^{3+}-Ionen zu Dimeren (Abbildung 65, links). Das Stickstoff-Atom N1 und das zugehörige Sauerstoff-Atom O11 liegen dabei speziell auf einer zweizähligen Drehachse (Wyckoff-Lage $4e$), so dass nur ein kristallographisch unterscheidbares Tb^{3+}-Ion existiert. Für dieses ergeben sich eine Koordinationszahl von zehn und ein sehr unregelmäßiges Koordinationspolyeder, welches als sehr stark verzerrtes zweifach überkapptes quadratisches Antiprisma beschrieben werden kann. Die Tb-O-Abstände betragen durchschnittlich 2,49 Å und sind damit etwas länger als die SE-O-Abstände in $(NO)[Dy_2(NO_3)_7(H_2O)_4]$ (Ø Dy-O: 2,48 Å) und in

(NO)[Ho$_2$(NO$_3$)$_7$(H$_2$O)$_4$] (Ø Ho-O: 2,47 Å), die aufgrund der Lanthanoidenkontraktion verkürzt sind.

Die Tb-O-Abstände in (NO)[Tb$_2$(NO$_3$)$_7$(H$_2$O)$_4$] variieren in Abhängigkeit vom Liganden und dessen Koordinationsmodus in einem Bereich von 2,34 Å bis 2,60 Å. Erwartungsgemäß sind diese umso länger, je stärker das entsprechende Sauerstoff-Atom koordinativ beansprucht bzw. gebunden ist. Auch die N-O-Abstände innerhalb der Nitrat-Gruppen sind bei mehrfach koordinierten Sauerstoff-Atomen deutlich länger als bei nur einfach koordinierten oder unkoordinierten Sauerstoff-Atomen (vgl. Tabelle 28). Die für den Ladungsausgleich notwendigen Nitrosylium-Ionen NO$^+$ weisen ähnlich wie in der Struktur von (NO)$_3$(Eu$_2$(NO$_3$)$_9$) eine Fehlordnung des Stickstoff-Atoms auf. Das Sauerstoff-Atom liegt ebenfalls speziell auf einer zweizähligen Drehachse (Wyckoff-Lage 4e), so dass die Fehlordnung nicht aufgelöst werden kann (Abbildung 66, links). In der Struktur wird das einzige kristallographisch bestimmbare NO$^+$-Ion von zwei Dimeren umgeben und weist jeweils zwei Kontakte zu den Sauerstoff-Atomen der Nitrat-Gruppen auf (Abbildung 66, rechts).

Die Gesamtstruktur von (NO)[Tb$_2$(NO$_3$)$_7$(H$_2$O)$_4$] ist in Abbildung 64 dargestellt. Die Dimere liegen entlang b übereinander gestapelt, jedoch entlang [100] um a/2 versetzt vor: In Abbildung 64 liegen die helleren Tb^{3+}-Ionen im Vordergrund bei x/a = 1 und die dunkleren etwas weiter hinten bei x/a = 0,5. Außerdem führen die senkrecht zu b liegenden Gleitspiegelebenen in $C2/c$ dazu, dass die Dimere auch in c-Richtung um c/2 versetzt (und gespiegelt) vorliegen. Die [Tb$_2$(NO$_3$)$_7$(H$_2$O)$_4$]$^-$-Einheiten werden über mittelstarke Wasserstoffbrückenbindungen in alle Richtungen miteinander verknüpft. Die Wasserstoffbrückenbindungen sind in Tabelle 29 zusammengestellt, die Bezeichnung der Atome erfolgt nach Abbildung 65.

Tabelle 28: Ausgewählte Abstände in (NO)[Tb$_2$(NO$_3$)$_7$(H$_2$O)$_4$]

Sauerstoff gehört zu:		Ø Tb-O-Abstand/ Å	Ø N-O-Abstand/ Å
H$_2$O		2,37	-
NO$_3^-$ (B^{01})	einfach koordiniert	2,47	1,27
	unkoordiniert	-	1,21
NO$_3^-$ (T^{02})	einfach koordiniert	2,57	1,24
	zweifach koordiniert	2,60	1,27
NO$^+$		-	0,98

3 N_2O_5 und rauchende Salpetersäure als Edukte zur Synthese neuartiger Nitrate

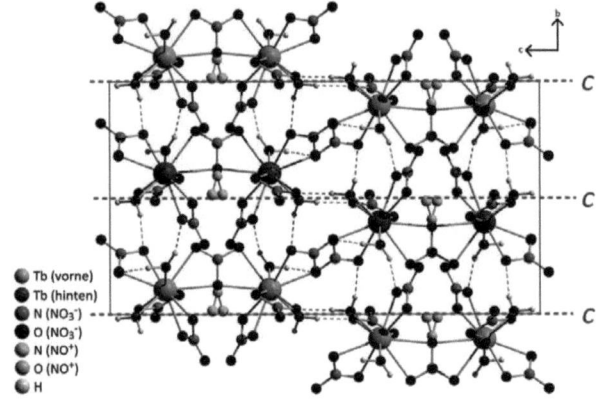

Abbildung 64: Kristallstruktur von $(NO)[Tb_2(NO_3)_7(H_2O)_4]$ in Projektion auf (100)

Tabelle 29: Wasserstoffbrückenbindungen in $(NO)[Tb_2(NO_3)_7(H_2O)_4]$

Atom 1 (D)	Atom 2 (H)	Atom 3 (A)	D⋯A/ Å	H⋯A/ Å	Winkel D-H-A/°	Klassi- fikation [112]
O1	H11	O32	2,92	2,00	163,7	mittelstark
O1	H12	O43	2,78	1,84	170,8	mittelstark
O2	H21	O31	2,88	1,96	164,0	mittelstark
O2	H22	O23	2,91	1,99	161,1	mittelstark

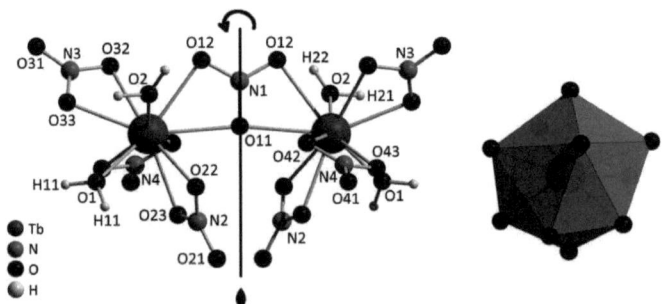

Abbildung 65: Dimere (links) und Koordinationspolyeder von Tb^{3+} (rechts) in $(NO)[Tb_2(NO_3)_7(H_2O)_4]$

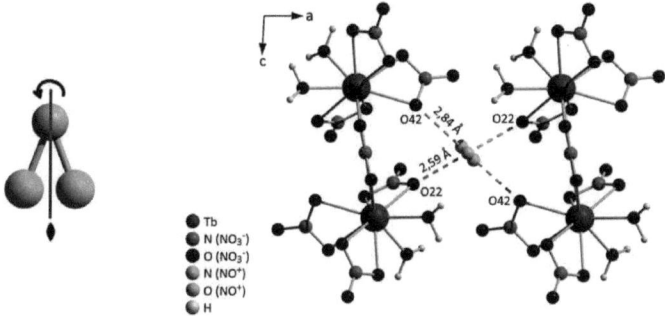

Abbildung 66: Fehlordnung (links) und Umgebung (rechts) von NO$^+$ in (NO)[Tb$_2$(NO$_3$)$_7$(H$_2$O)$_4$]

Abbildung 67: Kristallbilder von (NO)[SE$_2$(NO$_3$)$_7$(H$_2$O)$_4$]

3 N_2O_5 und rauchende Salpetersäure als Edukte zur Synthese neuartiger Nitrate

Tabelle 30: Kristallographische Daten von $(NO)[SE_2(NO_3)_7(H_2O)_4]$

Verbindung	$(NO)[Tb_2(NO_3)_7(H_2O)_4]$	$(NO)[Dy_2(NO_3)_7(H_2O)_4]$	$(NO)[Ho_2(NO_3)_7(H_2O)_4]$
Kristallgröße/ mm	0,28 x 0,20 x 0,09	0,50 x 0,35 x 0,14	0,57 x 0,56 0,45
Kristallbeschreibung	farblose Blöcke	farblose Rhomben	gelbe Polyeder
Molare Masse/ g·mol^{-1}	853,98	861,14	861,14
Kristallsystem	monoklin	monoklin	monoklin
Raumgruppe	$C2/c$ (Nr. 15)	$C2/c$ (Nr. 15)	$C2/c$ (Nr. 15)
Gitterparameter	$a = 8,1006(7)$ Å	$a = 8,0888(6)$ Å	$a = 8,0610(4)$ Å
	$b = 11,4592(6)$ Å	$b = 11,4476(7)$ Å	$b = 11,4012(6)$ Å
	$c = 21,100(1)$ Å	$c = 21,1548(2)$ Å	$c = 21,107(1)$ Å
	$\beta = 92,820(9)°$	$\beta = 92,92(1)°$	$\beta = 92,877(2)°$
	$V = 1956,3(2)$ Å^3	$V = 1956,3(3)$ Å^3	$V = 1937,4(2)$ Å^3
Zahl der Formeleinheiten	4	4	4
Temperatur/ K	153(2)	153(2)	153(2)
Strahlung	Mo-K$_\alpha$, $\lambda = 0,7107$ Å	Mo-K$_\alpha$, $\lambda = 0,7107$ Å	Mo-K$_\alpha$, $\lambda = 0,7107$ Å
μ	7,321	7,730	8,260
Extinktionskoeffizient	-	0,0015(1)	-
Gemessene Reflexe	12727	11406	41069
Unabhängige Reflexe	2279	2291	6119
mit $I_o > 2\ \sigma(I)$	1666	2137	5943
R_{int}	0,0509	0,0528	0,0875
R_σ	0,0472	0,0292	0,0347
R_1: wR_2 ($I_o > 2\ \sigma(I)$)	0,0409; 0,1072	0,0266; 0,0672	0,0373; 0,0890
R_1; wR_2 (alle Daten)	0,0518; 0,1086	0,0291; 0,0683	0,0386; 0,0895
Goodness of fit	1,018	1,128	1,357
max. Restelektronen-dichte/ e$^-$Å^{-3}	2,667	2,155	2,448
min. Restelektronen-dichte/ e$^-$Å^{-3}	-0,785	-2,747	-5,768
Diffraktometer-Typ	Stoe IPDS	Stoe IPDS	Bruker Apex II
ICSD Nummer	423695	423697	423696

3.3.4.2. Thermischer Abbau

Um den thermischen Abbau zu untersuchen, wurden die Verbindungen im Stickstoffstrom getrocknet, in der Stickstoffhandschuhbox in einen Korund-Tiegel überführt und einem Temperaturprogramm von 25 °C bis 700 °C bei einer Aufheizrate von 10 °C/min ausgesetzt. Die erhaltenen TG-Kurven sind in Abbildung 68 zusammengestellt, Tabelle 31 enthält signifikante Temperaturen, berechnete und experimentelle Massenverluste sowie Angaben über die Zersetzungsprodukte. Der thermische Abbau dieser Verbindungen beginnt bei ca. 100 °C, verläuft über vier Stufen und ist bei spätestens 600 °C (für SE= Ho) abgeschlossen.

In der Literatur wurde bereits die thermische Zersetzung diverser Nitrat-Hydrate der Elemente Terbium bis Holmium untersucht. Bei diesen Elementen wurde aber nicht die Bildung der wasserfreien Nitrate $SE(NO_3)_3$ gefunden, sondern nach Entwässerung bis zum Di- oder Monohydrat wurde bis ca. 300 °C die Bildung von Verbindungen der Zusammensetzung „$2SE(NO_3)_3 \cdot 2H_2O \cdot SEO(NO_3)$" mit SE = Tb, Dy bzw. „$3Ho(NO_3)_3 \cdot HoO(NO_3)$" vorgeschlagen [129, 131, 134]. Bei den hier vorgestellten Abbaureaktionen bildet sich vermutlich im ersten Schritt das Dihydrat $SE(NO_3)_3(H_2O)_2$. Der zweite Schritt verläuft über einen weiten Temperaturbereich und ist nicht klar abgegrenzt; hier lässt sich anhand der Massenverluste nicht entscheiden, ob sich bis ca. 300 °C Zwischenprodukte der Zusammensetzung $SE(NO_3)_3$ oder $SE_3O(NO_3)_7(H_2O)_2$ gebildet haben (vgl. Tabelle 31). In Übereinstimmung mit der Literatur bilden sich nach dem dritten Schritt vermutlich die Oxid-Nitrate und nach dem letzten Schritt die Selten-Erd-Oxide.

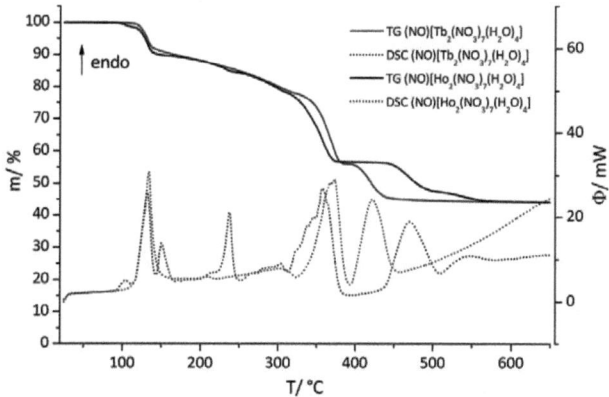

Abbildung 68: TG/DSC-Diagramm des thermischen Abbaus von $(NO)[SE_2(NO_3)_7(H_2O)_4]$ mit SE = Tb, Ho

Tabelle 31: Daten zum thermischen Abbau von (NO)[SE(NO$_3$)$_7$(H$_2$O)$_4$] mit SE = Tb, Ho

Stufe		Tb	Ho
1 (endo)	T$_{Start}$/ °C	105	95
	T$_{Ende}$/°C	165	160
	T$_{Max}$/ °C	134^a/133^b	132^{a,b}
	Δm/ % exp.	-10,0	-10,4
	Δm/ % ber.	-10,8	-10,6
	verm. Zersetzungsprodukt	Tb(NO$_3$)$_3$(H$_2$O)$_2$	Ho(NO$_3$)$_3$(H$_2$O)$_2$
2 (endo)	T$_{Start}$/ °C	165	160
	T$_{Ende}$/°C	320	310
	T$_{Max}$/ °C	302^a/301^b	238^a/233^b
	Δm/ % exp.	-12,0	-11,6
	Δm/ % ber.	-8,4/-14,1	-8,3/-12,8
	verm. Zersetzungsprodukt	Tb(NO$_3$)$_3$/ Tb$_3$O(NO$_3$)$_7$(H$_2$O)$_2$	Ho(NO$_3$)$_3$/ Ho$_3$O(NO$_3$)$_7$(H$_2$O)$_2$
3 (endo)	T$_{Start}$/ °C	320	310
	T$_{Ende}$/°C	390	380
	T$_{Max}$/ °C	373^{a,b}	357^a/356^b
	Δm/ % exp.	-22,1	-21,4
	Δm/ % ber.	-25,3/-19,7	-24,9/-20,5
	verm. Zersetzungsprodukt	TbO(NO$_3$)	HoO(NO$_3$)
4 (endo)	T$_{Start}$/ °C	390	435
	T$_{Ende}$/°C	450	600
	T$_{Max}$/ °C	422^a/419^b	470^a/467^b
	Δm/ % exp.	-12,6	-12,4
	Δm/ % ber.	-11,9	-12,5
	Zersetzungsprodukt	Tb$_7$O$_{12}$	Ho$_2$O$_3$
Σ	T$_{Start}$/ °C	105	95
	T$_{Ende}$/°C	450	600
	Δm/ % exp.	-56,6	-55,8
	Δm/ % ber.	-56,4	-56,4

a – SDTA/DSC-Kurve, b – DTG-Kurve

Stellvertretend wird die thermische Zersetzung von (NO)[Ho$_2$(NO$_3$)$_7$(H$_2$O)$_4$] ausführlicher diskutiert. Die erste Stufe beginnt bei 95 °C, endet bei 160 °C und ist mit einem Massenverlust von 10,4 % verbunden. Vermutlich bildet sich nach dieser Stufe Ho(NO$_3$)$_3$(H$_2$O)$_2$ (ber. Massenverlust: 10,6 %). Im zweiten Abbauschritt verliert die Verbindung kontinuierlich 11,6 % an Masse, die Zersetzungsgeschwindigkeit erreicht ihre Maxima bei T$_{Max}$ = 233 °C und T$_{Max}$ = 303 °C. Bei 310 °C hat sich vermutlich entweder das wasserfreie Nitrat Ho(NO$_3$)$_3$ (ber. Massenverlust: 8,3 %) oder eine Verbindung der Zusammensetzung Ho$_3$O(NO$_3$)$_7$(H$_2$O)$_2$

„2Ho(NO$_3$)$_3$(H$_2$O)$_2$·HoO(NO$_3$)", ber. Massenverlust: 12,8 %) gebildet. Dieses zersetzt sich aber im direkt folgenden dritten Schritt mit T$_{Max}$ = 356 °C und 21,6 % Massenverlust sofort weiter. Als Zwischenprodukt nach dieser Stufe wird das Oxid-Nitrat HoO(NO$_3$) angenommen (ber. Massenverlust: 24,9 %). Dieses baut sich schließlich ab 435 °C zu kubischem Ho$_2$O$_3$ ab, wie pulverdiffraktometrisch belegt werden konnte (Abbildung 70). Der Gesamtmassenverlust von 55,8 % stimmt gut mit dem berechneten Massenverlust für den Abbau zu Ho$_2$O$_3$ von 56,4 % überein. Bei 600 °C ist die thermische Zersetzung abgeschlossen.

Folgende Reaktionsgleichungen sind für die thermische Zersetzung vorstellbar:

1. Stufe $\quad$ (NO)[Ho$_2$(NO$_3$)$_7$(H$_2$O)$_4$] $\xrightarrow{\Delta}$ 2 Ho(NO$_3$)$_3$(H$_2$O)$_2$ + 2 NO$_2$

2. Stufe $\quad$ Ho(NO$_3$)$_3$(H$_2$O)$_2$ $\xrightarrow{\Delta}$ Ho(NO$_3$)$_3$ + 2 H$_2$O /

$\quad$ 3 Ho(NO$_3$)$_3$(H$_2$O)$_2$ $\xrightarrow{\Delta}$ Ho$_3$O(NO$_3$)$_7$(H$_2$O)$_2$ + 2 HNO$_3$ + 3 H$_2$O

3. Stufe $\quad$ Ho(NO$_3$)$_3$ $\xrightarrow{\Delta}$ HoO(NO$_3$) + 2 NO$_2$ + 0,5 O$_2$ /

$\quad$ Ho$_3$O(NO$_3$)$_7$(H$_2$O)$_2$ $\xrightarrow{\Delta}$ 3 HoO(NO$_3$) + 4 HNO$_3$

4. Stufe $\quad$ 2 HoO(NO$_3$) $\xrightarrow{\Delta}$ Ho$_2$O$_3$ + 2 NO$_2$ + 0,5 O$_2$

Gesamt: $\quad$ (NO)[Ho$_2$(NO$_3$)$_7$(H$_2$O)$_4$] $\xrightarrow{\Delta}$ Ho$_2$O$_3$ + 8 NO$_2$ + 1,5 O$_2$ + 4 H$_2$O

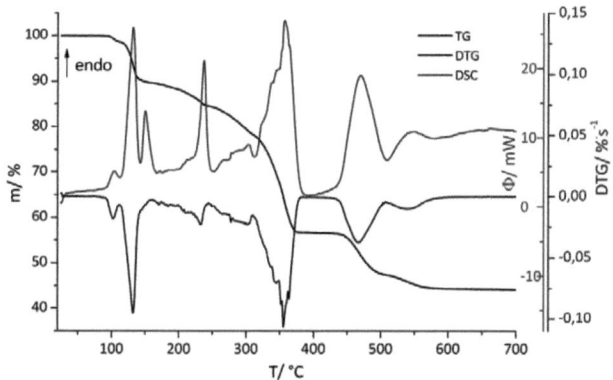

Abbildung 69: TG/DTG/DSC-Diagramm des thermischen Abbaus von (NO)[Ho$_2$(NO$_3$)$_7$(H$_2$O)$_4$]

3 N_2O_5 und rauchende Salpetersäure als Edukte zur Synthese neuartiger Nitrate

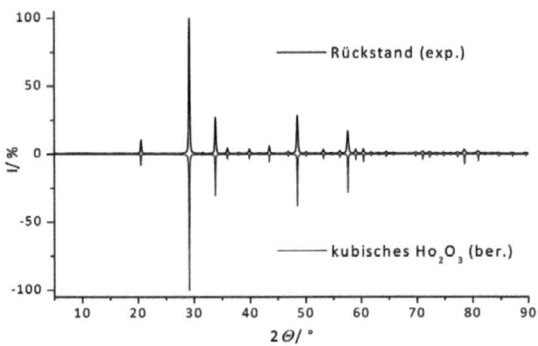

Abbildung 70: Pulverdiffraktogramm des Rückstandes der Zersetzung von $(NO)[Ho_2(NO_3)_7(H_2O)_4]$ im Vergleich mit Literaturdaten [142]

3.3.5. Die Selten-Erd-Nitrat-Hydrate $SE(NO_3)_3(H_2O)_x$ mit SE = Y, Er-Lu (x = 3), Sc (x = 2)

3.3.5.1. Allgemeines zu den vorgestellten Kristallstrukturen

Die erhaltenen Selten-Erd-Nitrat-Trihydrate kristallisieren in unterschiedlichen Kristallsystemen in den Raumgruppen *P*-1, *R*-3 oder $P2_1/c$, weisen jedoch ähnliche Koordinationsumgebungen des SE^{3+}-Ions auf. Dieses ist immer von drei Wasser-Molekülen und drei zweizähnig angreifenden Nitrat-Gruppen umgeben, so dass sich eine Koordinationszahl von neun ergibt. Das Zentral-Kation liegt damit im Zentrum eines unterschiedlich stark verzerrten dreifach überkappten trigonalen Prismas. Es lassen sich dabei grundsätzlich zwei verschiedene Koordinationsmodi beobachten. In einem Fall bestehen die Grundflächen des trigonalen Prismas aus Sauerstoff-Atomen von Wasser-Molekülen *und* Nitrat-Gruppen wie z. B. in $Er(NO_3)_3(H_2O)_3$ (Abbildung 71, links). Im anderen Fall gehören die Sauerstoff-Atome der einen Grundfläche des Prismas *nur* zu Wasser-Liganden und die der anderen Grundfläche *nur* zu Nitrat-Liganden wie z. B. in $Tm(NO_3)_3(H_2O)_3$ (Abbildung 71, rechts). Werden die Nitrat-Liganden auf das Stickstoff-Atom reduziert, ergibt sich für die erste Anordnung ein verzerrtes Oktaeder und für die zweite Anordnung ein verzerrtes trigonales Antiprisma als Koordinationspolyeder.

In den Abschnitten 3.3.5.2 bis 3.3.5.4 wird genauer auf die einzelnen Verbindungen eingegangen, wobei die isotypen Strukturen der Nitrat-Trihydrate von Yttrium, Erbium und Ytterbium gemeinsam behandelt werden. Anschließend wird in Abschnitt 3.3.5.5 die Struktur des ersten Selten-Erd-Dihydrats $Sc(NO_3)_3(H_2O)_2$ vorgestellt.

Tabelle 33 enthält Gitterkonstanten, Güteparameter und weitere kristallographische Daten der vorgestellten Kristallstrukturen; Abbildung 72 zeigt Bilder der erhaltenen Kristalle.

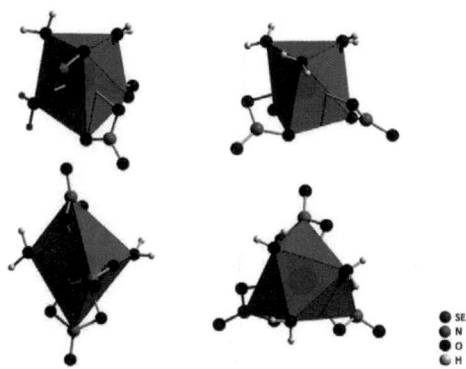

Abbildung 71: Koordinationspolyeder für SE^{3+} in Er(NO$_3$)$_3$(H$_2$O)$_3$ (links) und Tm(NO$_3$)$_3$(H$_2$O)$_3$ (rechts)

Eine Übersicht über wichtige Abstände gibt Tabelle 32. Je stärker die beteiligten Atome ansonsten gebunden bzw. koordinativ beansprucht sind, desto länger wird die Bindung: Die SE-O$_{NO3}$-Abstände sind durchschnittlich 0,10 Å länger als die SE-O$_{H2O}$-Abstände und die N-O-Abstände zu koordinierten Sauerstoff-Atomen sind ca. 0,06 Å länger als die zu unkoordinierten Sauerstoff-Atomen. Die Lanthanoidenkontraktion von Erbium bis zu Lutetium zeigt sich in den in diese Richtung kürzer werdenden SE-O-Abständen.

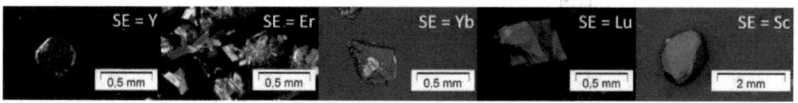

Abbildung 72: Kristallbilder von SE(NO$_3$)$_3$(H$_2$O)$_x$ mit SE = Y, Er, Yb, Lu (x = 3), Sc (x = 2)

Tabelle 32: Ausgewählte Abstände in SE(NO$_3$)$_3$(H$_2$O)$_x$ mit SE = Y, Er-Lu (x = 3), Sc (x = 2)

Verbindung	Ø d SE-O/ Å			Ø d N-O/ Å		
	O (gesamt)	O (H$_2$O)	O (NO$_3^-$)	O (gesamt)	O (co)	O (unc)
Y(NO$_3$)$_3$(H$_2$O)$_3$ [116]	2,40	2,32	2,43	1,25	1,27	1,20
Er(NO$_3$)$_3$(H$_2$O)$_3$	2,39	2,31	2,42	1,25	1,27	1,21
Tm(NO$_3$)$_3$(H$_2$O)$_3$	2,39	2,33	2,42	1,26	1,27	1,23
Yb(NO$_3$)$_3$(H$_2$O)$_3$	2,36	2,28	2,40	1,25	1,27	1,21
Lu(NO$_3$)$_3$(H$_2$O)$_3$	2,36	2,27	2,40	1,25	1,28	1,21
Sc(NO$_3$)$_3$(H$_2$O)$_2$	2,20	2,14	2,23	1,26	1,28	1,20

Tabelle 33: Kristallographische Daten von SE(NO$_3$)$_3$(H$_2$O)$_x$ mit SE = Y, Er-Lu (x = 3), Sc (x = 2)

Verbindung	Y(NO$_3$)$_3$(H$_2$O)$_3$ [116]	Er(NO$_3$)$_3$(H$_2$O)$_3$	Tm(NO$_3$)$_3$(H$_2$O)$_3$
Kristallgröße/ mm	0,40 x 0,25 x 0,20	0,22 x 0,20 x 0,11	0,47 x 0,31 x 0,29
Kristallbeschreibung		farblose Plättchen	farblose Rhomben
Molare Masse/ g·mol^{-1}	328,97	407,34	409,01
Kristallsystem	triklin	triklin	rhomboedrisch
Raumgruppe	P-1 (Nr. 2)	P-1 (Nr. 2)	R-3 (Nr. 148)
Gitterparameter a/ Å	6,946(2)	6,9606(3)	11,783(1)
b/ Å	7,323(1)	7,2857(3)	11,783(1)
c/ Å	10,948(1)	10,9547(4)	10,9637(9)
α/ Å	71,47(1)	70,629(1)	90
β/ Å	78,38(1)	87,379(1)	90
γ/ Å	67,64(1)	66,836(1)	120
V/ Å^3	486,2(2)	479,54(3)	1318,2(2)
Z	2	2	6
Temperatur/ K	296(1)	153(2)	153(2)
Strahlung	Cu-K$_\alpha$, λ = 1,54184 Å	Mo-K$_\alpha$, λ = 0,7107 Å	Mo-K$_\alpha$, λ = 0,7107 Å
μ/ mm^{-1}	9,37	8,822	10,174
Extinktionskoeffizient	0,0000047	0,0200(8)	0,0075(5)
Gemessene Reflexe		25000	6770
Unabhängige Reflexe	2111	5895	678
mit I_o > 2 $\sigma(I)$	1878 (mit I_o > 3 $\sigma(I)$)	5658	657
R_{int}		0,0509	0,1007
R_σ		0,0300	0,0340
R_1: wR_2 (I_o > 2 $\sigma(I)$)	0,028; 0,033 (I_o > 3 $\sigma(I)$)	0,0188; 0,0450	0,0229; 0,0533
R_1; wR_2 (alle Daten)	0,029; -	0,0200; 0,0454	0,0239; 0,0539
Goodness of fit		1,125	1,204
max. Restelektronendichte e$^-$/Å^3		2,068	1,778
min. Restelektronendichte e$^-$/Å^3		-2,083	-0,655
Diffraktometer-Typ	CAD-4	Bruker Apex II	Stoe IPDS
ICSD Nummer	62983	423698	423699

Fortsetzung von Tabelle 34: **Kristallographische Daten von SE(NO$_3$)$_3$(H$_2$O)$_x$ mit SE = Y, Er-Lu (x = 3), Sc (x = 2)**

Verbindung	Yb(NO$_3$)$_3$(H$_2$O)$_3$	Lu(NO$_3$)$_3$(H$_2$O)$_3$	Sc(NO$_3$)$_3$(H$_2$O)$_2$
Kristallgröße/ mm	0,55 x 0,33 x 0,24	0,50 x 0,43 x 0,42	0,47 x 0,42 x 0,36
Kristallbeschreibung	farblose Polyeder	farblose Blöcke	farblose Polyeder
Molare Masse/ g·mol^{-1}	413,12	415,05	267,02
Kristallsystem	triklin	monoklin	monoklin
Raumgruppe	P-1 (Nr. 2)	$P2_1/c$ (Nr. 14)	$P2_1/c$ (Nr. 14)
Gitterparameter a/ Å	6,9382(3)	12,9275(9)	8,4091(4)
b/ Å	7,2556(3)	11,414(1)	8,7164(4)
c/ Å	10,9060(4)	13,172(1)	12,1307(6)
α/ Å	70,714(2)	90	90
β/ Å	87,181(2)	102,075(8)	105,138(2)
γ/ Å	66,485(2)	90	90
V/ Å^3	473,00(3)	1900,5(3)	858,29(7)
Z	2	8	4
Temperatur/ K	153(2)	153(2)	153(2)
Strahlung	Mo-K$_\alpha$, $\lambda = 0,7107$ Å	Mo-K$_\alpha$, $\lambda = 0,7107$ Å	Mo-K$_\alpha$, $\lambda = 0,7107$ Å
μ/ mm^{-1}	9,959	10,461	0,922
Extinktionskoeffizient	0,0023(9)	0,00142(13)	0,0143(14)
Gemessene Reflexe	6177	28759	14979
Unabhängige Reflexe	2338	4376	2494
mit $I_o > 2\ \sigma(I)$	2254	3602	2210
R_{int}	0,0524	0,0909	0,0335
R_σ	0,0438	0,0480	0,0206
R_1; wR_2 ($I_o > 2\ \sigma(I)$)	0,0319; 0,0806	0,0342; 0,0853	0,0208; 0,0598
R_1; wR_2 (alle Daten)	0,0332; 0,0814	0,0433; 0,0894	0,0246; 0,0613
Goodness of fit	1,095	0,976	1,101
max. Restelektronendichte e$^-$/Å^3	4,499	2,809	0,261
min. Restelektronendichte e$^-$/Å^3	-2,227	-1,830	-0,286
Diffraktometer-Typ	Bruker Apex II	Stoe IPDS	Bruker Apex II
ICSD Nummer	4236700	423701	423702

3.3.5.2. Kristallstrukturen von SE(NO$_3$)$_3$(H$_2$O)$_3$ mit SE = Er, Yb

Die erhaltenen Kristalle der Verbindungen Er(NO$_3$)$_3$(H$_2$O)$_3$ und Yb(NO$_3$)$_3$(H$_2$O)$_3$ kristallisieren isotyp zu dem bereits literaturbekannten Y(NO$_3$)$_3$(H$_2$O)$_3$ [116] im triklinen Kristallsystem in der Raumgruppe P-1. Alle Nitrat-Gruppen greifen symmetrisch zweizähnig an und die Grundflächen des gebildeten dreifach überkappten trigonalen Prismas werden durch Sauerstoffatome aufgebaut, die zu Wasser- und Nitrat-Liganden gehören (vgl. Abbildung 71, links). Das durch die Stickstoff-Atome gebildete Oktaeder ist stark verzerrt, wie der Winkel ∠N$_{ax}$-Er-N$_{ax}$ von 164° im Vergleich zu idealen 180° zeigt (vgl. Abbildung 71). Die einzelnen Moleküle werden durch mittelstarke Wasserstoffbrückenbindungen verknüpft, die für SE = Er in Tabelle 35 aufgelistet sind. Abbildung 73 zeigt die Gesamtstruktur (links) und die Koordinationsumgebung von Er^{3+} (rechts).

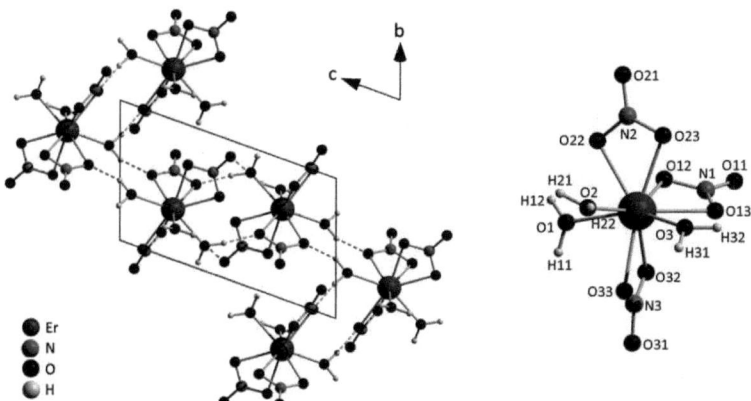

Abbildung 73: Kristallstruktur von Er(NO$_3$)$_3$(H$_2$O)$_3$ in Projektion auf (100) (links) und Umgebung von Er^{3+} (rechts)

Tabelle 35: Wasserstoffbrückenbindungen in Er(NO$_3$)$_3$(H$_2$O)$_3$

Atom 1 (Donor D)	Atom 2 (Wasserstoff)	Atom 3 (Akzeptor A)	D···A/ Å	H···A/ Å	Winkel D-H-A/ °	Klassifikation [112]
O1	H12	O12	2,75	1,82	167,7	mittelstark
O2	H21	O21	2,90	2,01	158,1	mittelstark
O2	H22	O32	2,81	1,95	151,0	mittelstark
O3	H31	O33	2,77	1,84	172,5	mittelstark
O3	H32	O13	2,94	2,06	154,8	mittelstark

3.3.5.3. Kristallstruktur von Tm(NO$_3$)$_3$(H$_2$O)$_3$

Die Verbindung Tm(NO$_3$)$_3$(H$_2$O)$_3$ kristallisiert rhomboedrisch in der Raumgruppe R-3 und ist isotyp zu dem bekannten Yb(NO$_3$)$_3$(H$_2$O)$_3$ [143]. Das Tm^{3+}-Ion liegt speziell auf einer dreizähligen Drehachse (Wyckoff-Lage 6c), so dass es nur ein kristallographisch unterscheidbares Wasser-Molekül und eine kristallographisch unterscheidbare Nitrat-Gruppe gibt. Die Nitrat-Gruppe greift symmetrisch zweizähnig an. Die Sauerstoff-Atome der Wasser-Liganden und drei Sauerstoff-Atome der Nitrat-Gruppen bilden jeweils eine Grundfläche des dreifach überkappten trigonalen Prismas (vgl. Abbildung 71, rechts). Die einzelnen Moleküle werden durch mittelstarke Wasserstoffbrückenbindungen verknüpft, die in Tabelle 36 aufgelistet sind. Abbildung 74 zeigt die Gesamtstruktur (links) und die Koordinationsumgebung des Tm^{3+}-Ions (rechts).

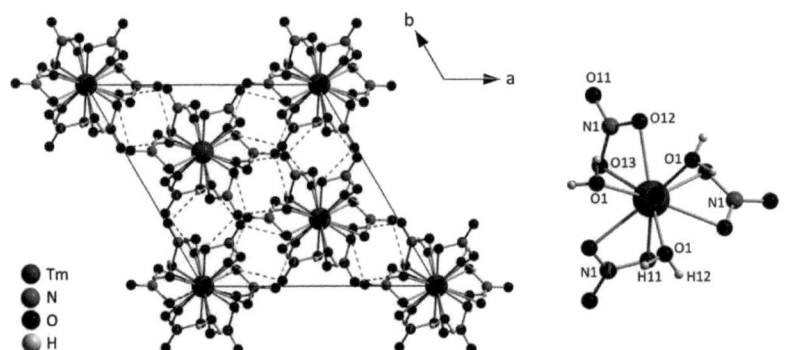

Abbildung 74: Kristallstruktur von Tm(NO$_3$)$_3$(H$_2$O)$_3$ in Projektion auf (001) (links) und Umgebung des Tm^{3+}-Ions (rechts)

Tabelle 36: Wasserstoffbrückenbindungen in Tm(NO$_3$)$_3$(H$_2$O)$_3$

Atom 1 (D)	Atom 2 (Wasserstoff)	Atom 3 (A)	D···A/ Å	H···A/ Å	Winkel D-H-A/ °	Klassifikation [112]
O1	H11	O11	2,91	2,20	145,1	mittelstark
O1	H12	O11	2,91	2,09	145,1	mittelstark

3.3.5.4. Kristallstruktur von Lu(NO$_3$)$_3$(H$_2$O)$_3$

Eine trikline Modifikation von Lu(NO$_3$)$_3$(H$_2$O)$_3$ (P-1) ist bereits literaturbekannt, jedoch *nicht* isotyp zu den in dieser Arbeit bereits vorgestellten triklinen Selten-Erd-Nitrat-Trihydraten [114]. Diese bekannte Struktur enthält zwei kristallographisch unterscheidbare Lu^{3+}-Ionen, von denen jedes einen der in Abschnitt 3.3.5.1 (S. 102) vorgestellten Koordinationsmodi erfüllt (vgl. Abbildung 71). Das hier vorgestellte Lutentium-Nitrat Lu(NO$_3$)$_3$(H$_2$O)$_3$ kristallisiert dagegen im monoklinen Kristallsystem in der Raumgruppe $P2_1/c$. Auch in dieser Struktur liegen zwei kristallographisch unterscheidbare Lu^{3+}-Ionen vor, die jedoch beide eine ähnliche Koordinationsumgebung aufweisen (Abbildung 75).

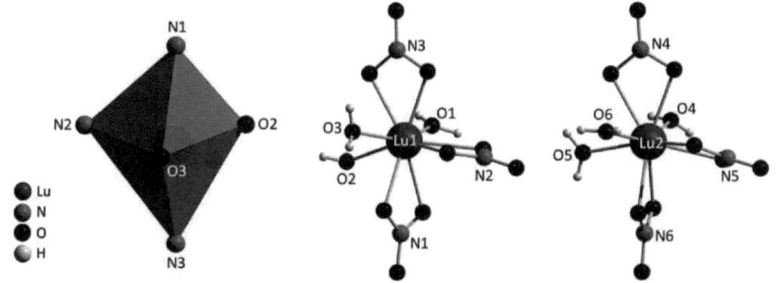

Abbildung 75: Umgebung von Lu^{3+} in Lu(NO$_3$)$_3$(H$_2$O)$_3$

In beiden Fällen stehen sich zwei Nitrat-Gruppen gegenüber, so dass sich bezogen auf die Stickstoff-Atome und Wasser-Moleküle verzerrte Oktaeder ergeben. Allerdings sind die axialen Nitrat-Gruppen bei Lu(1)$^{3+}$ etwas stärker gegeneinander verdreht (ca. 89°) als die entsprechenden Nitrat-Gruppen bei Lu(2)$^{3+}$ (ca. 77°). In Bezug auf die Δ|M-O|-Werte greifen alle Nitrat-Gruppen symmetrisch zweizähnig an (Δ|M-O| = 0,01-0,09 Å). Entlang [100] werden abwechselnd Schichten mit Lu(1)$^{3+}$- und Lu(2)$^{3+}$-Ionen als Zentral-Ion ausgebildet (Abbildung 76). Die Moleküle werden durch zahlreiche mittelstarke Wasserstoffbrückenbindungen miteinander verknüpft, die in Tabelle 37 aufgelistet sind. (**fett**: Wasserstoffbrückenbindungen *zwischen* den Schichten; normal: Wasserstoffbrückenbindungen *innerhalb* der Schichten).

3 N$_2$O$_5$ und rauchende Salpetersäure als Edukte zur Synthese neuartiger Nitrate

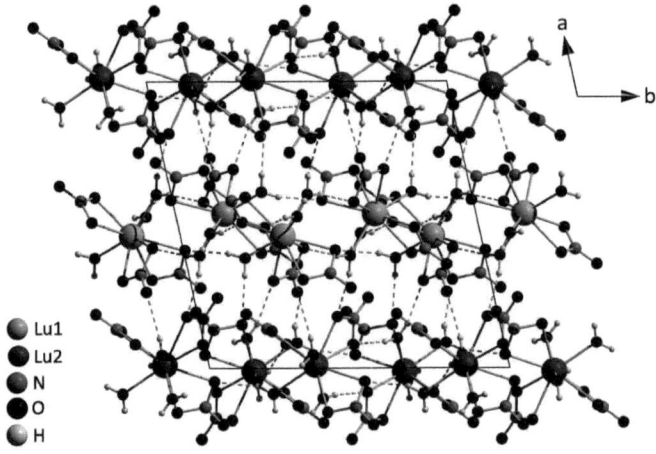

Abbildung 76: Struktur von Lu(NO$_3$)$_3$(H$_2$O)$_3$ in Projektion auf (001)

Tabelle 37: Wasserstoffbrückenbindungen in Lu(NO$_3$)$_3$(H$_2$O)$_3$

Atom 1 (Donor D)	Atom 2 (Wasserstoff)	Atom 3 (Akzeptor A)	D···A/ Å	H···A/ Å	Winkel D-H-A/ °	Klassifikation [112]
O1	H11	O23	2,97	2,11	170,3	mittelstark-stark
O1	**H12**	**O53**	**2,97**	**2,11**	**167,5**	**mittelstark**
O2	H22	O32	2,72	1,96	165,5	mittelstark
O4	**H41**	**O21**	**2,86**	**2,13**	**159,5**	**mittelstark**
O4	H42	O62	2,73	1,98	163,3	mittelstark
O5	H51	O42	2,74	2,00	160,8	mittelstark
O5	**H52**	**O13**	**2,89**	**2,14**	**161,2**	**mittelstark**
O6	H61	O52	2,89	2,11	171,4	mittelstark-stark
O6	**H62**	**O22**	**2,80**	**2,05**	**162,2**	**mittelstark**

3.3.5.5. Kristallstruktur von Sc(NO$_3$)$_3$(H$_2$O)$_2$

Das Scandium-Nitrat-Dihydrat kristallisiert im monoklinen Kristallsystem in der Raumgruppe $P2_1/c$. Das Sc^{3+}-Ion wird von zwei Wasser-Molekülen und drei symmetrisch zweizähnig angreifenden Nitrat-Gruppen koordiniert (Abbildung 77, links). Es ergibt sich eine Koordinationszahl von acht und ein verzerrtes quadratisches Antiprisma als Koordinationspolyeder (Abbildung 77, rechts). Die eine Grundfläche des Antiprismas wird dabei ausschließlich durch Sauerstoff-Atome von Nitrat-Gruppen aufgebaut, während die andere aus Sauerstoff-Atomen von Nitrat-Gruppen und Wasser-Molekülen besteht. Die Moleküle werden durch mittelstarke Wasserstoffbrückenbindungen miteinander verknüpft (Tabelle 38). Die Gesamtstruktur ist in Abbildung 78 dargestellt.

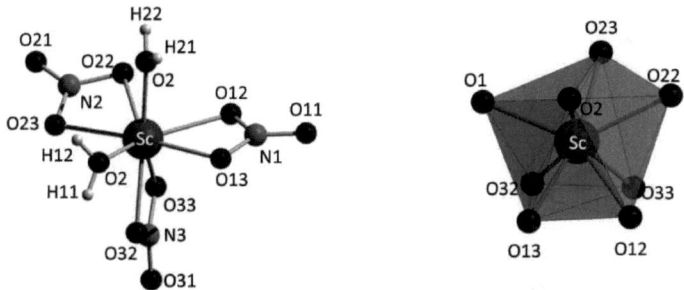

Abbildung 77: Umgebung von Sc^{3+} in Sc(NO$_3$)$_3$(H$_2$O)$_2$

Tabelle 38: Wasserstoffbrückenbindungen in Sc(NO$_3$)$_3$(H$_2$O)$_2$

Atom 1 (Donor D)	Atom 2 (Wasserstoff)	Atom 3 (Akzeptor A)	D···A/ Å	H···A/ Å	Winkel D-H-A/ °	Klassifikation [112]
O1	H11	O32	2,81	1,99	171,3	stark
O1	H12	O12	2,92	2,16	167,9	mittelstark
O2	H21	O13	2,76	2,01	166,7	mittelstark
O2	H22	O22	2,84	2,03	171,5	mittelstark-stark

3 N$_2$O$_5$ und rauchende Salpetersäure als Edukte zur Synthese neuartiger Nitrate

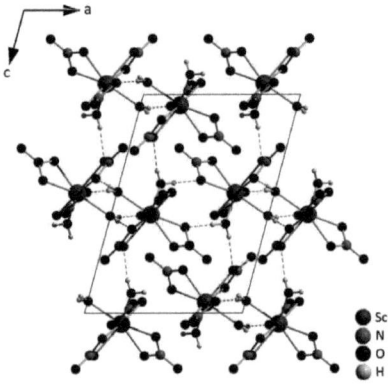

Abbildung 78: Kristallstruktur von Sc(NO$_3$)$_3$(H$_2$O)$_2$ in Projektion auf (010)

3.3.5.6. Thermischer Abbau

Um den thermischen Abbau zu untersuchen, wurden die Verbindungen im Stickstoffstrom getrocknet, in der Stickstoffhandschuhbox in einen Korund-Tiegel überführt und einem Temperaturprogramm von 25 °C bis 700 °C bei einer Aufheizrate von 10 °C/min ausgesetzt. Tabelle 39 enthält signifikante Temperaturen, berechnete und experimentelle Massenverluste sowie Angaben über die (vermuteten) Zersetzungsprodukte. Die Rückstände der thermischen Analyse wurden pulverdiffraktometrisch untersucht und als kubische Selten-Erd-Sesquioxide SE$_2$O$_3$ identifiziert. Abbildung 79 zeigt exemplarisch das Pulverdiffraktogramm des Rückstandes der Zersetzung von Lu(NO$_3$)$_3$(H$_2$O)$_3$, im Anhang in Abschnitt 7.3 (S. 217) befinden sich die übrigen Pulverdiffraktogramme.

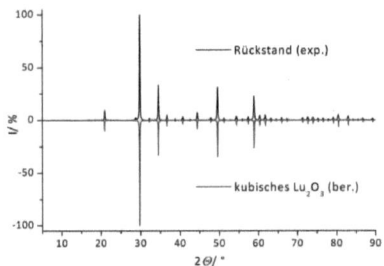

Abbildung 79: Pulverdiffraktogramm des Rückstandes der Zersetzung von Lu(NO$_3$)$_3$(H$_2$O)$_3$ im Vergleich mit Literaturdaten [138]

Tabelle 39: Daten zum thermischen Abbau von SE(NO$_3$)$_3$(H$_2$O)$_x$ mit SE = Y, Er-Lu (x = 3), Sc (x = 2)

Stufe		Y x = 3	Er x = 3	Tm x = 3
1	T$_{Start}$/ °C	115	150	120
	T$_{Ende}$/°C	165	330	205
	T$_{Max}$/ °C	142^a/143^b	183^a	172^a/151^b
	Δm/ % exp.	-12,4	-18,9	-4,0
	Δm/ % ber.	-11,0	-18,6	-4,4
	verm. Zersetzungsprodukt	Y(NO$_3$)$_3$(H$_2$O)	Er$_5$O(NO$_3$)$_{13}$	Tm(NO$_3$)$_3$(H$_2$O)
2	T$_{Start}$/ °C	165	330	205
	T$_{Ende}$/°C	415	390	290
	T$_{Max}$/ °C	387^a/385^b	360^a/357^b	252^a/238^b
	Δm/ % exp.	-40,6	-20,9	-16,0
	Δm/ % ber.	-38,3	-21,2	-15,4
	verm. Zersetzungsprodukt	YO(NO$_3$)	ErO(NO$_3$)	Tm$_4$O(NO$_3$)$_{10}$
3	T$_{Start}$/ °C	460	445	290
	T$_{Ende}$/°C	600	600	350
	T$_{Max}$/ °C	502^a/498^b	488^a/484^b	320^a/319^b
	Δm/ % exp.	-15,1	-13,1	-19,1
	Δm/ % ber.	-16,4	-13,3	-19,8
	verm. Zersetzungsprodukt	Y$_2$O$_3$	Er$_2$O$_3$	TmO(NO$_3$)
4	T$_{Start}$/ °C			430
	T$_{Ende}$/°C			480
	T$_{Max}$/ °C			458^a/457^b
	Δm/ % exp.			-9,2
	Δm/ % ber.			-8,8
	verm. Zersetzungsprodukt			Tm$_3$O$_4$(NO$_3$)
5	T$_{Start}$/ °C			480
	T$_{Ende}$/°C			550
	T$_{Max}$/ °C			502^a/492^b
	Δm/ % exp.			-3,5
	Δm/ % ber.			-4,4
	Zersetzungsprodukt			Tm$_2$O$_3$
Σ	**T$_{Start}$/ °C**	**115**	**150**	**120**
	T$_{Ende}$/°C	**600**	**600**	**550**
	Δm/ % exp.	**-68,1**	**-52,9**	**-51,8**
	Δm/ % ber.	**-65,7**	**-53,0**	**-52,8**
	Zersetzungsprodukt	**Y$_2$O$_3$**	**Er$_2$O$_3$**	**Tm$_2$O$_3$**

a – SDTA/DSC-Kurve, b – DTG-Kurve

Fortsetzung Tabelle 40: Daten zum thermischen Abbau von SE(NO$_3$)$_3$(H$_2$O)$_x$ mit SE = Y, Er-Lu (x = 3), Sc (x = 2)

	Stufe	Yb x = 3	Lu x = 3	Sc x = 2
1	T_{Start}/ °C	150	150	90
	T_{Ende}/°C	250	220	140
	T_{Max}/ °C	182^a/208^b	186^a/180^b	101^a
	Δm/ % exp.	-9,4	-4,0	-3,7
	Δm/ % ber.	-8,7	-4,3	-3,4
	verm. Zersetzungsprodukt	Yb(NO$_3$)$_3$(H$_2$O)	Lu(NO$_3$)$_3$(H$_2$O)$_2$	Sc(NO$_3$)$_3$(H$_2$O)$_{1,5}$
2	T_{Start}/ °C	250	220	140
	T_{Ende}/°C	385	275	190
	T_{Max}/ °C	272^a/339^b	268^a/265^b	170^a
	Δm/ % exp.	-31,0	-8,2	-4,2
	Δm/ % ber.	-30,5	-8,7	-3,4
	verm. Zersetzungsprodukt	YbO(NO$_3$)	Lu(NO$_3$)$_3$	Sc(NO$_3$)$_3$(H$_2$O)
3	T_{Start}/ °C	435	275	190
	T_{Ende}/°C	485	325	250
	T_{Max}/ °C	466^a/464^b	311^a/310^b	245^a/244^b
	Δm/ % exp.	-8,0	-13,4	-33,5
	Δm/ % ber.	-8,7	-13,0	-37,1
	verm. Zersetzungsprodukt	Yb$_3$O$_4$(NO$_3$)	Lu$_2$O(NO$_3$)$_4$	Sc$_4$O$_3$(NO$_3$)$_6$
4	T_{Start}/ °C	485	325	250
	T_{Ende}/°C	535	455	295
	T_{Max}/ °C	506^a/504^b	342^a/341^b	276^a/272^b
	Δm/ % exp.	-4,2	-24,2	-23,2
	Δm/ % ber.	-4,4	-21,7	-23,6
	verm. Zersetzungsprodukt	Yb$_2$O$_3$	Lu$_3$O$_4$(NO$_3$)	Sc$_3$O$_4$(NO$_3$)
5	T_{Start}/ °C		455	420
	T_{Ende}/°C		515	470
	T_{Max}/ °C		484^a/479^b	436^a/434^b
	Δm/ % exp.		-3,7	-10,4
	Δm/ % ber.		-4,3	-6,7
	Zersetzungsprodukt		Lu$_2$O$_3$	Sc$_2$O$_3$
Σ	T_{Start}/ °C	**150**	**150**	**90**
	T_{Ende}/°C	**535**	**515**	**470**
	Δm/ % exp.	**-52,6**	**-53,5**	**-75,0**
	Δm/ % ber.	**-52,3**	**-52,1**	**-74,2**
	Zersetzungsprodukt	**Yb$_2$O$_3$**	**Lu$_2$O$_3$**	**Sc$_2$O$_3$**

a – SDTA/DSC-Kurve, b – DTG-Kurve

3 N$_2$O$_5$ und rauchende Salpetersäure als Edukte zur Synthese neuartiger Nitrate

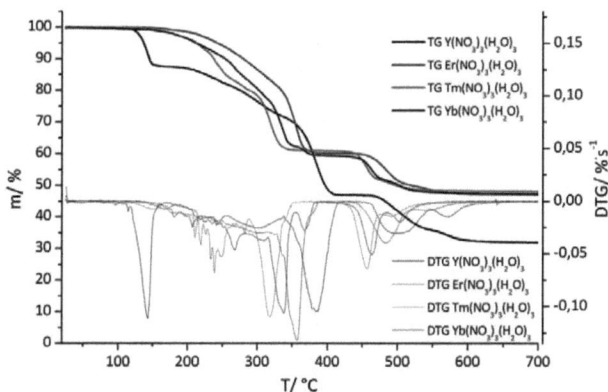

Abbildung 80: TG/DTG-Diagramm der thermischen Zersetzung von SE(NO$_3$)$_3$(H$_2$O)$_3$ mit SE = Y, Er-Yb

Trotz der ähnlichen Zusammensetzung der untersuchten Selten-Erd-Nitrat-Hydrate gibt es deutliche Unterschiede bezüglich des thermischen Abbaus. Abbildung 80 zeigt ein TG/DTG-Diagramm der Zersetzung der Nitrat-Hydrate von Yttrium sowie Erbium bis Ytterbium. Er(NO$_3$)$_3$(H$_2$O)$_3$, Tm(NO$_3$)$_3$(H$_2$O)$_3$ und Yb(NO$_3$)$_3$(H$_2$O)$_3$ verlieren ab 120-150 °C vermutlich zunächst kontinuierlich an Wasser bis schließlich auch Stickstoffoxide abgespalten werden und sich das Oxid-Nitrat SEO(NO$_3$) bei ca. 390 °C bildet. Y(NO$_3$)$_3$(H$_2$O)$_3$ dagegen zersetzt sich schon bei 115 °C und spaltet in einer Stufe bis 165 °C zwei Moleküle Wasser ab (T$_{Max}$ = 143 °C). Anschließend bildet sich hier verbunden mit einem kontinuierlichen Massenverlust ebenfalls das Oxid-Nitrat, welches bei 415 °C vorliegt. Die Oxid-Nitrate werden schließlich ab ca. 450 °C zu den Oxiden SE$_2$O$_3$ abgebaut. Bei 600 °C ist die thermische Zersetzung spätestens abgeschlossen. In Tabelle 39 sind noch Zwischenprodukte der Zusammensetzung Er$_5$O(NO$_3$)$_{13}$ (bei 330 °C), Tm$_4$O(NO$_3$)$_{10}$ (bei 205 °C), Tm$_3$O$_4$(NO$_3$) (bei 480 °C) und Yb$_3$O$_4$(NO$_3$) (bei 485 °C) aufgeführt. Bei diesen handelt es sich entweder um eigene Verbindungen oder um Gemische aus Nitrat und Oxid-Nitrat („4Er(NO$_3$)$_3$·ErO(NO$_3$)", „3Tm(NO$_3$)$_3$·TmO(NO$_3$)") bzw. Oxid-Nitrat und Oxid („2SEO(NO$_3$)·SE$_2$O$_3$", SE =Tm, Yb).

In der Literatur wird für die Zersetzung von Er(NO$_3$)$_3$(H$_2$O)$_5$ ebenfalls von Zwischenprodukten der Zusammensetzung Er$_5$O(NO$_3$)$_{13}$ („4Er(NO$_3$)$_3$·ErO(NO$_3$)") und ErO(NO$_3$) berichtet. Für den Abbau von SE(NO$_3$)$_3$(H$_2$O)$_5$ mit SE = Y, Tm, Yb werden auch die Oxid-Nitrate SEO(NO$_3$) und für SE = Tm die Verbindung „3Tm(NO$_3$)$_3$·TmO(NO$_3$)" als Abbauprodukte angegeben [126, 134]. Die für SE = Er, Yb, Y ebenfalls aufgeführten Monohydrat-Zwischenstufen SE(NO$_3$)$_3$(H$_2$O) [133-134] konnten hier nur für die Yttrium-Verbindung bestätigt werden. Das vermutete

Zwischenprodukt Yb$_3$O$_4$(NO$_3$) („YbO(NO$_3$)·Yb$_2$O$_3$") wurde in der Literatur bisher nicht erwähnt.

Abbildung 81 zeigt die gemessenen DSC/SDTA-Kurven im Vergleich mit den DTG-Kurven. Einige endotherme Signale der DSC/SDTA-Kurven sind nicht mit Signalen der entsprechenden DTG-Kurven verbunden und deuten auf Phasenumwandlungen oder Schmelzen hin (T$_{Max}$ = 163 °C / 172 °C / 183 °C).

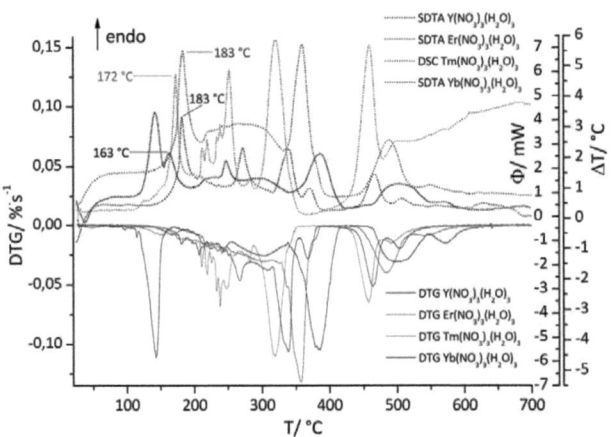

Abbildung 81: DTG/SDTA-Diagramm der thermischen Zersetzung von SE(NO$_3$)$_3$(H$_2$O)$_3$ mit SE = Y, Er-Yb

Das TG/DTG/SDTA-Diagramm der thermischen Zersetzung von Lu(NO$_3$)$_3$(H$_2$O)$_3$ und Sc(NO$_3$)$_3$(H$_2$O)$_2$ ist in Abbildung 82 dargestellt. Die Zersetzung von Lu(NO$_3$)$_3$(H$_2$O)$_3$ beginnt bei 150 °C und verläuft kontinuierlich, wie die flache DTG-Kurve zeigt. Bis 275 °C hat sich vermutlich das wasserfreie Nitrat Lu(NO$_3$)$_3$ gebildet. Die ermittelten Massenverluste deuten daraufhin, dass sich im Anschluss bis 325 °C ein Zwischenprodukt der Zusammensetzung Lu$_2$O(NO$_3$)$_4$ („Lu(NO$_3$)$_3$·LuO(NO$_3$)") bildet, welches sich dann zu Lu$_3$O$_4$(NO$_3$) („LuO(NO$_3$)·Lu$_2$O$_3$") zersetzt. Dieses liegt ab 450 °C vor und wird im letzten Schritt bis 515 °C zu Lu$_2$O$_3$ abgebaut. Bei Sc(NO$_3$)$_3$(H$_2$O)$_2$ beginnt der thermische Abbau schon bei 90 °C und erfolgt bis ca. 190 °C kontinuierlich unter Abspaltung von formal einem Molekül Wasser pro Formeleinheit. Der Massenverlust bis 250 °C deutet auf ein Zwischenprodukt der Zusammensetzung Sc$_4$O$_3$(NO$_3$)$_6$ („Sc(NO$_3$)$_3$·3ScO(NO$_3$)") hin. Dieses zersetzt sich sofort bis 295 °C unter Bildung von Sc$_3$O$_4$(NO$_3$) („ScO(NO$_3$)·Sc$_2$O$_3$") weiter. In der letzten Stufe bildet sich schließlich Sc$_2$O$_3$. Auch hier können für die einzelnen Zersetzungsstufen keine eindeutigen Zwischenprodukte zugeordnet werden; es handelt sich entweder tatsächlich um definierte Verbindungen oder nur um Mischungen verschiedener Abbauprodukte.

In der Literatur wird für den thermischen Abbau von $Lu(NO_3)_3(H_2O)_5$ das Dihydrat $Lu(NO_3)_3(H_2O)_2$ als Zwischenprodukt erwähnt, welches hier der ersten Stufe zugeordnet wurde (vgl. Tabelle 39). Die ebenfalls beschriebenen Abbauprodukte „$Lu(NO_3)_3(H_2O)\cdot LuO(NO_3)$" und $LuO(NO_3)$ konnten allerdings nicht bestätigt werden [134, 136]. *Wendlandt* konnte bei der Untersuchung des Abbaus von $Sc(NO_3)_3(H_2O)_6$ zu Sc_2O_3 auch keine Zwischenstufen der Zusammensetzung $Sc(NO_3)_3$ oder $ScO(NO_3)$ finden und vermutet Mischungen der Abbauprodukte für die Plateaus in der TG-Kurve [126].

Die SDTA-Kurven der Abbaureaktionen von $Lu(NO_3)_3(H_2O)_3$ und $Sc(NO_3)_3(H_2O)_2$ zeigen bei 101 °C und 170 °C (Sc) bzw. 186 °C (Lu) deutliche endotherme Signale, die nicht mit einem entsprechenden Signal der DTG-Kurve assoziiert sind. Diese Signale deuten auf Phasenumwandlungen oder Schmelzen hin; möglicherweise gehen die ersten Abbauschritte auch mit einem Schmelzprozess einher.

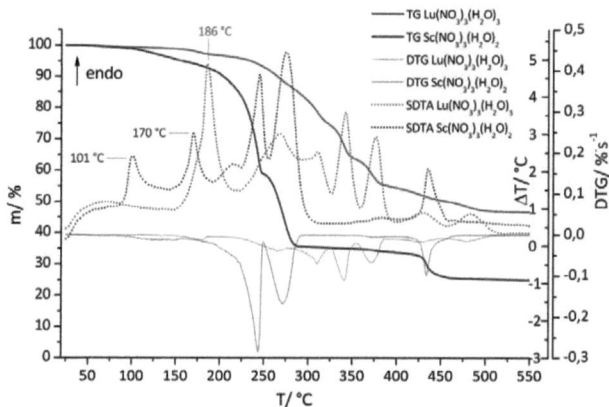

Abbildung 82: TG/DTG/SDTA-Diagramm der thermischen Zersetzung von $Lu(NO_3)_3(H_2O)_3$ und $Sc(NO_3)_3)(H_2O)_2$

3.3.6. Zusammenfassung und Vergleich

In den vorangegangenen Abschnitten wurden drei verschiedene Verbindungsklassen der Selten-Erd-Elemente vorgestellt, die alle aus Reaktionen mit rauchender Salpetersäure hervorgegangen sind. Als Edukte wurden sowohl Selten-Erd-Oxide als auch -Chloride eingesetzt oder die Elemente wurden als Pulver in elementarer Form verwendet. Je nach Quelle des Selten-Erd-Elements entstehen bei den Reaktionen zum Teil auch Nebenprodukte wie H_2O, NO oder $NOCl$ (vgl. Abschnitt 3.3.2). Obwohl so der Wasseranteil im System ggf. erhöht werden kann, kristallisiert unabhängig von der Wahl des Edukts für jedes Selten-Erd-Element immer die gleiche Verbindung aus. Der Verbindungstyp scheint also in erster Linie vom Ionenradius des SE^{3+}-Ions abzuhängen, der durch die Lanthanoidenkontraktion von Lanthan bis zum Lutetium abnimmt (Abbildung 83).

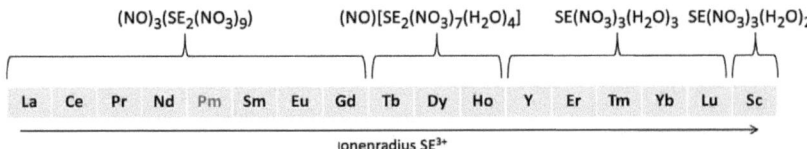

Abbildung 83: Verbindungsklassen in Abhängigkeit vom Ionenradius des SE^{3+}-Ions [137]

Die Lanthanoidenkontraktion zeigt sich auch in den Selten-Erd-Sauerstoff-Abständen, die in Abbildung 84 gegen die Masse aufgetragen sind. Das Y^{3+}-Ion lässt sich in Bezug auf die Größe zwischen Holmium und Erbium einordnen, während das Sc^{3+}-Ion noch deutlich kleiner als das Lu^{3+}-Ion ist und auch als einziges Element ein Nitrat-Dihydrat bildet.

3 N$_2$O$_5$ und rauchende Salpetersäure als Edukte zur Synthese neuartiger Nitrate

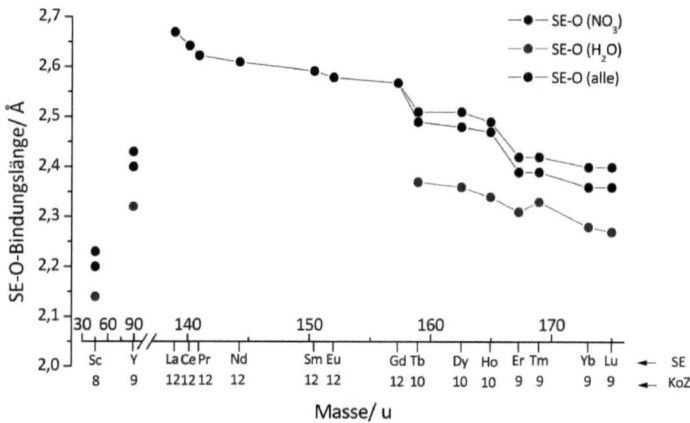

Abbildung 84: Abhängigkeit der SE-O-Bindungslänge von der Masse

Die verschiedenen Verbindungsklassen unterscheiden sich zum einen in der Koordinationszahl des SE^{3+}-Ions und zum anderen in Art und Anzahl der Liganden. Die Koordinationszahl sinkt von zwölf für die größeren Selten-Erd-Elemente mit SE = La-Gd über zehn für SE = Tb-Ho auf neun für SE = Y, Er-Lu und schließlich sogar auf acht für SE = Sc (Abbildung 85). Während das SE^{3+}-Ion in (NO)$_3$(SE$_2$(NO$_3$)$_9$) noch ausschließlich von Nitrat-Gruppen koordiniert ist, befinden sich in (NO)[SE$_2$(NO$_3$)$_7$(H$_2$O)$_4$] neben vier Nitrat-Gruppen auch zwei Wasser-Moleküle in der Koordinationssphäre. In SE(NO$_3$)$_3$(H$_2$O)$_3$ liegen drei Nitrat-Gruppen und drei Wasser-Moleküle in der Koordinationsumgebung vor. Die Tendenz Wasser-Moleküle anstelle Nitrat-Gruppen zu koordinieren nimmt also mit abnehmender Größe der SE^{3+}-Ionen zu. Die abnehmende Größe führt nach dem HSAB-Konzept zu einer größeren Härte der Selten-Erd-Kationen, wodurch die Begünstigung von „härteren" Wasser-Liganden im Vergleich zu „weicheren" Nitrat-Liganden erklärt werden kann. Das Sc^{3+}-Ion in Sc(NO$_3$)$_3$(H$_2$O)$_2$ weist neben den zum Ladungsausgleich notwendigen drei Nitrat-Gruppen nur noch zwei Wasser-Liganden in der Koordinationsumgebung auf, da die geringe Größe hier nur eine Koordinationszahl von acht zulässt.

3 N₂O₅ und rauchende Salpetersäure als Edukte zur Synthese neuartiger Nitrate

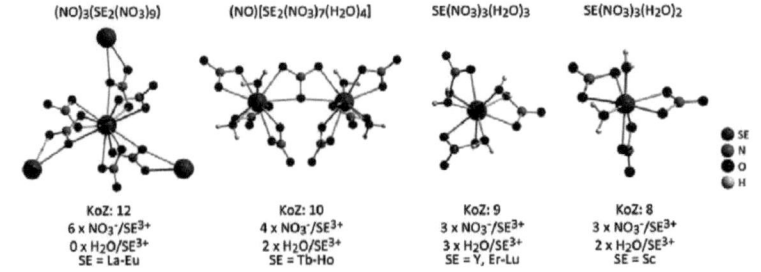

Abbildung 85: Koordination des SE³⁺-Ions in den verschiedenen Verbindungsklassen

Um wasserfreie Nitrosylium-nitratometallate der kleineren Selten-Erd-Elemente zu erhalten, muss die Synthese unter wasserfreien Bedingungen durchgeführt werden. Aus Lösungen von N_2O_4 in Essigsäureethylester konnten so Kristalle der Verbindungen $(NO)_2[SE(NO_3)_5]$ mit SE = Sc, Y, Ho erhalten und die Struktur bestimmt werden [121-122]. Wie Abbildung 86 zeigt, unterscheiden sich diese ionogen aufgebauten Strukturen deutlich von den Nitrosylium-Verbindungen der kleineren Selten-Erd-Elemente. Die Koordinationsumgebung des Ho^{3+}-Ions in $(NO)_2[Ho(NO_3)_5]$ und in $(NO)[Ho_2(NO_3)_7(H_2O)_4]$ ist hingegen ähnlich: Anstatt einer zweizähnig angreifenden Nitrat-Gruppe, koordinieren in $(NO)[Ho_2(NO_3)_7(H_2O)_4]$ zwei Wasser-Moleküle an das Selten-Erd-Kation, die Koordinationszahl bleibt gleich. Während $(NO)_2[Y(NO_3)_5]$ ähnlich wie $(NO)_2[Ho(NO_3)_5]$ aufgebaut ist, weist die Scandium-Verbindung trotz gleicher Zusammensetzung einen Unterschied auf: Eine der Nitrat-Gruppen greift einzähnig an, so dass sich nur eine Koordinationszahl von neun ergibt.

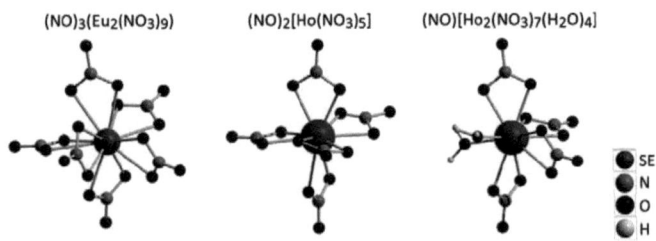

Abbildung 86: Umgebung von SE³⁺ in $(NO)_3(Eu_2(NO_3)_9)$, $(NO)_2[Ho(NO_3)_5]$ [121] und $(NO)[Ho_2(NO_3)_7](H_2O)_4]$

3 N$_2$O$_5$ und rauchende Salpetersäure als Edukte zur Synthese neuartiger Nitrate

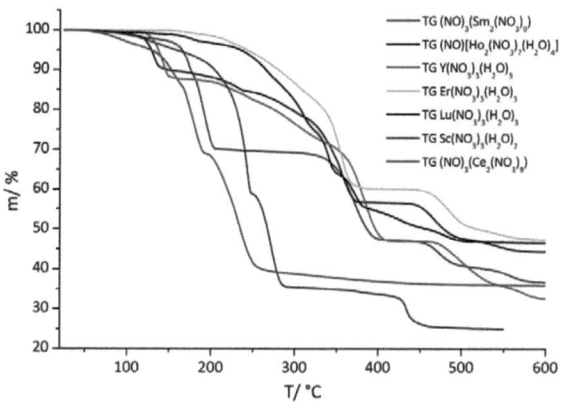

Abbildung 87: TG-Diagramm der Zersetzung von (NO)$_3$(Sm$_2$(NO$_3$)$_9$), (NO)[Ho$_2$(NO$_3$)$_7$(H$_2$O)$_4$], SE(NO$_3$)$_3$(H$_2$O)$_3$ mit SE = Y, Er, Lu und Sc(NO$_3$)$_3$(H$_2$O)$_2$

In Bezug auf den thermischen Abbau verhalten sich die verschiedenen Verbindungsklassen und zum Teil auch die Verbindungen innerhalb der Verbindungsklassen sehr unterschiedlich (vgl. Abbildung 87). Die Zersetzungstemperaturen liegen im Bereich von 50 °C (SE =Ce) bis 150 °C (SE = Er, Lu, Yb). Die geringste thermische Stabilität weisen die Verbindungen vom Typ (NO)$_3$(SE$_2$(NO$_3$)$_9$) auf, die sich schon bei ca. 70 °C zersetzten. Diese Verbindungen bilden nach der ersten Abbaustufe die wasserfreien Nitrate SE(NO$_3$)$_3$, die sich dann über das jeweilige Oxid-Nitrat SEO(NO$_3$) zu den Oxiden abbauen. Eine Ausnahme bildet hier die Cer-Verbindung, deren Abbau zweistufig über Ce(NO$_3$)$_3$ zu CeO$_2$ verläuft.

Die ternären Nitrate des Typs (NO)[SE$_2$(NO$_3$)$_7$(H$_2$O)$_4$] sind bis ca. 100 °C stabil und bilden nach der ersten Zersetzungsstufe die Nitrat-Dihydrate SE(NO$_3$)$_3$(H$_2$O)$_2$. Diese verlieren anschließend kontinuierlich an Masse bis zur Bildung von SE(NO$_3$)$_3$ bzw. SE$_3$O(NO$_3$)$_7$(H$_2$O)$_2$. Die gebildeten Zwischenverbindungen bleiben hier jedoch nicht wie beim Abbau von (NO)$_3$(SE$_2$(NO$_3$)$_9$) über einen größeren Temperaturbereich stabil, sondern zersetzen sich direkt weiter zu den Oxid-Nitraten SEO(NO$_3$) und schließlich zu den Oxiden.

Die größte thermische Stabilität weisen die Selten-Erd-Nitrat-Trihydrate auf, die bis ca. 150 °C stabil sind. Ab dieser Temperatur beginnen sie langsam kontinuierlich Wasser abzuspalten, nur bei der Yttrium-Verbindung ist eine definierte Stufe bis zur Bildung von Y(NO$_3$)$_3$(H$_2$O) zu erkennen. Im Fall von SE= Y, Yb, Er verläuft die Zersetzung über die Bildung von SEO(NO$_3$) bis zu den Oxiden als Endprodukt. Lu(NO$_3$)$_3$(H$_2$O)$_3$ und Sc(NO$_3$)$_3$(H$_2$O)$_2$ zersetzen sich vermutlich über Oxid-Nitrate, die von der Zusammensetzung SEO(NO_3) abweichen. Die Massenverluste sprechen für Zwischenprodukte der Zusammensetzung $Lu_2O(NO_3)_4$ bzw. $Sc_4O_3(NO_3)_6$ nach der dritten Stufe und für Zwischenprodukte der Zusammensetzung $SE_3O_4(NO_3)$ mit SE = Lu, Sc nach der vierten Stufe. Auch hier bilden sich die Oxide als Endprodukte.

Von allen Rückständen der thermischen Analyse wurden Pulverdiffraktogramme aufgenommen, um die Endprodukte zu identifizieren. Die Cer- und die Praseodym-Verbindung zersetzen sich zu den kubischen Oxiden CeO_2 bzw. Pr_6O_{11}, die Terbium-Verbindung bildet ein rhomboedrisches Oxid der Zusammensetzung Tb_7O_{12}. Alle anderen Selten-Erd-Verbindungen bilden die Sesquioxide SE_2O_3, die bis auf La_2O_3 und Nd_2O_3 (hexagonal) in einer kubischen Modifikation kristallisieren.

4. Disulfate der vierten Nebengruppe

4.1. Stand der Forschung

Die bekannteste und technisch bedeutendste Sauerstoffsäure des Schwefels ist die Schwefel(VI)-säure H_2SO_4, von der jährlich weltweit ca. $64 \cdot 10^6$ t produziert werden [144]. Ihre Salze enthalten das tetraedrisch aufgebaute Sulfat-Anion SO_4^{2-} und stellen die stabilsten aller Sauerstoff-Schwefel-Salze dar [1]. Normale Sulfate sind dementsprechend gut untersucht und mehrere Tausend Sulfat-Strukturen wurden bereits mit Hilfe von Einkristalldaten aufgeklärt[9] [44]. Neben H_2SO_4 existieren noch weitere Schwefel(VI)-säuren, namentlich die Polyschwefelsäuren Dischwefelsäure $H_2S_2O_7$, Trischwefelsäure $H_2S_3O_{10}$ und Tetraschwefelsäure $H_2S_4O_{13}$, von denen nur die Dischwefelsäure in freiem Zustand isolierbar ist. Obwohl diese Säuren nach „Lehrbuch-Wissen" bei der großtechnischen Schwefelsäure-Herstellung entstehen und demnach eine gewisse Relevanz haben, sind sie und ihre Salze strukturell vergleichsweise schlecht untersucht. Aus der Reaktion von SO_4^{2-} mit SO_3 ist die Bildung folgender Polysulfate möglich:

$$SO_4^{2-} \underset{-SO_3}{\overset{+SO_3}{\rightleftarrows}} S_2O_7^{2-} \underset{-SO_3}{\overset{+SO_3}{\rightleftarrows}} S_3O_{10}^{2-} \underset{-SO_3}{\overset{+SO_3}{\rightleftarrows}} S_4O_{13}^{2-} \underset{-SO_3}{\overset{+SO_3}{\rightleftarrows}} S_5O_{16}^{2-}$$

Mit steigender Kettenlänge nimmt die Acidität der zugehörigen Säuren zu und die Stabilität der Säuren und ihrer Salze ab. [1]

Von den höheren Polysulfaten wurde bisher nur wenige Strukturen durch Röntgenstrukturanalyse bestimmt: Die Trisulfate $(NO_2)_2[S_3O_{10}]$ [145-146] und $Pb[S_3O_{10}]$ [147], das Tetrasulfat $(NO_2)_2[S_4O_{13}]$ [148] und das Pentasulfat $K_2[S_5O_{16}]$ [149].

Im Gegensatz dazu sind relativ viele Verbindungen strukturell bekannt, die das Disulfat-Anion $S_2O_7^{2-}$ enthalten: Bisher wurden die Strukturen von 14 binären Disulfaten bestimmt. Dazu gehören einige Alkalimetall-Disulfate $A_2(S_2O_7)$ mit A = Na, Na/K, K, Cs, ein Iodyldisulfat $(IO_2)_2(S_2O_7)$ und die Verbindungen $Pd(S_2O_7)$, $Cd(S_2O_7)$, $Te(S_2O_7)_2$, $Sb_2(S_2O_7)_3$, und $SE_2(S_2O_7)_3$ mit SE = La-Nd [11, 22, 150-156]. Im Rahmen dieser Arbeit konnte nun auch das binäre Zirconium-Disulfat $Zr(S_2O_7)_2$ strukturell charakterisiert werden, welches eine im Bereich der Disulfate einzigartige Kettenstruktur aufweist.

Weiter sind die Strukturen der Hydrogendisulfate $(NO_2)[HS_2O_7]$ und $Se_4(HS_2O_7)_2$, der Disulfat-Hydrogensulfate $SE(S_2O_7)(HSO_4)$ mit SE = Nd, Sm-Lu, Y und der Verbindungen $ReO_2Cl(S_2O_7)$ und $Sm_2Nb_2O_2(SO_4)_5(S_2O_7)$, die neben Sulfat-Derivaten noch weitere Anionen enthalten, bekannt [11-12, 157-160]. Die meisten dieser Strukturen zeigen eine mehrdimensionale Verknüpfung, nur die Nitrosylium-

---

[9] Suche in „Pearson's Crystal Data" nach Strukturen mit SO_4^{2-}: 2687 Treffer (Release 2009/10)

Verbindung $(NO_2)[HS_2O_7]$ und die Verbindung $ReO_2Cl(S_2O_7)$ sind ionisch bzw. molekular aufgebaut [157, 159].

Zudem wurden kürzlich die ersten Disulfate des Goldes $A[Au(S_2O_7)_2]$ mit A = Li, Na von *Logemann* synthetisiert und strukturell aufgeklärt [161]. Außerdem gelang *Logemann* die Strukturbestimmung einer Vielzahl von komplexen Disulfaten der vierten Hauptgruppe, z. B. der Verbindungen $A_2[M(S_2O_7)_3]$ mit einwertigen Kationen A^+ und M = Si, Ge, Sn. Diese Verbindungen enthalten alle die anionische Einheit $[M(S_2O_7)_3]^{2-}$, in der das Zentral-Kation oktaedrisch von Sauerstoff-Atomen koordiniert vorliegt [162-164]. Dieses Motiv wird auch in den neuen Komplexen $A[M(S_2O_7)_3]$ mit M = Si, Ge, Ti und den zweiwertigen Kationen Ba^{2+} und Pb^{2+} realisiert, von denen die Verbindungen $Pb[Ti(S_2O_7)_3]$ und $Ba[Ti(S_2O_7)_3]$ hier vorgestellt werden. Wird hingegen Sr^{2+} als Gegen-Kation angeboten, ergibt sich die Zusammensetzung $Sr_2[M(S_2O_7)_4]$ mit M = Si, Ge. [165]

Für die Synthese der in dieser Arbeit vorgestellten komplexen Disulfate der vierten Nebengruppe wurde die von *Logemann* entwickelte Synthesemethode in modifizierter Form angewendet [162]. So konnte die Reihe der komplexen Titan-Disulfate $A_2[Ti(S_2O_7)_3]$ mit A = Li, Na, Ag, K, NH_4, Rb, Cs synthetisiert und auch strukturell aufgeklärt werden. Ebenso wie die *Tris*-(disulfato)-Metallate der vierten Hauptgruppe enthalten diese Komplexe die $[M(S_2O_7)_3]^{2-}$-Einheit.

Im Gegensatz zu Titan verhalten sich die Elemente Zirconium und Hafnium bei der Synthese der Disulfate nicht analog zu den Elementen der vierten Hauptgruppe, und es konnten hier die *Tetrakis*-(disulfato)-Komplexe $A_4[M(S_2O_7)_4]$ mit A = Li, Ag (M = Zr, Hf), Na (M = Zr) erhalten werden. Außerdem konnte die Struktur von $Li_{13}[Zr(HS_2O_7)(S_2O_7)_3]_3[Zr(S_2O_7)_4]$ bestimmt werden, wobei es sich um die erste Struktur eines gemischten Disulfat-Hydrogendisulfats handelt. In Anwesenheit der größeren Gegenkationen K^+, NH_4^+ und Rb^+ bilden sich die Verbindungen $A_2(M(S_2O_7)_3) \cdot H_2SO_4$ mit A = K, NH_4, (M = Zr), Rb (M = Zr, Hf), in denen jedoch keine isolierten komplexen Anionen mehr vorliegen, sondern Doppelstränge ausgebildet werden. Zusätzlich enthalten diese Verbindungen freie Schwefelsäure-Moleküle. Wird das noch größere Kation Cs^+ angeboten, konnte das gemischte Disulfat-Hydrogensulfat $Cs(Zr(S_2O_7)_2(HSO_4))$ erhalten werden, in dem die Metall-Zentren zu Schichten verknüpft vorliegen.

Alle in diesem Kapitel vorgestellten Strukturen enthalten das aus zwei eckenverknüpften Sulfat-Tetraedern aufgebaute Disulfat-Anion $S_2O_7^{2-}$. Dieses zählt zu einer Klasse von Anionen der allgemeinen Formel $X_2O_7^{n-}$, welche im Folgenden als „Pyro-Anionen" bezeichnet werden (in Anlehnung an die Literatur [166]). Strukturell unterscheiden *Clark* und *Morley* in einem Übersichtsartikel zum Verbindungstyp $M_a[(X_2O_7)_b]$ zwischen Pyro-Anionen vom Thortveitit-Typ und Pyro-Anionen vom Dichromat-Typ (vgl. Abbildung 88, links): Im Thortveitit-Typ beträgt der Winkel zwischen den Tetraeder-Zentren X und dem Brücken-Sauerstoff-Atom ∠X-O$_b$-X über 140° (in Thortveitit Sc$_2$Si$_2$O$_7$ 180°). Die Tetraeder-Zentren nehmen eine gestaffelte Konformation mit einem Torsionswinkel O-X-X-O von ca. 60° zueinander ein. Im Dichromat-Typ beträgt der Winkel ∠X-O$_b$-X unter 140° und die Tetraeder-Zentren liegen ekliptisch zueinander. [166] Bezüglich des Winkels ∠S-O$_b$-S können alle bisher strukturell charakterisierten Disulfat-Einheiten dem Dichromat-Typ zugeordnet werden. Allerdings liegen die Sulfat-Einheiten nicht in allen Fällen ekliptisch zueinander. In Li[Au(S$_2$O$_7$)$_2$] beispielsweise sind die Sulfat-Tetraeder mit einem Torsionswinkel ∠O-S-S-O von ca. 63° gegeneinander verdreht und die Konformation entspricht diesbezüglich eher dem Thortveitit- als dem Dichromat-Typ. In der Struktur von Na[Au(S$_2$O$_7$)$_2$] dagegen entspricht auch die Konformation der Sulfat-Tetraeder dem Dichromat-Typ (Abbildung 88, rechts). Der Grad der Verdrillung wird in dieser Arbeit stets mit dem Mittelwert aus den drei kleinsten Torsionswinkeln ∠ O-S-S-O beschrieben.

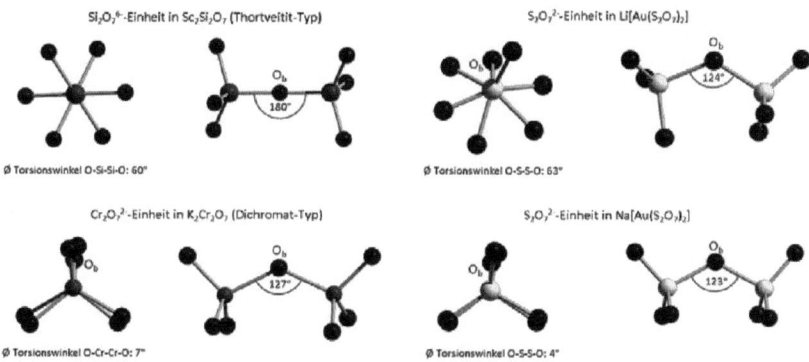

Abbildung 88: X$_2$O$_7$$^{n-}$-Einheit im Thortveitit- und Dichromat-Typ [166] (links) und Konformation der S$_2$O$_7$$^{2-}$-Einheiten in A[Au(S$_2O_7$)$_2$] mit A = Li, Na [161] (rechts)

Von *Dyekjær* durchgeführte theoretische Rechnungen für das S$_2$O$_7$$^{2-}$-Anion in der Gasphase auf RHF-[10] und CASSCF(22/15)-Niveau[11] unter Verwendung eines auf Double Zeta kontrahierten Basissatzes zeigen, dass die Konformation mit C_2-Symmetrie (teilweise gestaffelt) im Vergleich zu Varianten mit C_s- oder C_{2v}-Symmetrie energetisch am niedrigsten liegt. Die gestaffelte Konformation mit C_s-Symmetrie befindet sich auf RHF-Niveau allerdings nur um einen Betrag von 1,52 kJ/mol darüber [23].

---

[10] RHF: restricted Hartree-Fock
[11] CASSCF: complete active space self consistent field

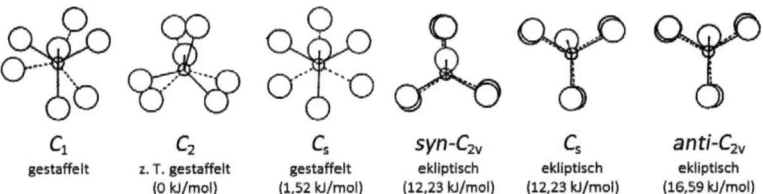

Abbildung 89: Mögliche Symmetrien und Konformationen des $S_2O_7^{2-}$-Anions (verändert nach [166]) und theoretisch berechnete Energiedifferenz zu C_2-Symmetrie in Klammern [23]

Tatsächlich zeigen alle bisher aus Einkristallstrukturanalysen bekannten Disulfat-Einheiten aufgrund von Unterschieden in den Bindungslängen nur C_1-Symmetrie. Werden diese Unterschiede vernachlässigt, wird jedoch in vielen Fällen C_2-Symmetrie erreicht. Für die oben genannten Gold-Disulfate A[Au(S_2O_7)$_2$] werden mit dieser Einschränkung auch C_s-Symmetrie für die gestaffelte Konformation (A = Li) und syn-C_{2v}-Symmetrie für die ekliptische Konformation (A = Na) realisiert [161]. Die ekliptischen Konformationen mit C_s- und $anti$-C_{2v}-Symmetrie wurden bisher nicht gefunden, obwohl diejenige mit C_s-Symmetrie energetisch gleichwertig mit der syn-C_{2v}-Konformation zu sein scheint. *Dyekjær* berichtet zudem, dass Rechnungen mit C_s-Symmetrie (ekliptisch) immer wieder zu der höheren C_{2v}-Symmetrie geführt haben [23].

Die Konformation der Disulfat-Gruppe in einer Kristallstruktur kann sich also deutlich von der (berechneten) idealen Konformation in der Gasphase unterscheiden. Die Symmetrie und der Grad der Verdrillung der Sulfat-Tetraeder gegeneinander hängen stark von der jeweiligen Koordinationsumgebung ab. Zusätzlich zur Bestimmung der Struktur aus Einkristalldaten wurden einige der vorgestellten Verbindung auch schwingungsspektroskopisch analysiert. Die gemessenen Spektren wurden im Fall der Titan-Verbindungen mit dem berechneten Spektrum für das [Ti(S_2O_7)$_3$]$^{2-}$-Anion verglichen. Die theoretischen Rechnungen wurden auf DFT-Niveau (B3LYP/6-31G(d)) durchgeführt.

Außerdem werden im Folgenden Untersuchungen zum thermischen Abbau der vorgestellten Disulfate mit thermogravimetrischen und pulverdiffraktometrischen Methoden vorgestellt.

4.2. Synthese

Für die Synthese der hier vorgestellten Disulfate wurden die Tetrachloride MCl_4 mit M = Ti, Zr, Hf in Anwesenheit von ein- oder zweiwertigen Gegen-Kationen mit Oleum (65 % SO_3) in Duranglasampullen umgesetzt. Die Gegen-Kationen A wurden zunächst in Form von Sulfaten A_2SO_4 oder Carbonaten A_2CO_3 bzw. ACO_3 in die Ampullen eingewogen. Anschließend wurden die Metallchloride in der Stickstoffhandschuhbox (M = Zr, Hf) oder im Stickstoffstrom (M = Ti) zugesetzt. Die Ampullen wurden mit Oleum versetzt, unter Kühlung mit flüssigem Stickstoff abgeschmolzen und in Röhrenöfen einem definierten Temperaturprogramm ausgesetzt. Einige Kristalle lassen sich in den meisten Fällen schon bei Temperaturen bis 100 °C erhalten. Die Ausbeute lässt sich im Falle der Titan-Verbindungen jedoch durch höhere Temperaturen (bis 250 °C) deutlich steigern. Bei den ternären Zirconium- und Hafnium-Disulfaten scheint eine Temperatur von 150 °C zu den besten Ausbeuten zu führen. Bei einer Temperatur von 250 °C kristallisiert auch in Anwesenheit zusätzlicher Kationen nur das binäre Zirconium-Disulfat $Zr(S_2O_7)_2$ aus. Reaktionsgleichungen sowie genaue Mengenangaben und Reaktionsbedingungen sind in Tabelle 41 und Tabelle 42 zusammengefasst.

Tabelle 41: Reaktionsgleichungen für Reaktionen mit Oleum

$A_2[Ti(S_2O_7)_3]$	
$2 H_2SO_4 + 3 SO_3 + TiCl_4 + A_2SO_4 \rightarrow A_2[Ti(S_2O_7)_3] + 4 HCl$	A = Li, Na, Ag, K, NH_4, Rb
$2 H_2SO_4 + 4 SO_3 + TiCl_4 + Cs_2CO_3 \rightarrow Cs_2[Ti(S_2O_7)_3] + 4 HCl + CO_2$	
$A[Ti(S_2O_7)_3]$	
$2 H_2SO_4 + 4 SO_3 + TiCl_4 + ACO_3 \rightarrow A[Ti(S_2O_7)_3] + 4 HCl + CO_2$	A = Ba, Pb
$A_4[M(S_2O_7)_4]$	
$2 H_2SO_4 + 4 SO_3 + ZrCl_4 + 2 A_2SO_4 \rightarrow A_4[Zr(S_2O_7)_4] + 4 HCl$	A = Li, Na, Ag
$2 H_2SO_4 + 4 SO_3 + HfCl_4 + 2 A_2SO_4 \rightarrow A_4[Hf(S_2O_7)_4] + 4 HCl$	A = Li, Ag
$A_2(M(S_2O_7)_3)\cdot H_2SO_4$	
$3 H_2SO_4 + 3 SO_3 + ZrCl_4 + (NH_4)_2SO_4 \rightarrow (NH_4)_2(Zr(S_2O_7)_3)\cdot H_2SO_4 + 4 HCl$	
$3 H_2SO_4 + 4 SO_3 + ZrCl_4 + A_2CO_3 \rightarrow A_2(Zr(S_2O_7)_3)\cdot H_2SO_4 + 4 HCl + CO_2$	A = K, Rb
$3 H_2SO_4 + 4 SO_3 + HfCl_4 + Rb_2CO_3 \rightarrow Rb_2(Hf(S_2O_7)_3)\cdot H_2SO_4 + 4 HCl + CO_2$	
$H_2SO_4 + 6 SO_3 + ZrO(NO_3)_2\cdot H_2O + Rb_2CO_3 \rightarrow Rb_2(Zr(S_2O_7)_3)\cdot H_2SO_4 + 2 HNO_3 + CO_2$	
$Cs(Zr(S_2O_7)_2(HSO_4))$	
$5 H_2SO_4 + 4 SO_3 + 2 ZrCl_4 + Cs_2SO_4 \rightarrow 2 Cs(Zr(S_2O_7)_2(HSO_4)) + 8 HCl$	
$Li_{13}[Zr(HS_2O_7)(S_2O_7)_3]_3[Zr(S_2O_7)_4]$	
$19 H_2SO_4 + 32 SO_3 + 8 ZrCl_4 + 13 Li_2SO_4 \rightarrow 2 Li_{13}[Zr_4(S_2O_7)_{13}(HS_2O_7)_3] + 32 HCl$	
$Zr(S_2O_7)_2$	
$2 H_2SO_4 + 2 SO_3 + ZrCl_4 \rightarrow Zr(S_2O_7)_2 + 4 HCl$	

4 Disulfate der vierten Nebengruppe

Tabelle 42: Reaktionsbedingungen für die Synthese der vorgestellten Disulfate

Verbindung	Metall-Verbindungen	Oleum	Temperaturprogramm
$Li_2[Ti(S_2O_7)_3]$	0,1 ml $TiCl_4$ 110 mg Li_2SO_4	2,0 ml	$RT \xrightarrow{12\,h} 250\,°C \xrightarrow{24\,h} 250\,°C \xrightarrow{125\,h} RT$
$Na_2[Ti(S_2O_7)_3]$	0,1 ml $TiCl_4$ 142 mg Na_2SO_4	2,0 ml	$RT \xrightarrow{12\,h} 250\,°C \xrightarrow{24\,h} 250\,°C \xrightarrow{125\,h} RT$
$Ag_2[Ti(S_2O_7)_3]$	0,1 ml $TiCl_4$ 312 mg Ag_2SO_4	2,0 ml	$RT \xrightarrow{12\,h} 250\,°C \xrightarrow{24\,h} 250\,°C \xrightarrow{125\,h} RT$
$K_2[Ti(S_2O_7)_3]$	0,1 ml $TiCl_4$ 174 mg K_2SO_4	2,0 ml	$RT \xrightarrow{12\,h} 250\,°C \xrightarrow{24\,h} 250\,°C \xrightarrow{125\,h} RT$
$(NH_4)_2[Ti(S_2O_7)_3]$	0,2 ml $TiCl_4$ 264 mg $(NH_4)_2SO_4$	2,0 ml	$RT \xrightarrow{24h} 100\,°C \xrightarrow{12\,h} 100\,°C \xrightarrow{125\,h} RT$
$Rb_2[Ti(S_2O_7)_3]$	0,1 ml $TiCl_4$ 267 mg Rb_2SO_4	2,0 ml	$RT \xrightarrow{12\,h} 250\,°C \xrightarrow{24\,h} 250\,°C \xrightarrow{125\,h} RT$
$Cs_2[Ti(S_2O_7)_3]$	0,2 ml $TiCl_4$ 652 mg Cs_2CO_3	2,0 ml	$RT \xrightarrow{24h} 100\,°C \xrightarrow{12\,h} 100\,°C \xrightarrow{125\,h} RT$
$Ba[Ti(S_2O_7)_3]$	0,1 ml $TiCl_4$ 233 mg $BaCO_3$	2,0 ml	$RT \xrightarrow{24h} 100\,°C \xrightarrow{12\,h} 100\,°C \xrightarrow{125\,h} RT$
$Pb[Ti(S_2O_7)_3]$	0,1 ml $TiCl_4$ 297 mg $PbCO_3$	3,0 ml	$RT \xrightarrow{24h} 100\,°C \xrightarrow{12\,h} 100\,°C \xrightarrow{125\,h} RT$
$Li_4[Zr(S_2O_7)_4]$	117 mg $ZrCl_4$ 165 mg Li_2SO_4	1,0 ml	$RT \xrightarrow{24\,h} 150\,°C \xrightarrow{12\,h} 150\,°C \xrightarrow{125\,h} RT$
$Li_4[Hf(S_2O_7)_4]$	320 mg $HfCl_4$ 110 mg Li_2SO_4	1,0 ml	$RT \xrightarrow{24\,h} 150\,°C \xrightarrow{12\,h} 150\,°C \xrightarrow{125\,h} RT$
$Na_4[Zr(S_2O_7)_4]$	233 mg $ZrCl_4$ 142 mg Na_2SO_4	1,0 ml	$RT \xrightarrow{24\,h} 150\,°C \xrightarrow{12\,h} 150\,°C \xrightarrow{125\,h} RT$
$Ag_4[Zr(S_2O_7)_4]$	117 mg $ZrCl_4$ 468 mg Ag_2SO_4	1,0 ml	$RT \xrightarrow{24\,h} 150\,°C \xrightarrow{12\,h} 150\,°C \xrightarrow{125\,h} RT$
$Ag_4[Hf(S_2O_7)_4]$	160 mg $HfCl_4$ 624 mg Ag_2SO_4	1,5 ml	$RT \xrightarrow{24\,h} 150\,°C \xrightarrow{12\,h} 150\,°C \xrightarrow{125\,h} RT$
$K_2(Zr(S_2O_7)_3)·H_2SO_4$	233 mg $ZrCl_4$ 138 mg K_2CO_3	1,0 ml	$RT \xrightarrow{24\,h} 150\,°C \xrightarrow{12\,h} 150\,°C \xrightarrow{125\,h} RT$
$(NH_4)_2(Zr(S_2O_7)_3)·H_2SO_4$	233 mg $ZrCl_4$ 132 mg $(NH_4)_2SO_4$	1,0 ml	$RT \xrightarrow{24\,h} 150\,°C \xrightarrow{12\,h} 150\,°C \xrightarrow{125\,h} RT$
$Rb_2(Zr(S_2O_7)_3)·H_2SO_4$	233 mg $ZrCl_4$ 231 mg Rb_2CO_3	1,0 ml	$RT \xrightarrow{24\,h} 150\,°C \xrightarrow{12\,h} 150\,°C \xrightarrow{125\,h} RT$
$Rb_2(Zr(S_2O_7)_3)·H_2SO_4$	249 mg $ZrO(NO_3)_2$ 231 mg Rb_2CO_3	1,0 ml	$RT \xrightarrow{24\,h} 150\,°C \xrightarrow{12\,h} 150\,°C \xrightarrow{125\,h} RT$
$Rb_2(Hf(S_2O_7)_3)·H_2SO_4$	320 mg $HfCl_4$ 231 mg Rb_2CO_3	1,0 ml	$RT \xrightarrow{24h} 100\,°C \xrightarrow{12\,h} 100\,°C \xrightarrow{125\,h} RT$
$Cs(Zr(S_2O_7)_2(HSO_4))$	233 mg $ZrCl_4$ 362 mg Cs_2SO_4	1,0 ml	$RT \xrightarrow{24\,h} 150\,°C \xrightarrow{12\,h} 150\,°C \xrightarrow{125\,h} RT$
$Li_{13}[Zr(HS_2O_7)(S_2O_7)_3]_3$ $[Zr(S_2O_7)_4]$	233 mg $ZrCl_4$ 110 mg Li_2SO_4	1,0 ml	$RT \xrightarrow{12\,h} 150\,°C \xrightarrow{24\,h} 150\,°C \xrightarrow{432\,h} RT$
$Zr(S_2O_7)_3$	233 mg $ZrCl_4$ 312 mg Ag_2SO_4	1,0 ml	$RT \xrightarrow{12\,h} 250\,°C \xrightarrow{24\,h} 250\,°C \xrightarrow{125\,h} RT$

4.3. Die *Tris*-(disulfato)-titanate $A_2[Ti(S_2O_7)_3]$ mit A = Li, Na, Ag, K, NH$_4$, Rb, Cs

4.3.1. Kristallstruktur

Abbildung 91 zeigt die meist nadelförmigen Kristalle der erhaltenen Verbindungen $A_2[Ti(S_2O_7)_3]$ mit A = Li, Na, Ag, K, NH$_4$, Rb, Cs. Diese kristallisieren alle im trigonalen bzw. rhomboedrischen Kristallsystem in den Raumgruppen *P*-3 bzw. *R*-3 und den in Tabelle 43 angegebenen Gitterkonstanten und Güteparametern. Das zentrale Strukturelement ist das komplexe $[Ti(S_2O_7)_3]^{2-}$-Anion, in dem das Ti^{4+}-Ion oktaedrisch von Sauerstoff-Atomen koordiniert vorliegt (Abbildung 90). Die Ti-O-Abstände liegen zwischen 1,91 Å und 1,94 Å und betragen durchschnittlich 1,93 Å. Das gebildete Oktaeder ist mit Winkeln $\angle$ O_{ax}-Ti-O_{ax} = 163,0-176,1° (Ø 173,1°) und $\angle$ O_{ax}-Ti-$O_{äq}$ = 83,7-96,0° (Ø 90,1°) deutlich verzerrt. Die sechs koordinierenden Sauerstoff-Atome gehören zu drei chelatisierend angreifenden Disulfat-Anionen. Durch die spezielle Lage der Ti^{4+}-Ionen auf dreizähligen Drehachsen kann dabei aber nur jeweils eine Disulfat-Einheit pro Titan-Atom kristallographisch unterschieden werden (vgl. Abbildung 90).

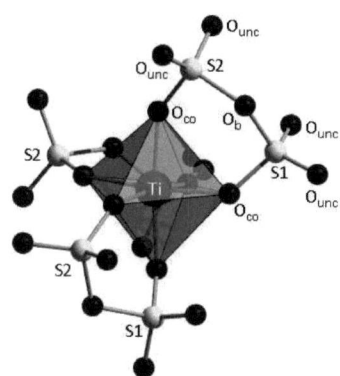

Abbildung 90: Koordinationsumgebung des Ti^{4+}-Ions in $Na_2[Ti(S_2O_7)_3]$

Innerhalb der Disulfat-Anionen lassen sich grundsätzlich drei Arten von S-O-Abständen unterscheiden: Die kurzen S-O_{unc}-Abstände zu nicht koordinierten Sauerstoff-Atomen (Ø 1,41 Å), die längeren S-O_{co}-Abstände zu koordinierten Sauerstoff-Atomen (Ø 1,50 Å) und die sehr langen S-O_b-Abstände zu den Brücken-Sauerstoff-Atomen (Ø 1,63 Å). Der S-O_b-S-Winkel beträgt durchschnittlich 122,2°. Die Verzerrung der Sulfat-Tetraeder äußert sich zum einen in kleiner werdenden O_{co}-S-O_b-Winkeln (Ø 102,1°) und O_{unc}-S-O_b-Winkeln (Ø 105,4°) und zum anderen in einer Aufweitung der Winkel $\angle O_{co}$-S-O_{unc} (Ø 111,3°) und $\angle O_{unc}$-S-O_{unc} (Ø 119,6°) im Vergleich zum idealen Tetraederwinkel von 109,5°.

4 Disulfate der vierten Nebengruppe

Tabelle 43: Kristallographische Daten von $A_2[Ti(S_2O_7)_3]$ mit A = Li, Na, Ag, K, NH_4, Rb, Cs

Gegen-Kation A	Li	Na	Ag	K
Kristallgröße/ mm	0,32 x 0,11 x 0,05	0,37 x 0,21 x 0,18	0,90 x 0,16 x 0,13	0,24 x 0,07 x 0,06
Kristallbeschreibung	farblose Plättchen	farblose Plättchen	farblose Nadeln	farblose Nadeln
Molare Masse/ g·mol^{-1}	590,14	622,24	792,00	654,46
Kristallsystem	rhomboedrisch	trigonal	trigonal	trigonal
Raumgruppe	R-3	P-3 (Nr. 147)	P-3 (Nr. 147)	P-3 (Nr. 147)
Gitterparameter a/ Å	14,6753(7)	15,3438(7)	16,5181(7)	9,754(1)
c/ Å	37,899(2)	13,0346(5)	10,1909(4)	10,703(1)
V/ Å^3	7068,7(6)	2657,6(2)	2408,0(2)	881,8(2)
Z	18	6	6	2
Molvolumen V_m/ cm^3·mol^{-1}	236,5	266,7	241,7	265,5
Temperatur/ K	153(2)	153(2)	153(2)	153(2)
Strahlung	Mo-K$_\alpha$, λ = 0,7107 Å	Mo-K$_\alpha$, λ = 0,7107 Å	Mo-K$_\alpha$, λ = 0,7107 Å	Mo-K$_\alpha$, λ = 0,7107 Å
µ	1,461	1,347	3,801	1,777
Extinktionskoeffizient	0,00002(2)	-	-	-
Gemessene Reflexe	48192	36934	37010	11289
Unabhängige Reflexe	3913	4194	3786	1423
mit $I_o > 2\,\sigma(I)$	3312	3512	2958	804
R_{int}	0,0495	0,0631	0,0609	0,1175
R_σ	0,0261	0,0392	0,0399	0,1428
R_1; wR_2 ($I_o > 2\,\sigma(I)$)	0,0522; 0,0611	0,0376; 0,0947	0,0444; 0,1142	0,0838; 0,2203
R_1; wR_2 (alle Daten)	0,1519; 0,1562	0,0449; 0,0971	0,0570; 0,1170	0,1217; 0,2298
Goodness of fit	1,060	0,872	1,123	1,023
max. Restelektronendichte e$^-$/Å^3	1,157	0,699	1,139	0,781
min. Restelektronendichte e$^-$/Å^3	-3,769	-0,449	-1,447	-0,837
Diffraktometer-Typ	Bruker Apex II	Stoe IPDS	Stoe IPDS	Stoe IPDS
ICSD Nummer	423776	422495	422488	422493

Fortsetzung Tabelle 44: Kristallographische Daten von $A_2[Ti(S_2O_7)_3]$ mit A = Li, Na, Ag, K, NH_4, Rb, Cs

Gegen-Kation A	NH_4	Rb	Cs
Kristallgröße/ mm	0,45 x 0,23 x 0,09	0,45 x 0,24 x 0,09	1,00 x 0,12 0,11
Kristallbeschreibung	farblose Plättchen	farblose Plättchen	farblose Plättchen
Molare Masse/ $g \cdot mol^{-1}$	612,34	747,20	842,08
Kristallsystem	trigonal	trigonal	trigonal
Raumgruppe	P-3 (Nr. 147)	P-3 (Nr. 147)	P-3 (Nr. 147)
Gitterparameter a/Å	9,8692(8)	9,8751(9)	17,2735(9)
c/Å	10,9992(8)	11,0026(8)	11,3147(4)
V/Å^3	927,8(1)	929,2(1)	2923,7(2)
Z	2	2	6
Molvolumen V_m/ $cm^3 \cdot mol^{-1}$	279,4	279,8	293,4
Temperatur/ K	153(2)	153(2)	153(2)
Strahlung	Mo-K_α, $\lambda = 0,7107$ Å	Mo-K_α, $\lambda = 0,7107$ Å	Mo-K_α, $\lambda = 0,7107$ Å
µ	1,246	6,443	4,863
Extinktionskoeffizient	-	-	-
Gemessene Reflexe	14182	14215	45003
Unabhängige Reflexe	1524	1503	4479
mit $I_o > 2\ \sigma(I)$	1312	1022	3475
R_{int}	0,0727	0,0927	0,0720
R_σ	0,0363	0,0573	0,0527
R_1; wR_2 ($I_o > 2\ \sigma(I)$)	0,0404; 0,1071	0,0384; 0,0858	0,0393; 0,0939
R_1; wR_2 (alle Daten)	0,0450; 0,1082	0,0569; 0,0867	0,0474; 0,0949
Goodness of fit	1,037	1,845	0,945
max. Restelektronendichte e^-/Å^3	0,820	0,832	2,118
min. Restelektronendichte e^-/Å^3	-0,478	-0,663	-0,804
Diffraktometer-Typ	Stoe IPDS	Stoe IPDS	Stoe IPDS
ICSD Nummer	423709	422497	423708

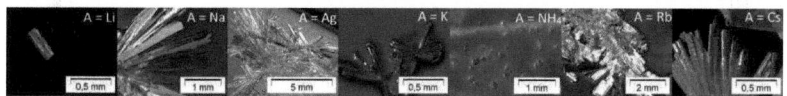

Abbildung 91: Kristallbilder von $A_2[Ti(S_2O_7)_3]$ mit A = Li, Na, Ag, K, NH_4, Rb, Cs

Der Einfluss des Gegenkations A^+ in den Verbindungen $A_2[Ti(S_2O_7)_3]$ zeigt sich deutlich in der Gesamtstruktur. $Li_2[Ti(S_2O_7)_3]$ kristallisiert als einzige Verbindung rhomboedrisch in der Raumgruppe R-3, während alle anderen Verbindungen des Typs $A_2[Ti(S_2O_7)_3]$ trigonal in P-3 kristallisieren. Bei den trigonalen Strukturen liegen wiederum zwei verschiedene Zellen vor: Zum einen eine größere Zelle mit Z = 6 für A = Na, Ag, Cs, in der ein Ti-Atom die Wyckoff-Lage $2c$ und zwei die Wyckoff-Lage $2d$ besetzen und zum anderen eine kleinere Zelle mit Z = 2 für die isotypen Verbindungen mit A = K, NH_4, Rb (vgl. Tabelle 43). In der kleineren Zelle liegt nur ein kristallographisch unterscheidbares Ti-Atom auf der Wyckoff-Lage $2c$ vor, während die $2d$-Lagen von zwei kristallographisch unterscheidbaren Gegenkationen A^+ besetzt werden. Alle anderen Atome liegen in beiden Zellen auf allgemeinen Lagen.

Wie die Übersicht in Tabelle 45 zeigt, kristallisiert auch ein Großteil der analogen Verbindungen der vierten Hauptgruppe in einer dieser beiden trigonalen Zellen (dunkelblau (Z = 6) und hellblau (Z = 2) unterlegt). Die trigonalen Verbindungen $A_2[M(S_2O_7)_3]$ mit gleichem Wert für Z und gleichem Gegenkation A^+ sind dabei stets isotyp. Tabelle 45 zeigt außerdem, dass die relativ kleinen Gegenkationen Na^+ und Ag^+ sowie das große Cs^+-Kation vorzugsweise in der größeren trigonalen Zelle kristallisieren und die mittelgroßen Kationen K^+, NH_4^+, und Rb^+ meist zu der kleineren trigonalen Zelle führen.

Tabelle 45: Übersicht über die bisher beobachteten Raumgruppen für die Verbindungen $A_2[M(S_2O_7)_3]$

M / A		Li	Na	Ag	K	NH_4	Rb	Cs
Si	RG		$P2_12_12_1$	P-3	$P2_1/n$	P-3	P-3	P-3
[162-164]	Z		4	6	4	2	2	6
Ge	RG		$P2_12_12_1$	P-3	P-3	P-3	P-3	P-1
[163-164]	Z		4	6	2	2	2	4
Ti	RG	R-3	P-3	P-3	P-3	P-3	P-3	P-3
	Z	18	6	6	2	2	2	6
Sn	RG		P-3	P-3	P-3	P-3		
[163-164]	Z		6	2	2	2		

Die Verbindungen $A_2[Ti(S_2O_7)_3]$ mit A = Ag, Na, Cs kristallisieren zwar alle in der größeren Zelle mit Z = 6, jedoch sind nur die Silber- und die Cäsium-Verbindung isotyp. Die Gesamtstrukturen von $Ag_2[Ti(S_2O_7)_3]$ und $Na_2[Ti(S_2O_7)_3]$ sind in Abbildung 92 dargestellt. Als Beispiel für die kleinere Zelle mit Z = 2 zeigt Abbildung 93 die Gesamtstruktur von $K_2[Ti(S_2O_7)_3]$.

4 Disulfate der vierten Nebengruppe

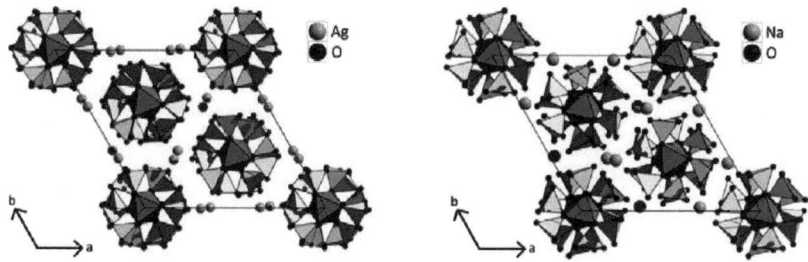

Abbildung 92: Struktur von $A_2[Ti(S_2O_7)_3]$ in Projektion auf (001) mit A = Ag (links) und A = Na (rechts)

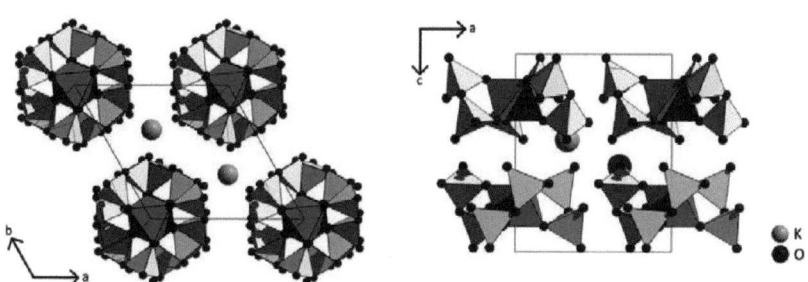

Abbildung 93: Struktur von $K_2[Ti(S_2O_7)_3]$ in Projektion auf (001) (links) und in Projektion auf (010) (rechts)

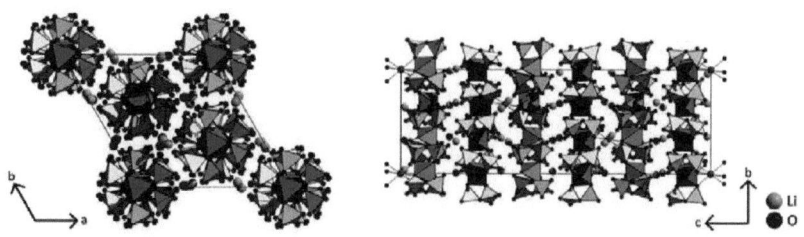

Abbildung 94: Struktur von $Li_2[Ti(S_2O_7)_3]$ in Projektion auf (001) (links) und in Projektion auf (100) (rechts)

Die Struktur von $Li_2[Ti(S_2O_7)_3]$ zeigt im Gegensatz zu allen anderen bekannten Verbindungen des Typs $A_2[M(S_2O_7)_3]$ eine rhomboedrische Zentrierung. In Abbildung 94 ist die Gesamtstruktur dargestellt; trotz des einfachen Aufbaus der Verbindung ist die kristallographische c-Achse mit 37,899 Å relativ lang. Beim Lösen der Struktur in der Raumgruppe $R\text{-}3$ wurden drei kristallographisch unterscheidbare Ti^{4+}-Ionen auf der Wyckoff-Lage $6c$ sowie der Großteil der Schwefel-Atome gefunden. Bei der Strukturverfeinerung ergab sich für jede Titan-Lage jeweils eine kristallographisch unterscheidbare Disulfat-Einheit. Auch die zwei Lithium-Lagen konnten problemlos verfeinert werden. Trotzdem blieb nach anisotroper Verfeinerung aller Atomlagen und Absorptionskorrektur eine maximale Restelektronendichte von ca. 6 $e^-/Å^3$ im Abstand von ca. 3 Å zu einer Titan-Position zurück. Die anisotropen Auslenkungsparameter dieser Titan-Position waren zudem signifikant größer als die der beiden anderen Titan-Positionen. Da die Restelektronendichte auf einer speziellen Lage (Wyckoff-Lage $3a$ der Raumgruppe $R\text{-}3$) gefunden wurde, wurde zunächst ein Symmetrieabstieg versucht, um ein kristallographisches Problem auszuschließen. Aber auch bei einer Strukturlösung und -verfeinerung in der Raumgruppe $P1$ wurde eine entsprechende Restelektronendichte gefunden. Da auch ein qualitativ nicht einwandfreier Kristall zu derartigen Problemen führen kann, wurde für eine weitere Messung am Einkristalldiffraktometer ein zweiter Kristall ausgewählt. Aber auch bei der Strukturlösung- und Verfeinerung mit dem zweiten Datensatz trat der gleiche Effekt auf. Bei keinem der Datensätze konnten Hinweise auf eine Überstruktur gefunden werden. Schließlich wurde überprüft, ob sich das Phänomen mit einer sehr geringen Fehlordnung der benachbarten Titan-Position Ti3 erklären lässt und dies scheint auch die sinnvollste Begründung zu sein. Für die hier vorgestellte Strukturverfeinerung wurde die Ti3-Lage nur zu 94 % besetzt und eine weitere Titan-Lage Ti3A angenommen, die nur 6 % besetzt ist. Abbildung 95 zeigt die strukturelle Umgebung der Position Ti3A. Diese befindet sich auf der Wyckoff-Lage $3a$ und liegt genau zwischen zwei Ti3-Atomen. Dadurch ergibt sich auch für diese Titan-Lage eine oktaedrische Umgebung, die jedoch mit $O_{ax}\text{-}Ti\text{-}O_{äq}$-Winkeln von $71,0(2)°$ und $109,0(2)°$ relativ stark verzerrt ist (Abbildung 95, rechts). Der ermittelte Ti3A-O61-Abstand von $2,275(5)$ Å ist für eine Titan-Sauerstoff-Bindung etwas zu groß (Summe der Ionenradien: $1,985$ Å [1]). Bei einer Fehlordnung von nur 6 % der Titan-Lage ist es jedoch nicht zu erwarten, dass die Sauerstoff-Lage davon maßgeblich beeinflusst wird. Die relativ hohen anisotropen Auslenkungsparameter der O61-Position könnten aber als Zeichen einer geringen Beeinflussung gewertet werden (vgl. Tabelle 77 und Tabelle 78 im Anhang, S. 218).

4 Disulfate der vierten Nebengruppe

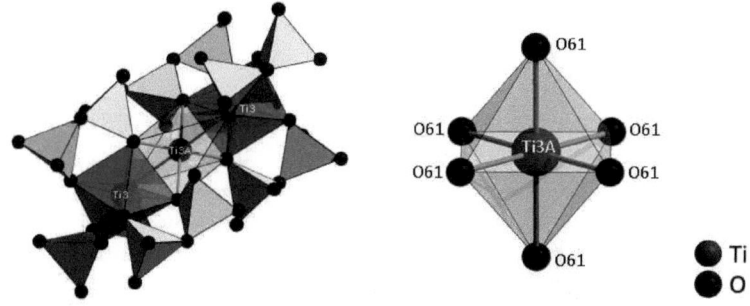

Abbildung 95: Fehlordnung in $Li_2[Ti(S_2O_7)_3]$: Strukturausschnitt (links) und oktaedrische Umgebung von $(Ti3A)^{4+}$ (rechts)

In den Verbindungen $A_2[Ti(S_2O_7)_3]$ liegen unterschiedliche Koordinationsumgebungen des Gegen-Kations A^+ vor (Tabelle 46). Während die Li^+- und Na^+-Kationen noch relativ regelmäßig oktaedrisch koordiniert sind, zeigen die größeren Kationen stark verzerrte oder völlig unregelmäßige Koordinationspolyeder. Die A-O-Abstände innerhalb einer Verbindung variieren zum Teil erheblich. So lassen sich bei der Silber- und der Kaliumverbindung jeweils zwei Gruppen von Bindungslängen unterscheiden (eingeklammert in Tabelle 46).

Tabelle 46: Koordination der Gegen-Kationen A^+ in $A_2[Ti(S_2O_7)_3]$ und Bindungslängen

A	Koordina-tionszahl	Polyeder	Bereich d A-O/ Å	Ø d A-O/ Å
Li	6	verzerrtes Oktaeder	1,98-2,25	2,12
Na	6	verzerrtes Oktaeder	2,30-2,43	2,36
Ag	7 (3+4)	unregelmäßig	2,38-3,04	2,64 (2,44 + 2,53)
K	9 (6+3)	verzerrtes dreifach überkapptes trigonales Prisma	2,70-3,22	2,91 (2,80 + 3,12)
NH_4	9	verzerrtes dreifach überkapptes trigonales Prisma	2,88-3,13	3,01
Rb	9	unregelmäßig	2,85-3,21	3,02
Cs	10	unregelmäßig	2,99-3,62	3,15

Auch in Bezug auf die Koordination der Gegen-Kationen an die Disulfat-Anionen treten in den Strukturen Unterschiede auf: Abbildung 96 zeigt vier verschiedene grundsätzliche Koordinationsmodi. Erwartungsgemäß nimmt die Anzahl der Kontakte zu Sauerstoff-Atomen der Disulfat-Einheiten mit der Größe der A^+-Kationen zu.

4 Disulfate der vierten Nebengruppe

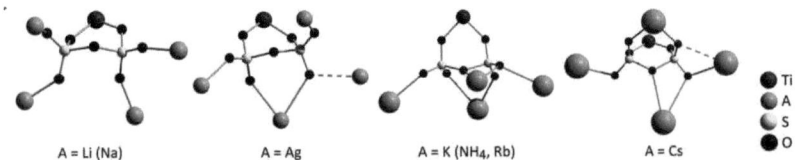

Abbildung 96: Umgebungen der $S_2O_7^{2-}$-Anionen in $A_2[Ti(S_2O_7)_3]$ mit A = Li, Na, Ag, K, NH_4, Rb, Cs (gestrichelt Bindungen werden nicht zu allen $S_2O_7^{2-}$-Anionen der Struktur ausgebildet; in Klammern: Verbindungen mit ähnlicher Umgebung der $S_2O_7^{2-}$-Anionen)

In Bezug auf die (oben genannten) S-O-Abstände und Winkel innerhalb der Sulfat-Tetraeder scheint das Gegen-Kation jedoch auf die Geometrie der Disulfat-Anionen wenig Einfluss zu nehmen, diese Parameter fallen bei allen Strukturen sehr ähnlich aus. Hinsichtlich der Verdrillung der Sulfat-Tetraeder gegeneinander ergeben sich jedoch mit O-S-S-O-Torsionswinkeln von ca. 35° (A = Li) bis ca. 10° (A = Cs) deutliche Unterschiede. Der Grad der Verdrillung scheint dabei mit der Größe des Gegen-Kations abzunehmen. Abbildung 97 zeigt die durchschnittlichen O-S-S-O-Torsionswinkel der Verbindungen $A_2[M(S_2O_7)_3]$ mit M = Si, Ge, Ti, Sn in Abhängigkeit von der Größe der jeweiligen Gegen-Kationen A. Das Diagramm zeigt zum einen, dass sich dieser Trend für die analogen Verbindungen der vierten Hauptgruppe wiederholt und zum anderen, dass mit der Verbindung $Cs_2[Ge(S_2O_7)_3]$ auch eine eindeutige Ausnahme existiert. Allerdings kristallisiert diese Struktur auch als einzige in der triklinen Raumgruppe P-1, was die Vergleichbarkeit mit den übrigen Verbindungen einschränkt. Bei ähnlichen Strukturen bietet das HSAB-Konzept eine mögliche Erklärung für die Abhängigkeit der Torsion innerhalb der Disulfat-Anionen von den Gegen-Kationen: Die einfach positiv geladenen Kationen werden mit zunehmenden Ionenradius „weicher" und ihr Koordinationsvermögen nimmt zu. Die Koordination an die Disulfat-Anionen fällt so insgesamt gleichmäßiger aus und die Geometrie der Disulfat-Gruppe wird weniger beeinflusst.

In Abbildung 97 fällt weiterhin auf, dass die Ammonium-Verbindungen durchgehend eine geringere Verdrillung der Disulfat-Gruppen aufweisen als aufgrund des Ionenradius für das NH_4^+-Ion[12] [1] zu erwarten wäre. Da es sich um ein mehratomiges Kation handelt, zeichnet es sich möglicherweise im Vergleich mit den Alkalimetall-Kationen durch eine besonders geringe Härte aus.

---

[12] Aufgrund fehlender Literaturangaben wurde der Ionenradius für das NH_4^+-Ion für die Koordinationszahl neun aufgrund der Angaben für das K^+-Ion (1,69 Å) und Rb^+-Ion (1,77 Å) auf 1,76 Å geschätzt. Das Größenverhältnis entspricht den Angaben für die Koordinationszahl sechs (K^+: 1,52 Å; NH_4^+: 1,64 Å; Rb^+: 1,66 Å).

4 Disulfate der vierten Nebengruppe

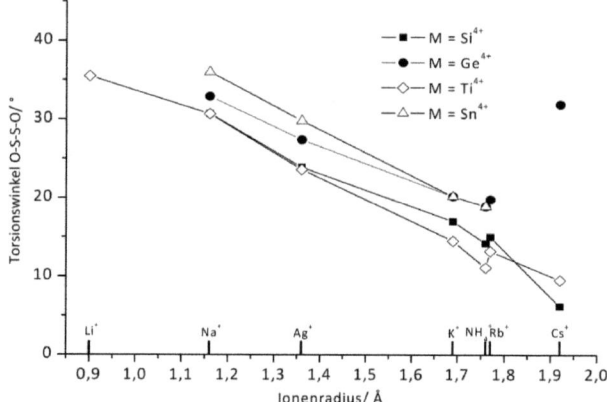

Abbildung 97: Abhängigkeit des O-S-S-O-Torsionswinkels von dem Ionenradius des Gegen-Kations A in $A_2[M(S_2O_7)_3]$ mit M = Si, Ge, Ti, Sn

4.3.2. Thermischer Abbau

Um den thermischen Abbau zu untersuchen, wurden Kristalle der erhaltenen Verbindungen in der Stickstoffhandschuhbox mechanisch von anhaftender Säure befreit, in einen Korund-Tiegel überführt und einem Temperaturprogramm von 25 °C bis 1050 °C (in einem Fall bis 1500 °C) bei einer Aufheizrate von 10 °C/min ausgesetzt. Tabelle 47 und Tabelle 48 enthalten signifikante Temperaturen, berechnete und experimentelle Massenverluste sowie Angaben über die (vermuteten) Zersetzungsprodukte. Im Anhang sind für die Verbindungen $A_2[Ti(S_2O_7)_3]$ mit A = Li, Na, Ag, K, NH$_4$, Rb jeweils TG/DTG/SDTA- bzw. TG/DTG/DSC-Diagramme sowie Pulverdiffraktogramme der TG-Rückstände einzeln dargestellt (Abschnitt 7.4, S. 218).

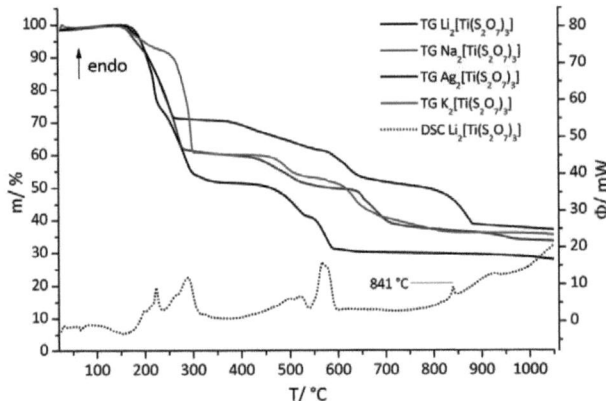

Abbildung 98: TG/DSC-Diagramm der thermischen Zersetzung von $A_2[Ti(S_2O_7)_3]$ mit A = Li, Na, Ag, K

4 Disulfate der vierten Nebengruppe

Tabelle 47: Daten zum thermischen Abbau von $A_2[Ti(S_2O_7)_3]$ mit A = Li, Na, Ag, K

Stufe		Li	Na	Ag	K
1	T_{Start}/ °C	170	135	145	150
	T_{Ende}/°C	240	290	270	305
	T_{Max}/ °C	$223^a/221^b$	$273^a/271^b$	$257^a/253^b$	$298^a/296^b$
	Δm/ % exp.	-26,4	-38,5	-29,6	-39,2
	Δm/ % ber.	-27,1	-38,6	-30,3	-36,7
	verm. Zersetzungsprodukt	$Li_2Ti(S_2O_7)(SO_4)_2$	$Na_2Ti(SO_4)_3$	$Ag_2Ti(SO_4)_3$	$K_2Ti(SO_4)_3$
2	T_{Start}/ °C	240	410	365	460
	T_{Ende}/°C	540	585	570	595
	T_{Max}/ °C	$289^a/284^b$	$506^a/501^b$	-	$578^a/489^b$
	Δm/ % exp.	-32,6	-12,3	-9,1	-9,4
	Δm/ % ber.	-27,1	-12,9	-10,1	-12,2
	verm. Zersetzungsprodukt	Li_2SO_4, $TiO(SO_4)$	Na_2SO_4, $TiO(SO_4)$	Ag_2SO_4, $TiO(SO_4)$	K_2SO_4, $TiO(SO_4)$
3	T_{Start}/ °C	540	630	570	595
	T_{Ende}/°C	595	975	665	850
	T_{Max}/ °C	$567^a/576^b$	$651^{a,b}$	623^b	$636^a/629^b$
	Δm/ % exp.	-10,7	-15,3	-10,6	-15,3
	Δm/ % ber.	-13,6	-12,9	-10,1	-12,2
	verm. Zersetzungsprodukt	Li_2SO_4, TiO_2	Na_2SO_4, TiO_2	Ag_2SO_4, TiO_2	K_2SO_4, TiO_2
4	T_{Start}/ °C			800	
	T_{Ende}/°C			885	
	T_{Max}/ °C			$880^a/866^b$	
	Δm/ % exp.			-12,0	
	Δm/ % ber.			-12,1	
	verm. Zersetzungsprodukt			Ag, TiO_2	
Σ	T_{Start}/ °C	170	135	145	150
	T_{Ende}/°C	595	975	885	850
	Δm/ % exp.	-69,7	-66,0	-61,3	-63,9
	Δm/ % ber.	-67,8	-64,3	-62,7	-61,2
	Zersetzungsprodukt	Li_2SO_4, TiO_2	Na_2SO_4, TiO_2	Ag, TiO_2	K_2SO_4, TiO_2

a - SDTA-Kurve, b - DTG-Kurve

Die thermische Zersetzung von $A_2[Ti(S_2O_7)_3]$ mit A = Li, Na, Ag, K beginnt bei ca. 150 °C, verläuft über bis zu vier Stufen und ist bei Temperaturen zwischen 595 °C (A = Li) und 975 °C (A = Na) abgeschlossen (Abbildung 98). Der erste Zersetzungsschritt von $Li_2[Ti(S_2O_7)_3]$ bis ca. 300°C besteht aus zwei Teilschritten: Im ersten Teilschritt bis 240 °C werden rechnerisch zwei Moleküle SO_3 pro Formeleinheit abgespalten und es bildet sich ein Produkt der formalen Zusammensetzung $Li_2Ti(S_2O_7)(SO_4)_2$, welches sich im zweiten Teilschritt sofort weiter einem unbekannten Zwischenprodukt zersetzt. Nach der zweiten Stufe von 240 °C bis 540 °C wird ein Gemisch aus Li_2SO_4 und $TiO(SO_4)$ als Zwischenprodukt angenommen. Im letzten Schritt bildet sich aus $TiO(SO_4)$ Titandioxid TiO_2 in der Rutil-Modifikation. Im Pulverdiffraktogramm vom Rückstand der Zersetzung wurde neben Li_2SO_4 und Rutil auch $Li_2SO_4 \cdot H_2O$ gefunden, was auf die Lagerung der Probe an der Luft zurückzuführen ist (Abbildung 184 im Anhang, S. 219). Exemplarisch ist in Abbildung 98 auch die DSC-Kurve für die Zersetzung von $Li_2[Ti(S_2O_7)_3]$ dargestellt, welche zeigt, dass alle Abbauschritte endotherm verlaufen. Das endotherme Signal bei 841 °C ist allerdings nicht mit einem Massenverlust verbunden und resultiert aus dem Schmelzen von Li_2SO_4 (Literatur-Schmelzpunkt: 845 °C).

Die Zersetzung von $Na_2[Ti(S_2O_7)_3]$ und $K_2[Ti(S_2O_7)_3]$ beginnt bei ca. 140 °C und führt nach der ersten Abbaustufe bis ca. 300 °C bei Verlust von drei Molekülen SO_3 pro Formeleinheit zu Zwischenprodukten der Zusammensetzung $Na_2Ti(SO_4)_3$ bzw. $K_2Ti(SO_4)_3$. Diese zersetzen sich im zweiten Schritt zwischen ungefähr 400 °C und 600 °C zu den Alkalimetall-Sulfaten und Titanylsulfat. Im letzten Schritt bis 975 °C (A = Na) bzw. bis 850 °C (A = K) bildet sich wiederum TiO_2. Die Pulverdiffraktogramme der Rückstände zeigen, dass im Fall der Natrium-Verbindung TiO_2 in der Rutil-Modifikation und im Fall der Kalium-Verbindung in der Anatas-Modifikation vorliegt. Außerdem wurde jeweils eine weitere Nebenphase gefunden. Für die Zersetzung von $Na_2[Ti(S_2O_7)_3]$ konnte diese nicht zugeordnet werden, für den Abbau von $K_2[Ti(S_2O_7)_3]$ hingegen wurde die Nebenphase als $K_2Ti_6O_{13}$ identifiziert.

Die Verbindung $Ag_2[Ti(S_2O_7)_3]$ verhält sich zunächst ähnlich wie die Natrium- und die Kalium-Verbindung und bildet bis 270 °C ein Zwischenprodukt der Zusammensetzung $Ag_2Ti(SO_4)_3$. Dieses zersetzt sich zwischen 365 °C und 570 °C kontinuierlich bis Ag_2SO_4 und $TiO(SO_4)$ vorliegen. In der folgenden Abbaustufe von 570 °C bis 665 °C wird das $TiO(SO_4)$ zu TiO_2 abgebaut. In der letzten Zersetzungsstufe bildet sich schließlich aus Ag_2SO_4 elementares Silber. Abbildung 99 zeigt exemplarisch drei Pulverdiffraktogramme von Rückständen, die aus thermogravimetrischen Messungen mit unterschiedlicher Maximaltemperatur stammen. Das Pulverdiffraktogramm bei einer Zersetzung bis 590 °C (dritte Zersetzungsstufe) zeigt bei einer relativ geringen Kristallinität neben TiO_2 und Ag_2SO_4 auch Reflexe, die $TiO(SO_4)$ zugeordnet werden können. Die Messung der Probe von der Zersetzung bis 760 °C ist deutlich kristalliner und es sind nur noch TiO_2 und Ag_2SO_4 nachzuweisen. Nach Erhitzen der Probe auf 1050 °C zeigt das entsprechende Pulverdiffraktogramm schließlich erwartungsgemäß Silber anstatt Silber-Sulfat. Der thermische Abbau dieser Verbindung führt bei allen Temperaturen zu TiO_2 in den Modifikationen Rutil und Anatas.

4 Disulfate der vierten Nebengruppe

Tabelle 48: Daten zum thermischen Abbau von $A_2[Ti(S_2O_7)_3]$ mit A = NH_4, Rb, Cs

Stufe		NH_4	Rb	Cs
1	T_{Start}/ °C	150	150	145
	T_{Ende}/°C	220	255	250
	T_{Max}/ °C	209[b]	202[a]/198[b]	210[a]/
	Δm/ % exp.	-12,4	-20,7	-11,6
	Δm/ % ber.	-13,1	-21,4	-9,5
	verm. Zersetzungsprodukt	$(NH_4)_2Ti(S_2O_7)_2(SO_4)$	$Rb_2Ti(S_2O_7)(SO_4)_2$	$Cs_2Ti(S_2O_7)_2(SO_4)$
2	T_{Start}/ °C	220	255	250
	T_{Ende}/°C	290	320	335
	T_{Max}/ °C	244[a]/240[b]	306[a]/270[b]	311[a]/
	Δm/ % exp.	-27,7	-20,1	-18,0
	Δm/ % ber.	-26,2	-21,4	-19,0
	verm. Zersetzungsprodukt	$(NH_4)_2Ti(SO_4)_3$	Rb_2SO_4, $TiO(SO_4)$	$Cs_2Ti(SO_4)_3$
3	T_{Start}/ °C	430	475	450
	T_{Ende}/°C	590	>1050	520
	T_{Max}/ °C	490[a]/488[b]	663[a]/530[b]	500[a]/
	Δm/ % exp.	-45,3	-18,2	-8,4
	Δm/ % ber.	-47,1	-10,7	-9,5
	verm. Zersetzungsprodukt	TiO_2	Rb_2SO_4, TiO_2	Cs_2SO_4, $TiO(SO_4)$
4	T_{Start}/ °C			650
	T_{Ende}/°C			950
	T_{Max}/ °C			667[a]/
	Δm/ % exp.			-10,5
	Δm/ % ber.			-9,5
	verm. Zersetzungsprodukt			Cs_2SO_4, TiO_2
Σ	**T_{Start}/ °C**	**150**	**150**	**145**
	T_{Ende}/°C	**590**	**>1050**	**950**
	Δm/ % exp.	**-85,4**	**-59,0**	**-48,5**
	Δm/ % ber.	**-87,0**	**-53,6**	**-47,5**
	Zersetzungsprodukt	**TiO_2**	**Rb_2SO_4, TiO_2**	**Cs_2SO_4, TiO_2**
5	T_{Start}/ °C			950
	T_{Ende}/°C			>1500
	Δm/ % exp.			-27,5
	Δm/ % ber.			-38,0 (-31,3)
	verm. Zersetzungsprodukt*			TiO_2 ($Cs_2Ti_5O_{11}$)

a - SDTA/DSC-Kurve, b - DTG-Kurve, * - (wenn Zersetzungsstufe abgeschlossen)

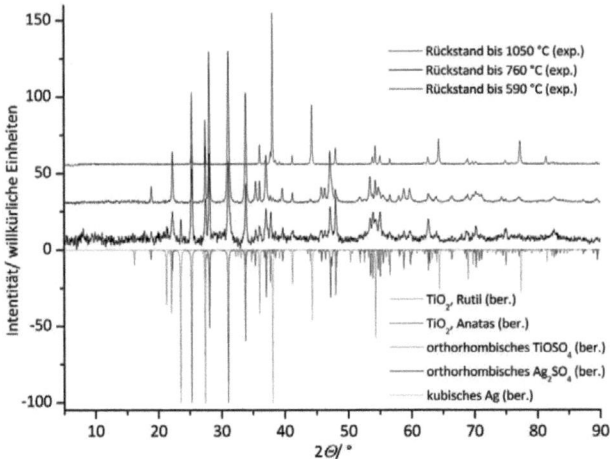

Abbildung 99: Pulverdiffraktogramme der Rückstände der thermischen Zersetzung von $Ag_2[Ti(S_2O_7)_3]$ bei Aufheizprogrammen bis 590 °C, 760 °C und 1050 °C [167-171]

Die Zersetzung von $(NH_4)_2[Ti(S_2O_7)_3]$ beginnt bei 150 °C, verläuft über vier endotherme Stufen, von denen die letzten beiden hier zusammengefasst behandelt werden, und ist bei 590 °C abgeschlossen (Abbildung 100). Bis 220 °C verliert die Verbindung formal ein Molekül SO_3 pro Formeleinheit. Nach der zweiten Zersetzungsstufe von 220 °C bis 290 °C wird ein Plateau erreicht, welches nach gemessenem Massenverlust einer Verbindung der Zusammensetzung $(NH_4)_2Ti(SO_4)_3$ entspricht. Die letzte Abbaustufe besteht aus zwei Einzelstufen und führt zu TiO_2 in der Rutil-Modifikation, wie pulverdiffraktometrisch nachgewiesen wurde (Abbildung 194 im Anhang, S. 220).

Der thermische Abbau von $Rb_2[Ti(S_2O_7)_3]$ beginnt ebenfalls bei 150 °C und verläuft über mehrere endotherme Zersetzungsschritte (Abbildung 100). Nach der ersten Stufe bis 255 °C bildet sich wieder eine disulfatärmere Verbindung der wahrscheinlichen Zusammensetzung $Rb_2Ti(S_2O_7)(SO_4)_2$, welche sich direkt weiter zersetzt, bis bei 320 °C ein Plateau erreicht wird. Der Massenverlust deutet auf Rb_2SO_4 und $TiO(SO_4)$ als Zwischenprodukte hin. Ab 475 °C verliert die Verbindung zunächst sprunghaft, dann kontinuierlich weiter an Masse bis zur Maximaltemperatur von 1050 °C. Obwohl ein Pulverdiffraktogramm des Rückstandes eindeutig TiO_2 (Anatas) und Rb_2SO_4 als Abbauprodukte nachweist (Abbildung 196 im Anhang, S. 221), ist der experimentelle Massenverlust von 59,0 % deutlich höher als der berechnete Massenverlust von 53,6 %. Besonders mit der letzten Abbaustufe ist ein zu hoher Massenverlust verbunden und diese scheint zudem bei 1050 °C noch nicht abgeschlossen zu sein.

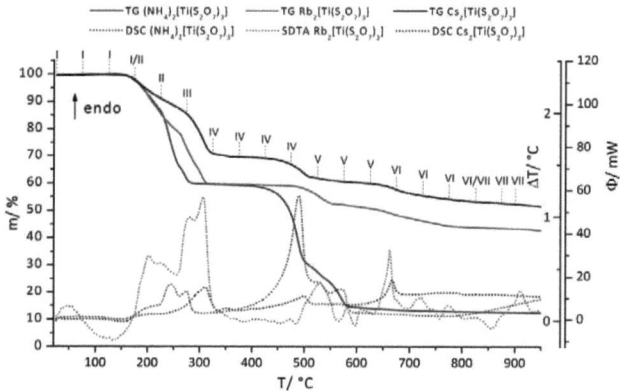

Abbildung 100: TG/DSC/SDTA-Diagramm der thermischen Zersetzung von $A_2[Ti(S_2O_7)_3]$ mit A = NH_4, Rb, Cs mit eingezeichneten HTC-Messungen für A = Cs und Zuordnung der Diffraktogramme nach Abbildung 101

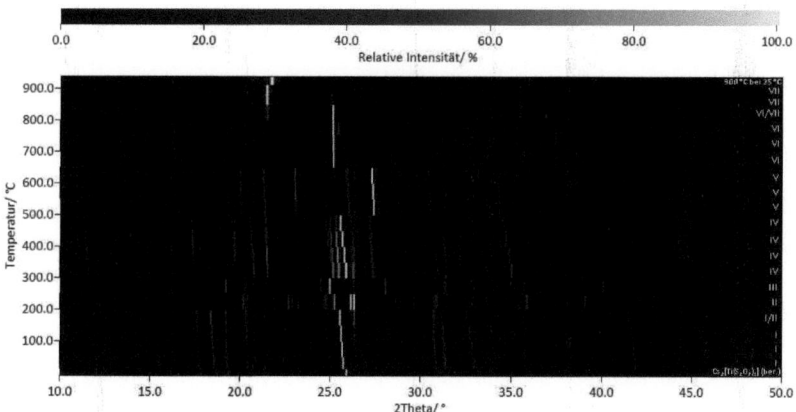

Abbildung 101: Übersicht über Pulverdiffraktogramme von $Cs_2[Ti(S_2O_7)_3]$ in Abhängigkeit von der Temperatur im Vergleich mit dem berechneten Pulverdiffraktogramm (unten) und Zuordnung zu den Typen I bis VII (rechts)

Abbildung 100 zeigt außerdem den thermischen Abbau von $Cs_2[Ti(S_2O_7)_3]$ bis 950 °C, der sehr ähnlich der thermischen Zersetzung von $Rb_2[Ti(S_2O_7)_3]$ verläuft. Zunächst wird bis 250 °C SO_3 abgespalten und es bildet sich ein Zwischenprodukt der vermutlichen Zusammensetzung $Cs_2Ti(S_2O_7)_2(SO_4)$, welches sich wiederum sofort weiter zersetzt.

Das Plateau ab 250 °C entspricht laut Massenverlust einer Verbindung der Zusammensetzung $Cs_2Ti(SO_4)_3$. Von 450 °C bis 520°C bildet sich anschließend vermutlich Cs_2SO_4 und $TiO(SO_4)$, wobei sich letzteres ab 650°C weiter zu TiO_2 abbaut.

Um die gebildeten Zwischenstufen weiter aufzuklären bzw. zu charakterisieren, wurde die Verbindung $Cs_2[Ti(S_2O_7)_3]$ in einer Quarzglaskapillare in Debye-Scherrer-Geometrie bei verschiedenen Temperaturen bis 900 °C pulverdiffraktometrisch untersucht. Die erhaltenen Diffraktogramme wurden den Typen I bis VII mit jeweils ähnlichen Reflexlagen zugeordnet (Abbildung 101). Diese Diffraktogramm-Typen wurden zum Vergleich auch in das TG-Diagramm bei den jeweiligen Messtemperaturen eingezeichnet (Abbildung 100). Eine Übersicht über alle temperaturabhängigen Messungen und zusätzliche Pulverdiffraktogramme bei Raumtemperatur geben Abbildung 197 und Tabelle 79 im Anhang (S. 221).

Der Vergleich der ersten Diffraktogramme bei Temperaturen bis 125 °C (Typ I) mit einem simulierten Diffraktogramm zeigt, dass sich fast alle Reflexe der Ausgangsverbindung $Cs_2[Ti(S_2O_7)_3]$ zuordnen lassen (Abbildung 102). Bei dem zusätzlich auftretenden Reflex handelt es sich wahrscheinlich um ein Artefakt der Messung, da dieser Reflex fast ohne Verschiebung bei allen temperaturabhängigen Pulverdiffraktogrammen gefunden werden konnte (jeweils durch „#" gekennzeichnet). Bei einer Kontrollmessung derselben Probe bei 25 °C in einer abgeschmolzenen Normalglaskapillare trat dieser Reflex nicht auf.

Ab 175°C verändert sich das Reflex-Muster und die Messungen bei 225 °C (Typ II) und 275 °C (Typ III) zeigen jeweils individuelle Diffraktogramme. Bezogen auf die TG-Kurve entsprechen diese wahrscheinlich Verbindungen der Zusammensetzung $Cs_2Ti(S_2O_7)_{3-x}(SO_4)_x$ mit x = ca. 0,5 (Typ II) und x = 1 (Typ III).

Im Temperaturbereich von 325 °C bis 475 °C (Typ IV) zeigen die Diffraktogramme ein einheitliches Muster. Dieser Bereich entspricht auch dem ersten Plateau in der TG-Kurve, dem die Zusammensetzung $Cs_2Ti(SO_4)_3$ zugeordnet wurde. Ein unabhängig gemessenes Pulverdiffraktogramm einer bis 350 °C aufgeheizten TG-Probe bei 25 °C Messtemperatur zeigt sehr ähnliche Reflexlagen (Abbildung 198 im Anhang, S. 222). Es ist also davon auszugehen, dass sich sowohl im Tiegel der TG-Messung als auch in der Quarzglaskapillare in diesem Temperaturbereich die gleiche Verbindung bildet.

Die Messungen zwischen 525 °C und 625 °C (Typ V) sind ebenfalls einheitlich und entsprechen dem Temperaturbereich des zweiten Plateaus in der TG-Kurve. Laut Massenverlusten in der TG-Kurve müsste dieser Typ den Zwischenprodukten Cs_2SO_4 und $TiO(SO_4)$ entsprechen, jedoch konnten die Reflexe keinen bekannten Phasen dieser Verbindungen zugeordnet werden. Mögliche Gründe dafür könnten temperaturbedingt stark verschobene Reflexe bei niedriger Kristallinität, die Bildung unbekannter Modifikationen oder das Vorliegen anders zusammengesetzter Verbindungen sein.

4 Disulfate der vierten Nebengruppe

Abbildung 103 zeigt beispielhaft jeweils eine Messung der Diffraktogramm-Typen II bis V.

Ab 675 °C zeigt sich erneut ein anderer Diffraktogramm-Typ (VI), der laut Massenverlust der TG-Kurve den Abbauprodukten Cs_2SO_4 und TiO_2 entsprechen sollte. Tatsächlich ergibt ein Vergleich der Messungen vom Typ VI mit Literaturdaten, dass TiO_2 in der Anatas-Modifikation vorliegt (Abbildung **104**). Die weiteren Reflexe weisen eine relativ geringe Intensität auf und können (bis auf das Messartefakt) nicht eindeutig zugeordnet werden. Auffällig ist außerdem, dass ein Reflex nur bei der Messung bei 775 °C auftritt (* in Abbildung 104).

Ab 825 °C verändert sich das Reflexmuster ein letztes Mal und die weiteren Messungen bis 900 °C können dem Diffraktogramm-Typ VII zugeordnet werden (Abbildung 104). Das Diffraktogramm bei 825 °C zeigt zunächst nur zwei zusätzliche Reflexe, bei denen es sich um die Hauptreflexe von SiO_2 handelt, während die anderen Reflexe unverändert bleiben. Bei 875 °C nehmen diese stark an Intensität zu und der Hauptreflex von Anatas wird breiter und beginnt sich aufzuspalten. Zusätzlich sind weitere neue Reflexe zu erkennen, die auch bei der 900 °C-Messung auftreten. Bei dieser letzten Hochtemperatur-Messung werden die Intensitäten von SiO_2 noch einmal stärker und der Anatas-Hauptreflex ist vollständig in zwei eigene Reflexe aufgeteilt. Vermutlich durchläuft das TiO_2 bei diesen Temperaturen eine Phasenumwandlung, wodurch auch die gleichzeitig mit der Reflex-Aufspaltung auftretenden neuen Reflexe erklärt werden können.

Abschließend wurde die Probe wieder auf 25 °C gebracht und ein letztes Pulverdiffraktogramm aufgenommen, welches sich durch die niedrige Messtemperatur deutlich vom Diffraktogramm-Typ VII unterscheidet (vgl. Abbildung 104). Außerdem wurde der Rückstand der thermogravimetrischen Messung bis 1050 °C auf einem Flächenträger in Transmissionsgeometrie pulverdiffraktometrisch untersucht. Abbildung 105 zeigt beide Messungen im Vergleich mit aus Literaturdaten berechneten Diffraktogrammen. Beide Diffraktogramme zeigen die Anwesenheit der vermuteten Abbauprodukte TiO_2 (Anatas) und Cs_2SO_4, jedoch enthält nur die Messung in der Quarzglaskapillare Reflexe von SiO_2. Da beide Proben aus demselben Ansatz stammen, müssen entweder Verunreinigungen aus der Kapillare oder diese selbst unter den gegebenen Bedingungen zu kristallinem SiO_2 geführt haben. Möglicherweise ist TiO_2 aus der Probe in das Quarzglas diffundiert und hat dort zu der Bildung von Kristallisationskeimen beigetragen. Aufgrund der sehr hohen Intensitäten der SiO_2-Reflexe während der letzten Hochtemperatur-Messungen lassen sich kleinere andere Reflexe weniger gut erkennen.

4 Disulfate der vierten Nebengruppe

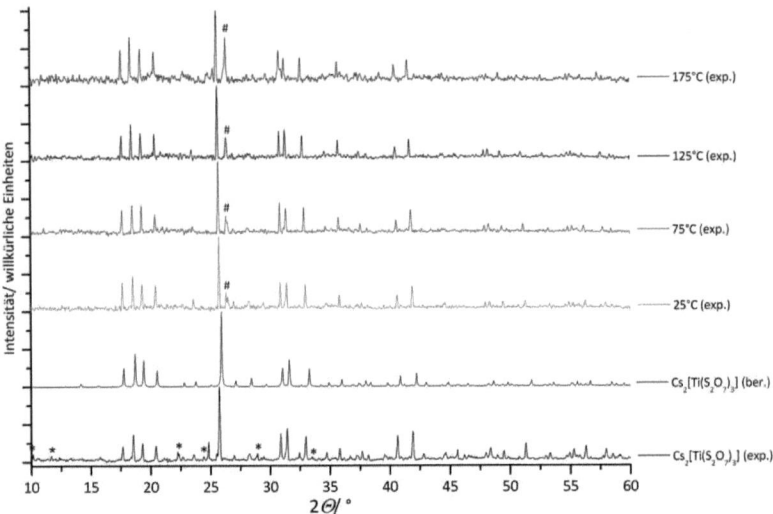

Abbildung 102: Pulverdiffraktogramme von $Cs_2[Ti(S_2O_7)_3]$ bei verschiedenen Temperaturen (25 °C bis 175 °C) in Quarzglaskapillare (oben) und Normalglaskapillare (unten) im Vergleich mit berechneten Daten (#: verm. Messartefakt, *: verm. Hydrolyseprodukt)

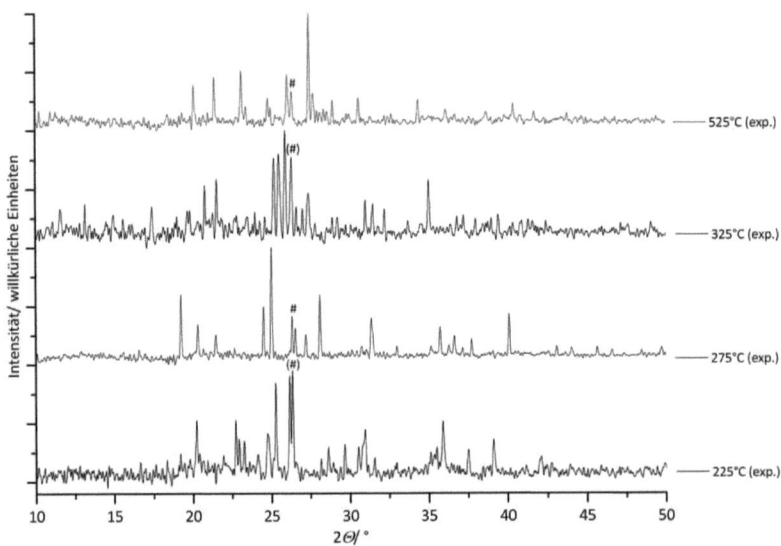

Abbildung 103: Pulverdiffraktogramme von $Cs_2[Ti(S_2O_7)_3]$ bei verschiedenen Temperaturen (225 °C bis 525 °C): Typ II (schwarz), Typ III (rot), Typ IV (blau), Typ V (grün) (#: verm. Messartefakt)

4 Disulfate der vierten Nebengruppe

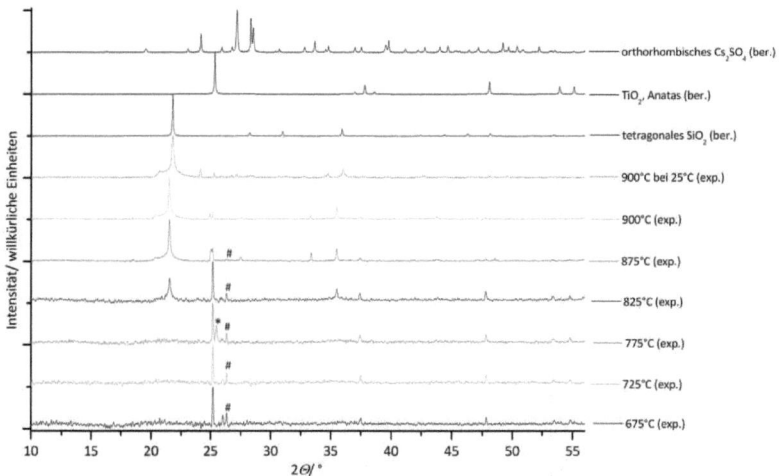

Abbildung 104: Pulverdiffraktogramme von $Cs_2[Ti(S_2O_7)_3]$ bei verschiedenen Temperaturen (675 °C bis 900 °C) und nach Aufheizen auf 900 °C und anschließendem Messen bei 25 °C im Vergleich mit Literaturdaten [168, 172-173] (#: verm. Messartefakt, *: nicht zugeordnet)

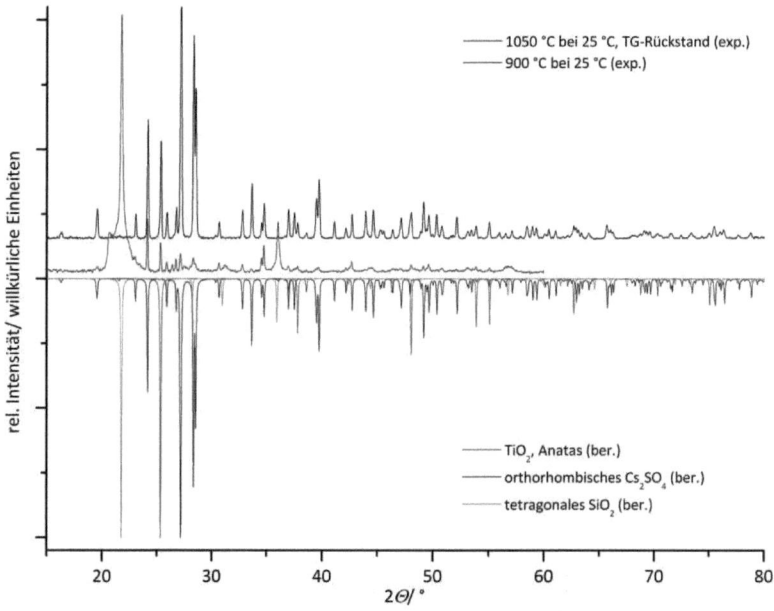

Abbildung 105: Pulverdiffraktogramme von $Cs_2[Ti(S_2O_7)_3]$ (bei RT) nach Aufheizen bis 1050 °C (TG-Rückstand) und nach Aufheizen bis 900 °C im Vergleich mit Literaturdaten [168, 172-173]

Da der thermische Abbau der Verbindungen $Rb_2[Ti(S_2O_7)_3]$ und $Cs_2[Ti(S_2O_7)_3]$ bei 1050 °C noch nicht vollständig abgeschlossen war, wurde die Zersetzung von $Cs_2[Ti(S_2O_7)_3]$ exemplarisch bis zu einer Temperatur von 1500 °C verfolgt. Ebenso wurde zum Vergleich das thermische Verhalten des Abbauproduktes Cs_2SO_4 bei gleichen Bedingungen untersucht (Abbildung 106). Erstaunlicherweise zeigt das TG-Experiment, dass die Zersetzung selbst bei 1500 °C noch nicht abgeschlossen ist und in einem fünften Abbauschritt von 950 °C bis 1500 °C noch 27,5 % Massenverlust festgestellt werden konnten. Dieser letzte Schritt ist zunächst mit einem endothermen Signal (T_{Max} = 1199 °C) und dann mit einem stark exothermen Doppel-Signal (T_{Max} = 1475 °C, 1491 °C) in der DSC-Kurve verbunden. Der Vergleich mit dem thermischen Verhalten von Cs_2SO_4 zeigt, dass der gefundene Massenverlust und auch das DSC-Signal zum Teil mit der Verdampfung bzw. Zersetzung des Abbauproduktes Cs_2SO_4 erklärt werden kann (vgl. Abbildung 106). Dieses schmilzt unter den gegebenen Bedingungen bei 988 °C, wie das endotherme Signal der DSC-Kurve bei dieser Temperatur zeigt (Literatur: 1010 °C). Verbunden mit einem Massenverlust von 72,2 % bis 1500 °C und einem sehr starken exothermen Signal verdampft bzw. zersetzt sich die Verbindung anschließend zügig. Nach einer Studie zum thermischen Verhalten der Alkalimetall-Sulfate von *Lau* (allerdings bei Temperaturen unterhalb des Schmelzpunktes) sublimiert Cs_2SO_4 bei Erhitzen zu ca. 95 % und zersetzt sich zu ca. 5 % nach

$$Cs_2SO_4 \text{ (s)} \rightarrow 2\ Cs\ (g) + SO_2\ (g) + O_2\ (g)\ [174].$$

Das exotherme Signal ab einer Temperatur von ca. 1300 °C der DSC-Kurve von Cs_2SO_4 könnte durch eine derartige Zersetzungsreaktion (und eventuelle Folgereaktionen) verursacht werden.

Allerdings zeigen die TG-Kurven von $Cs_2[Ti(S_2O_7)_3]$ und Cs_2SO_4 auch deutliche Unterschiede, die darauf hindeuten, dass noch weitere (Abbau-)Reaktionen ablaufen. In einem Pulverdiffraktogramm (Transmissionsgeometrie) des Rückstandes einer TG-Messung bis 1300 °C lassen sich zum einen Cs_2SO_4 und TiO_2 in der Rutil-Modifikation nachweisen und zum anderen Reflexe finden, die dem Doppeloxid $Cs_2Ti_4O_{11}$ zugeordnet werden können (Abbildung 107). Die Unterschiede in den TG- und DSC-Kurven lassen sich also mit der Bildung dieses Doppeloxids erklären. Wird der Massenverlust der letzten Zersetzungsstufe nur auf das bei 950 °C vorliegende Cs_2SO_4 bezogen, ergibt sich ein Verlust von -65,2 %. Es geht damit weniger Masse verloren, als experimentell für reines Cs_2SO_4 ermittelt (72,2 %), aber mehr als mit 58,6 % für Umsetzung des gesamten TiO_2 zu $Cs_2Ti_4O_{11}$ berechnet[13]. Der gefundene Massenverlust stimmt also mit dem Ergebnis der Pulverdiffraktometrie des Rückstandes der Messung bis 1300 °C überein, dass sowohl die Anwesenheit von $Cs_2Ti_5O_{11}$ als auch Cs_2SO_4 und TiO_2 zeigt.

---

[13] Für die Berechnung wurde davon ausgegangen, dass sich nicht zum Doppeloxid umgesetztes Cs_2SO_4 in dem betrachteten Temperaturfenster von 950 °C bis 1500 °C wie auch reines Cs_2SO_4 zu 72,2 % zersetzt.

4 Disulfate der vierten Nebengruppe

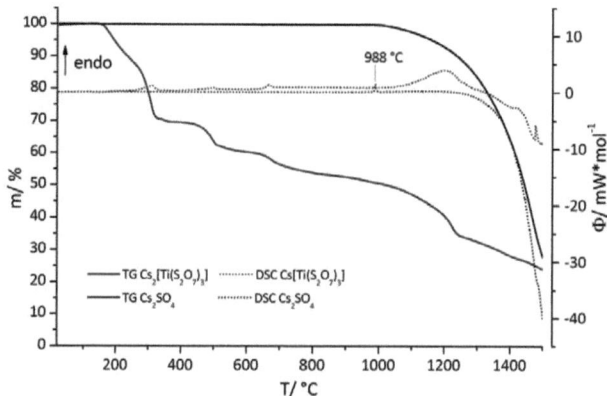

Abbildung 106: TG/DSC-Diagramm der thermischen Zersetzung von $Cs_2[Ti(S_2O_7)_3]$ und Cs_2SO_4

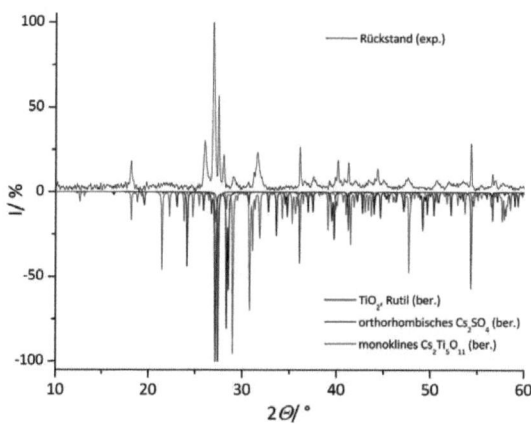

Abbildung 107: Pulverdiffraktogramm von $Cs_2[Ti(S_2O_7)_3]$ (bei RT) nach Aufheizen bis 1300 °C im Vergleich mit Literaturdaten [167, 172, 175]

4.3.3. Schwingungsspektroskopie

Über das Schwingungsspektrum des Disulfat-Anions $S_2O_7^{2-}$ wurde bereits durch *Simon* und *Wagner* berichtet. Sie schlossen aus den IR- und Raman-Spektren von festem $Na_2S_2O_7$ und $K_2S_2O_7$ auf eine Symmetrie des Anions mit der Punktgruppe C_{2v}, wonach 17 IR-aktive Schwingungen für das Disulfat-Anion zu erwarten wären. Die gefundenen IR-Banden konnten auch größtenteils den Valenz- und Deformationsschwingungen der SO_3-Gruppe zugeordnet werden [176].

Dyekjær nahm Raman-Spektren der geschmolzenen Alkalimetall-Disulfate $A_2S_2O_7$ mit A = Na, K, Rb, Cs bei 480 °C auf und verglichen die Ergebnisse mit theoretischen Rechnungen. Die experimentellen Raman-Spektren deuten hier daraufhin, dass das Disulfat-Anion höchstens C_2-Symmetrie aufweist [23].

Zur schwingungsanalytischen Charakterisierung der Verbindungen $A_2[Ti(S_2O_7)_3]$ mit A = Li, Na, Ag, K, NH_4, Rb, Cs wurde jeweils ein IR-Spektrum von einer festen Probe aufgenommen[14]. Die Zuordnung der gefundenen Banden konnte mit Hilfe der Literatur jedoch nicht eindeutig vorgenommen werden. Für die Schwingungsanalyse muss also mindestens das gesamte komplexe Anion betrachtet werden. Daher wurde eine theoretische Rechnung auf DFT[15]-Niveau (B3LYP/6-31G(d)) des Anions $[Ti(S_2O_7)_3]^{2-}$ in C_1-Symmetrie durchgeführt (zusätzliche Informationen im Anhang, S. 224). Abbildung 108 und Tabelle 49 zeigen die berechnete Teilstruktur und die berechneten Abstände und Winkel im Vergleich zu experimentellen Werten aus der Einkristallstrukturanalyse. Der Vergleich zeigt, dass alle Abstände etwas zu lang berechnet wurden, die Relationen zueinander aber dennoch stimmen. Die berechneten Winkel stimmen sehr gut mit den experimentellen Daten überein.

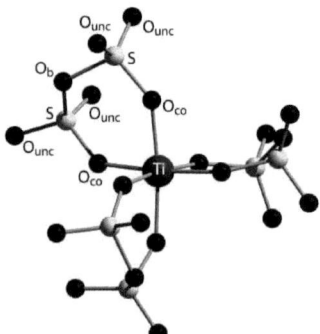

Abbildung 108: Geometrieoptimierte Struktur von $[Ti(S_2O_7)_3]^{2-}$

---

[14] Messmethode: ATR-IR-Spektroskopie (ATR: englisch, **a**ttenuated **t**otal **r**eflection; deutsch: abgeschwächte Totalreflexion)
[15] DFT: Dichtefunktionaltheorie

Tabelle 49: Theoretisch berechnete Abstände und Winkel in $[Ti(S_2O_7)_3]^{2-}$ im Vergleich mit Werten aus Einkristallstrukturanalysen von $A_2[Ti(S_2O_7)_3]$ mit A = Li, Na, Ag, K, NH_4, Rb, Cs

	Ø Winkel/ °			Ø Abstände/ Å	
Atome	exp.	theo.	Atome	exp.	theo.
O_{ax}-Ti-O_{ax}	173,1	173,2	Ti-O	1,93	1,95
O_{ax}-Ti-$O_{äq}$	90,1	90,1	S-O_{unc}	1,41	1,45
S-O_b-S	122,2	122,5	S-O_{co}	1,50	1,55
O_{co}-S-O_b	102,1	101,6	S-O_b	1,63	1,69
O_{unc}-S-O_b	105,4	105,5			
O_{co}-S-O_{unc}	111,3	111,2			
O_{unc}-S-O_{unc}	119,6	119,8			

Bei der DFT-Rechnung wurde C_1-Symmetrie angenommen und dementsprechend wurden 78 (3·28-6) Schwingungen berechnet, von denen viele aber ein sehr geringe Intensität aufweisen oder außerhalb des Messbereiches liegen. Tatsächlich zeigt das $[Ti(S_2O_7)_3]^{2-}$-Anion in der Kristallstruktur C_3-Symmetrie, wodurch sich rechnerisch nur 52 Schwingungen ergeben. Trotz der unterschiedlichen Symmetrien gibt die theoretische Rechnung die Struktur aber sehr gut wieder und auch die berechneten IR-Banden lassen sich gut den experimentellen Banden zuordnen. Die dennoch auftretenden Diskrepanzen sind unvermeidbar, da die Rechnungen die isolierte $[Ti(S_2O_7)_3]^{2-}$-Einheit in der Gasphase betrachten und somit Einflüsse durch die Festkörperstruktur und durch die Gegen-Kationen unberücksichtigt bleiben.

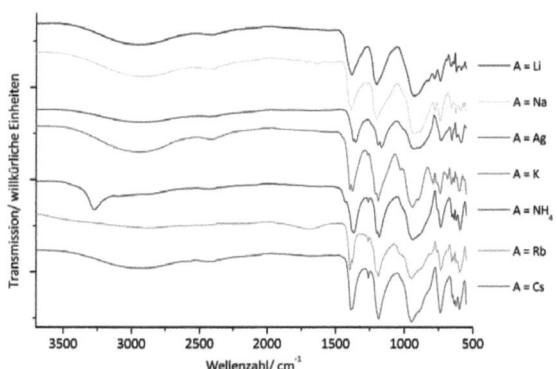
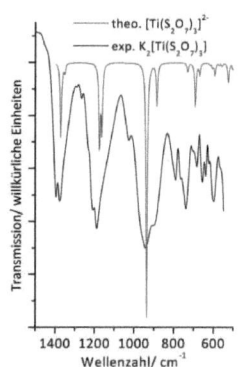

Abbildung 109: IR-Spektren von $A_2[Ti(S_2O_7)_3]$ mit A = Li, Na, Ag, K, NH_4, Rb, Cs

Abbildung 110: IR-Spektren von $[Ti(S_2O_7)_3]^{2-}$ (theoretisch berechnet) und $K_2[Ti(S_2O_7)_3]$ (experimentell)

4 Disulfate der vierten Nebengruppe

Ausgewählte berechneten Banden der $[Ti(S_2O_7)_3]^{2-}$-Einheit sind inklusive der Zuordnung zu Valenz- und Deformationsschwingungen im Vergleich zu den experimentellen Banden in Tabelle 50 aufgeführt, Abbildung 109 zeigt die kompletten gemessenen IR-Spektren und Abbildung 110 einen Vergleich des Fingerprint-Bereiches des IR-Spektrums von $K_2[Ti(S_2O_7)_3]$ mit dem theoretisch berechneten Spektrum. Die Zuordnung der experimentellen Banden zu den berechneten Schwingungen wurde über den Vergleich der Wellenzahlen und über die Intensität der Banden durchgeführt. Grundsätzlich steht diese im Einklang mit der durch *Simon* und *Wagner* erfolgten Zuweisung der gemessenen IR-Banden in NaS_2O_7 und $K_2S_2O_7$ (vgl. Anhang, Abschnitt 7.4, S. 225) [176]. Die Ammonium- und O-H-Schwingungen wurden über den Vergleich mit Literaturwerten zugeordnet [177-178].

Tabelle 50: Auflistung und Zuordnung der IR-Banden in $A_2[Ti(S_2O_7)_3]$ mit A = Li, Na, Ag, Ka, NH_4, Rb, Cs*

Li	Na	Ag	K	NH₄	Rb	Cs	theo.	Zuordnung [177-178]
				3275 m				ν_{as} NH₄⁺ [a]
2939 m,b	2901 m,b	2937 m,b	2939 m,b	2876 m,b		2922 m,b		ν OH
2415 s,b	2432 s,b		2411 s,b	2463 s,b		2403 s,b		ν OH
				1690 s,b				δ_{as} NH₄⁺
1383 st	1387 st	1369 st	1396 st	1427 ss	1394 st	1389 st	1371 st	ν S-O$_{term}$ sym[a], asym[a]
		1354 st	1377 st	1367 st	1377 st	1375 st	1365 ss	ν S-O$_{br}$ sym[b], asym[a]
							1350 ss	ν S-O$_{br}$ asym[b]
1200 st	1271 s	1190 st	1265 s	1261 s	1263 s	1259 s	(1220)	Ammungsschwingung [TiO₆]⁺
	1202 st	1165 ss	1205 st	1198 st	1200 st	1186 st	1175 m	ν S-O$_{term}$ sym[b]
			1188 st	1182 st	1188 st		1163 st	ν S-O$_{term}$ sym[b] / ν S-O$_{br}$ sym[b], asym[b]
			1026 s					
930 st,b	930 st,b	932 st,b	941 st,b	939 st,b	947 st,b	947 st, b	936 st	ν S-O$_{br}$ sym[b]
							884 m	ν S-O$_{br}$ sym[b]
827 s								
779 s	779 s		791 s		802 ss			ν S-O$_b$ sym[b]
			764 s		762 s			ν S-O$_b$ sym[b]
739 m	739 m	731 m	738 m	735 m	733 m	737 m	731 s	ν S-O$_b$ asym[b]
692 ss			683 s				692 m	ν S-O$_b$ asym[b]
							670 s	ν S-O$_b$ asym[b]
660 s	656 s	653 s	656 s	652 s	654 s	650 s		
640 s			638 s	636 s	638 s	636 s		
623 s	625 s	617 ss	623 st	621 s	621 s	623 s	(621)	δ O$_b$-S-O$_{term}$ asym[b]
							605 ss	δ O$_b$-S-O$_{term}$ asym[b]
586 s	584 s	584 m	598 m	594 m	595 m	598 m	593 ss	δ O$_{term}$-S-O$_{term}$ asym[ab]
567 ss							525 s	δ O$_{term}$-S-O$_{term}$ asym[b]

*: st: stark, m: mittelstark, s: schwach, ss: sehr schwach, b: breit; ν: Valenzschwingung, δ: Deformationsschwingung, sym: symmetrisch, asym: asymmetrisch, a: in Bezug auf SO₄²⁻, b: in Bezug auf S₂O₇²⁻; in Klammern: ber. Intensität nahezu Null

Ergänzend wurde für Cs$_2$[Ti(S$_2$O$_7$)$_3$] zusätzlich ein Raman-Spektrum von einer festen Probe aufgenommen. Dieses ist in Abbildung 111 im Vergleich mit dem theoretisch berechneten Raman-Spektrum der [Ti(S$_2$O$_7$)$_3$]$^{2-}$-Einheit dargestellt. Die Zuordnung der experimentellen Banden zu den theoretischen wurde anhand der Lage und Intensität vorgenommen. Besonderes im höherfrequenten Bereich des Spektrums liegen die berechneten Banden in Richtung niedrigerer Wellenzahlen verschoben vor. Davon abgesehen stimmen das berechnete und das experimentelle Spektrum gut überein. Abbildung 112 zeigt die experimentellen und berechneten Raman- und IR-Spektren im Vergleich. Entsprechend dem Alternativ-Verbot sind bei gleicher Frequenz intensitätsstarke IR-Banden mit relativ schwachen Raman-Banden verbunden und umgekehrt intensitätsschwache IR-Signale mit starken Raman-Signalen. Tabelle 51 zeigt eine Auflistung der gemessenen und berechneten Raman-Banden sowie deren Zuordnung zu den Normalschwingungen im Vergleich zu den entsprechenden IR-Banden. Eine Auflistung aller experimentellen und berechneten IR- und Raman-Banden im Vergleich mit Literaturwerten befindet sich in Tabelle 81 im Anhang (S. 225).

Die Diskrepanzen zwischen den berechneten Schwingungsspektren und den experimentellen Spektren lassen sich dadurch erklären, dass die Rechnungen die isolierte [Ti(S$_2$O$_7$)$_3$]$^{2-}$-Einheit in der Gasphase betrachten. Dadurch wurden die Bindungslängen etwas zu lang bestimmt und dementsprechend können die berechneten Banden in den Schwingungsspektren in den niederfrequenten Bereich verschoben vorliegen. Zudem bleiben Einflüsse durch die Festkörperstruktur und durch die Gegen-Kationen unberücksichtigt.

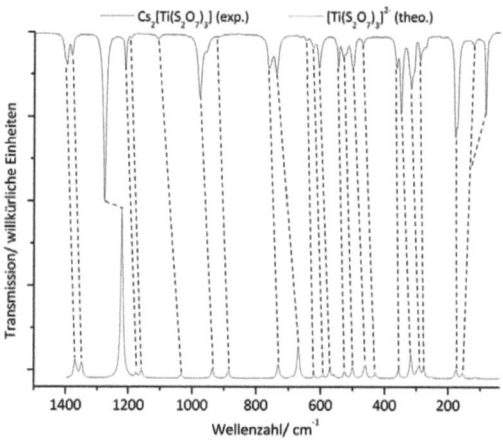

Abbildung 111: Zuordnung der experimentell bestimmten Raman-Banden von Cs$_2$[Ti(S$_2$O$_7$)$_3$] zu den theoretisch berechneten Banden von [Ti(S$_2$O$_7$)$_3$]$^{2-}$

4 Disulfate der vierten Nebengruppe

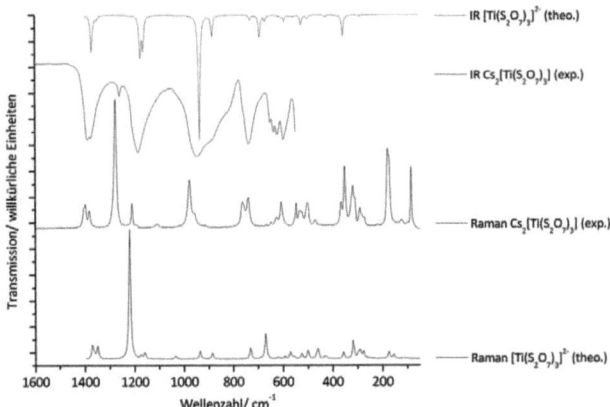

Abbildung 112: Raman- und IR-Spektrum von $Cs_2[Ti(S_2O_7)_3]$ im Vergleich mit den theoretisch berechneten IR- und Raman-Spektren von $[Ti(S_2O_7)_3]^{2-}$

Tabelle 51: Auflistung und Zuordnung der IR- und Raman-Banden von $Cs_2[Ti(S_2O_7)_3]$ im Vergleich mit theoretisch berechneten Banden für $[Ti(S_2O_7)_3]^{2-}$ *

Wellenzahl/ cm^{-1} (IR)		Wellenzahl/ cm^{-1} (Raman)		Zuordnung
exp.	theo.	exp.	theo.	
1389 st	1371 st	1398 s	1371 m	ν S-O$_{unc}$ sym^b, asym^a
	1365 ss		1365 s	ν S-O$_{unc}$ sym^b, asym^a
1375 st	1350 ss	1381 s	1350 m	ν S-O$_{unc}$ asym^{a,b}
1259 s	(1220)	1276 st	1220 st	Atmungsschwingung [TiO$_6$] + ν S-O$_{co}$ sym^b + ν S-O$_{unc}$ sym^{a,b}
1186 st	1175 m	1211 s	1175 s	ν S-O$_{unk}$ sym^{a,b}
1186 st	1163 st	1193 ss	1158 s	ν S-O$_{unk}$ sym^a, asym^b
		1107 ss	1034 s	Atmungsschwingung [TiO$_6$] + ν S-O$_{co}$ sym^b+ ν S-O$_{unc}$ sym^{a,b}
947 st, b	936 st	977 m	936 s	ν S-O$_{co}$ sym^b + ν Ti-O
	884 m	923 ss	886 s	ν S-O$_{co}$ asym^b + ν Ti-O
	731 s	761 s	731 m	ν S-O$_b$ sym^b
737 m	692 m		692 ss	ν S-O$_b$ asym^b
	670 s	739 s	670 m	ν S-O$_b$ asym^b
650 s				
636 s				
623 s	(621)	647 ss	621 ss	δ S-O$_b$-S asym^b
598 m	605 ss	625 ss	593 ss	δ O$_{co}$-S-O$_{unc}$ asym^{a,b}
	593 ss			
		607 s	571 s	δ O$_{co}$-S-O$_{unc}$ asym^a, sym^b
		546 s	557 s	δ O$_{unc}$-S-O$_{unc}$ sym^b, asym^b
	525 s		525 s	δ O$_{unc}$-S-O$_{unc}$ asym^b
		532 s	500 s	δ O$_{unc}$-S-O$_{co}$ asym^b+
		524 s		δ O$_b$-S-O$_{co}$ asym^b
		503 s	460 m	δ O$_{co}$-S-O$_{unc}$ asym^{a,b}
		470 s	432 s	δ O$_{co}$-Ti-O$_{co}$ + δ O$_b$-S-O$_{unc}$ sym^b
		365 s	358 s	ν Ti-O asym + δ O$_{unc}$-S-O$_{unc}$ sym^b
		350 m	318 m	δ O$_{co}$-Ti-O$_{co}$ + δ O$_{co}$-S-O$_{unc}$ asym^a, sym^b
		319 m	291 s	δ O$_{co}$-Ti-O$_{co}$ + δ O$_b$-S-O$_{unc}$ asym^b
		290 s	276 s	δ O$_{co}$-Ti-O$_{co}$ + δ O$_b$-S-O$_{co}$ asym^b
		272 ss	(251)	δ O$_{co}$-S-O$_{unc}$ asym^{a,b}
		179 st	175 s	δ O$_{co}$-Ti-O$_{co}$
		123 s	156 s	δ O$_{co}$-Ti-O$_{co}$
		84,3 m		

* - st: stark, m: mittelstark, s: schwach, ss: sehr schwach, b: breit; ν: Valenzschwingung, δ: Deformations-schwingung, sym: symmetrisch, asym: asymmetrisch, a: Bezug auf SO_3, b: Bezug auf $S_2O_7^{2-}$

4.4. Die *Tris*-(disulfato)-titanate A[Ti(S$_2$O$_7$)$_3$] mit A = Pb, Ba

4.4.1. Kristallstruktur

Die Verbindungen Pb[Ti(S$_2$O$_7$)$_3$] und Ba[Ti(S$_2$O$_7$)$_3$] kristallisieren isotyp in der monoklinen Raumgruppe $P2_1/c$ mit den in Tabelle 54 angegebenen Gitterkonstanten und Güteparametern, Abbildung 114 zeigt die erhalten Kristalle dieser Verbindungen. Ebenso wie die *Tris*-(disulfato)-titanate mit einwertigen Gegenkationen enthalten diese Strukturen das komplexe [Ti(S$_2$O$_7$)$_3$]$^{2-}$-Anion, in dem das Ti^{4+}-Zentralkation oktaedrisch von sechs Sauerstoff-Atomen koordiniert vorliegt (Abbildung 113). Im Vergleich zu den Verbindungen A$_2$[Ti(S$_2$O$_7$)$_3$] sind die Titan-Sauerstoff-Abstände jedoch etwas verlängert und das gebildete Oktaeder ist stärker verzerrt (vgl. Tabelle 52). Die Disulfat-Anionen greifen zweizähnig an das Ti^{4+}-Kation an und koordinieren in unterschiedlicher Weise an die Pb^{2+}- bzw. Ba^{2+}-Kationen (Abbildung 113, Mitte). Die Gegen-Kationen Pb^{2+} und Ba^{2+} sind von neun Sauerstoff-Atomen im Abstand von 2,64 Å bis 2,91 Å umgeben (Abbildung 113, rechts).

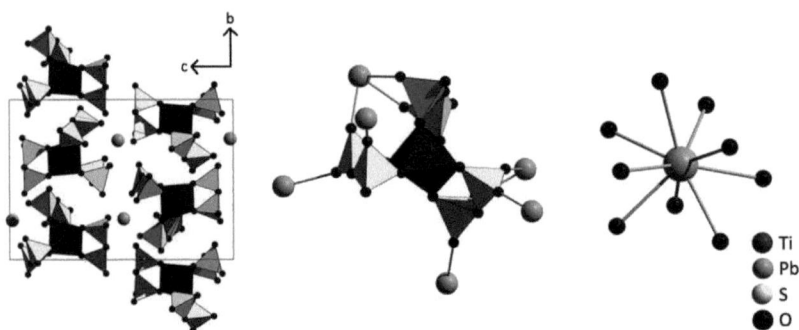

Abbildung 113: Struktur von Pb[Ti(S$_2$O$_7$)$_3$]: Projektion auf (100) (links), Koordination des Disulfat-Anions (Mitte) und Koordination von Pb^{2+} (rechts)

Tabelle 52: Abstände und Winkel in A[Ti(S$_2$O$_7$)$_3$] (A = Pb, Ba) und A$_2$[Ti(S$_2$O$_7$)$_3$] (A = Li, Na, Ag, K, Rb, NH$_4$, Cs) im Vergleich mit theoretisch berechneten Werten für [Ti(S$_2$O$_7$)$_3$]$^{2-}$

Atome	Ø Winkel/ °			Atome	Ø Abstände/ Å		
	A[Ti(S$_2$O$_7$)$_3$] exp.	A$_2$[Ti(S$_2$O$_7$)$_3$] exp.	[Ti(S$_2$O$_7$)$_3$]$^{2-}$ theo.		A[Ti(S$_2$O$_7$)$_3$] exp.	A$_2$[Ti(S$_2$O$_7$)$_3$] exp.	[Ti(S$_2$O$_7$)$_3$]$^{2-}$ theo.
O$_{ax}$-Ti-O$_{ax}$	168,9	173,1	173,2	Ti-O	1,95	1,93	1,95
O$_{ax}$-Ti-O$_{äq}$	90,5	90,1	90,1	S-O$_{unc}$	1,41	1,41	1,45
S-O$_b$-S	121,7	122,2	122,5	S-O$_{co}$	1,50	1,50	1,55
O$_{co}$-S-O$_b$	102,7	102,1	101,6	S-O$_b$	1,63	1,63	1,69
O$_{unc}$-S-O$_b$	105,4	105,4	105,5				
O$_{co}$-S-O$_{unc}$	111,3	111,3	111,2				
O$_{unc}$-S-O$_{unc}$	119,1	119,6	119,8				

Der Vergleich der bisher bekannten Strukturen von Disulfato-Komplexen der vierten Haupt- und der vierten Nebengruppe mit zweiwertigen Gegen-Kationen zeigt, dass diese sich kristallographisch und auch in Bezug auf die Zusammensetzung deutlich stärker unterscheiden als die entsprechenden Verbindungen mit einwertigen Kationen (Tabelle 53). Das höher geladene Gegen-Kation beeinflusst die Struktur hier stark und die Anwesenheit von Sr^{2+}-Kationen führt sogar dazu, dass sich Verbindungen des Typs Sr$_2$[M(S$_2$O$_7$)$_4$] mit M = Si, Ge bilden, in denen die Disulfat-Anionen sowohl einzähnig als auch zweizähnig angreifen. In Bezug auf das Gegen-Kation können nur die hier vorgestellten isotypen Verbindungen direkt verglichen werden. Die durchschnittlichen O-S-S-O-Torsionswinkel liegen bei 12,3° (A = Pb) und 11,6° (A = Ba) im Einklang mit der Vermutung, dass nach dem HSAB-Konzept „härtere" Gegen-Kationen zu einer stärkeren Verzerrung des Disulfat-Anions führen. Allerdings sind in diesen Strukturen nicht alle Disulfat-Anionen ähnlich stark verzerrt: Die zusätzlich an *drei* Gegen-Kationen koordiniert vorliegenden Disulfat-Gruppen sind nur um ca. 4,4° gegeneinander verdreht, während das (zweizähnig) an *ein* Gegen-Kation koordinierte Disulfat-Anion um ca. 26,9° verdrillt vorliegt (vgl. Abbildung 113).

4 Disulfate der vierten Nebengruppe

Tabelle 53: Übersicht über die beobachteten Raumgruppen der Verbindungen A[M(S$_2$O$_7$)$_3$] bzw. A$_2$[M(S$_2$O$_7$)$_4$] [165]

M		Sr$_2$[M(S$_2$O$_7$)$_4$]	Pb[M(S$_2$O$_7$)$_3$]	Ba[M(S$_2$O$_7$)$_3$]
Si	RG	$P2_1/n$		$Pbca$
	Z	2		8
Ge	RG	$P2_1/n$	$P\text{-}1$	$P2_12_12_1$
	Z	2	2	4
Ti	RG		$P2_1/c$	$P2_1/c$
	Z		4	4

Tabelle 54: Kristallographische Daten von A[Ti(S$_2$O$_7$)$_3$] mit A = Ba, Pb

Gegenkation A	Pb	Ba
Kristallgröße/ mm	0,37 x 0,21 x 0,18	0,20 x 0,17 x 0,11
Kristallbeschreibung	farblose Plättchen	farblose Plättchen
Molare Masse/ g·mol^{-1}	783,45	713,60
Kristallsystem	monoklin	monoklin
Raumgruppe	$P2_1/c$ (Nr. 14)	$P2_1/c$ (Nr. 14)
Gitterparameter	$a = 7,0228(9)$ Å	$a = 7,1012(5)$ Å
	$b = 12,732(1)$ Å	$b = 13,0723(9)$ Å
	$c = 17,956(2)$ Å	$c = 18,082(1)$ Å
	$\beta = 93,08(2)°$	$\beta = 93,154(9)°$
	$V = 1603,1(3)$ Å^3	$V = 1676,0(2)$ Å^3
	$Z = 4$	$Z = 4$
Molvolumen V_m/ cm^3·mol^{-1}	241,4	252,3
Temperatur/ K	153(2)	153(2)
Strahlung	Mo-K$_\alpha$, $\lambda = 0,7107$ Å	Mo-K$_\alpha$, $\lambda = 0,7107$ Å
μ	11,885	3,672
Gemessene Reflexe	22931	22660
Unabhängige Reflexe	3791	4113
mit $I_o > 2\,\sigma(I)$	1886	2480
R_{int}	0,1398	0,0675
R_σ	0,1381	0,0797
R_1; wR_2 ($I_o > 2\,\sigma(I)$)	0,0547; 0,1304	0,0468; 0,1165
R_1; wR_2 (alle Daten)	0,1044; 0,1408	0,0694; 0,1192
Goodness of fit	0,784	0,860
max. Restelektronendichte e$^-$/Å^3	3,850	2,041
min. Restelektronendichte e$^-$/Å^3	-1,920	-0,607
Diffraktometer-Typ	Stoe IPDS	Stoe IPDS
ICSD Nummer	423769	423768

Abbildung 114: Kristallbilder von Pb[Ti(S$_2$O$_7$)$_3$] (links) und Ba[Ti(S$_2$O$_7$)$_3$] (rechts)

4.4.2. Thermischer Abbau

Um den thermischen Abbau zu untersuchen, wurden Kristalle der erhaltenen Verbindungen in der Stickstoffhandschuhbox mechanisch von anhaftender Säure befreit, in einen Korund-Tiegel überführt und einem Temperaturprogramm von 25 °C bis 1050 °C bei einer Aufheizrate von 10 °C/min ausgesetzt. Tabelle 55 enthält signifikante Temperaturen, berechnete und experimentelle Massenverluste sowie Angaben über die (vermuteten) Zersetzungsprodukte. Abbildung 115 zeigt die erhaltenen TG- DTG- und DSC-Kurven von Pb[Ti(S$_2$O$_7$)$_3$] und Ba[Ti(S$_2$O$_7$)$_3$] im Vergleich.

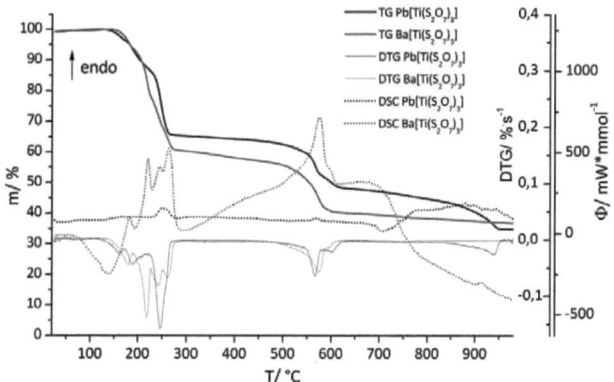

Abbildung 115: TG/DTG/DSC-Diagramm der thermischen Zersetzung von A[Ti(S$_2$O$_7$)$_3$] mit A = Pb, Ba

Der thermische Abbau von Pb[Ti(S$_2$O$_7$)$_3$] und Ba[Ti(S$_2$O$_7$)$_3$] verläuft zunächst sehr ähnlich: In einem ersten endothermen Abbauschritt von ca. 140 °C bis 280 °C bildet sich vermutlich ein Zwischenprodukt der Zusammensetzung ATi(SO$_4$)$_3$ mit A = Pb, Ba. Die etwas zu hohen experimentellen Massenverluste lassen sich mit Resten anhaftender Säure erklären (vgl. Tabelle 55). Zwischen 490 °C und 615 °C zersetzt sich die Barium-Verbindung in zwei Teilschritten zu den endgültigen Abbauprodukten. Das Pulverdiffraktogramm des Rückstandes zeigt neben BaSO$_4$ und TiO$_2$ in der Anatas-Modifikation auch eine Nebenphase, die als BaTi$_4$O$_9$ identifiziert werden konnte (vgl. Abbildung 117). Die Blei-Verbindung zersetzt sich in einem ähnlichen Temperaturfenster ebenfalls in zwei Teilschritten weiter zu vermutlich PbSO$_4$ und TiO$_2$. Die Massenverluste der Teilschritte (Stufe 2 und 3) deuten hier auf TiO(SO$_4$) als Zwischenprodukt hin. Im Gegensatz zum thermischen Verhalten von Ba[Ti(S$_2$O$_7$)$_3$] ist der Abbau von Pb[Ti(S$_2$O$_7$)$_3$] hier jedoch noch nicht abgeschlossen. Es folgt ab ca. 700 °C ein weiterer schleichender Massenverlust, der in einen letzten Abbauschritt zwischen 800 °C und 955 °C übergeht und zu der Bildung von PbTiO$_3$ führt, wie pulverdiffraktometrisch nachgewiesen werden konnte (Abbildung 116).

Tabelle 55: Thermischer Abbau von A[Ti(S$_2$O$_7$)$_3$] mit A = Pb, Ba

Stufe		Pb	Ba
1	T_{Start}/ °C	130	150
	T_{Ende}/°C	280	280
	T_{Max}/ °C	251^a/247^b	264^a/220^b
	Δm/ % exp.	-34,5	-39,3
	Δm/ % ber.	-30,7	-33,7
	verm. Zersetzungsprodukt	PbTi(SO$_4$)$_3$	BaTi(SO$_4$)$_3$
2	T_{Start}/ °C	500	490
	T_{Ende}/°C	570	615
	T_{Max}/ °C	567^b	575^a/574^b
	Δm/ % exp.	-11,5	-24,0
	Δm/ % ber.	-10,2	-22,4 > Δm* > -25,2
	verm. Zersetzungsprodukt	PbSO$_4$, TiO(SO$_4$)	BaSO$_4$, TiO$_2$, BaTi$_4$O$_9$
3	T_{Start}/ °C	570	
	T_{Ende}/°C	625	
	T_{Max}/ °C	603^b	
	Δm/ % exp.	-8,8	
	Δm/ % ber.	-10,2	
	verm. Zersetzungsprodukt	PbSO$_4$, TiO$_2$	
4	T_{Start}/ °C	800	
	T_{Ende}/°C	955	
	T_{Max}/ °C	938^b	
	Δm/ % exp.	-10,4	
	Δm/ % ber.	-10,2	
	verm. Zersetzungsprodukt	PbTiO$_3$	
Σ	T_{Start}/ °C	130	150
	T_{Ende}/°C	955	615
	Δm/ % exp.	-65,2	-63,3
	Δm/ % ber.	-61,3	-56,1 > Δm* > -58,9
	Zersetzungsprodukt	PbTiO$_3$	BaSO$_4$, TiO$_2$, BaTi$_4$O$_9$

a - DSC-Kurve, b - DTG-Kurve, * - der geringere Massenverlust wurde für BaSO$_4$ und TiO$_2$ als einzige Abbauprodukte berechnet, der höhere Massenverlust wurde für BaTi$_4$O$_9$ und BaSO$_4$ als einzige Abbauprodukte berechnet.

4 Disulfate der vierten Nebengruppe

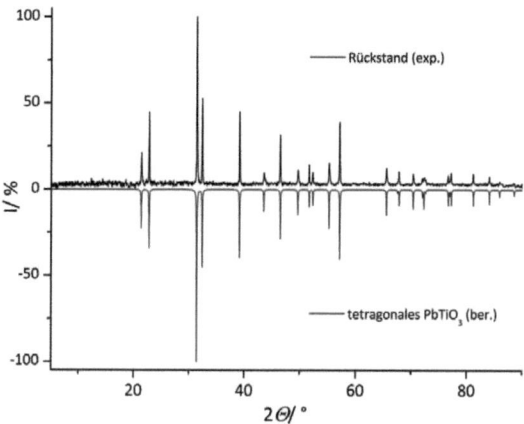

Abbildung 116: Pulverdiffraktogramm des Rückstandes der Zersetzung von Pb[Ti(S$_2$O$_7$)$_3$] im Vergleich mit Literaturdaten [179]

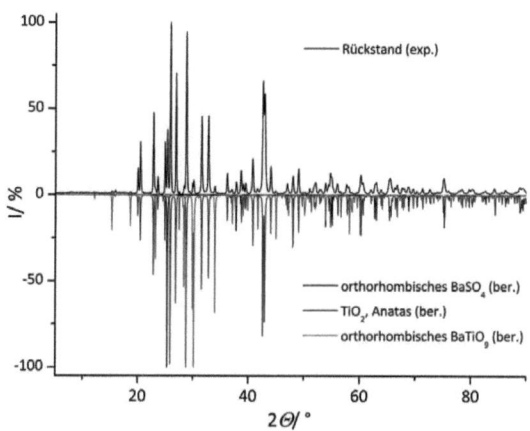

Abbildung 117: Pulverdiffraktogramm des Rückstandes der Zersetzung von Ba[Ti(S$_2$O$_7$)$_3$] im Vergleich mit Literaturdaten [168, 179-180]

4.5. Die *Tetrakis*-(disulfato)-metallate $A_4[M(S_2O_7)_4]$ mit A = Li (M = Zr, Hf), Na (M = Zr), Ag (M = Zr, Hf)

4.5.1. Kristallstruktur

Die Verbindungen $A_4[M(S_2O_7)_4]$ mit M = Zr, Hf kristallisieren im monoklinen Kristallsystem in der azentrischen Raumgruppen $C2$ für A = Li bzw. in der zentrosymmetrischen Raumgruppe $C2/c$ für A = Na, Ag. Tabelle 58 enthält die jeweiligen Gitterkonstanten und Güteparameter, Abbildung 123 zeigt die erhaltenen Kristalle. Da die Zirconium- und Hafnium-Verbindungen mit gleichem Gegen-Kation A jeweils isotyp zueinander sind, werden hier die Strukturen nur exemplarisch anhand der Zirconium-Verbindungen diskutiert. Die Verbindungen $Na_4[Zr(S_2O_7)_4]$ und $Ag_4[Zr(S_2O_7)_3]$ kristallisieren ebenfalls isotyp, so dass die Gesamtstruktur nur am Beispiel von $Na_4[Zr(S_2O_7)_4]$ vorgestellt wird.

Alle Verbindungen enthalten das komplexe $[Zr(S_2O_7)_4]^{2-}$-Anion als zentrales Strukturelement. Die Zr^{4+}-Kationen liegen im Zentrum von unterschiedlich stark verzerrten quadratischen Antiprismen, welche aus jeweils acht Sauerstoff-Atomen in einem Abstand von 2,12 Å bis 2,28 Å aufgebaut werden (Abbildung 118). Dabei ist das gebildete quadratische Antiprisma in $Na_4[Zr(S_2O_7)_4]$ deutlich verzerrter als die entsprechenden Koordinationspolyeder in $Li_4[Zr(S_2O_7)_4]$: Die Winkel innerhalb der „Quadrate" weichen hier durchschnittlich um 12,6° von den idealen 90° ab (6,7° in $Li_4[Zr(S_2O_7)_4]$). In $Li_4[Zr(S_2O_7)_4]$ unterscheiden sich auch die Orientierungen der Disulfat-Anionen in Bezug auf den Koordinationspolyeder: Die Brücken-Sauerstoff-Atome sind in der Umgebung des $Zr1^{4+}$-Kations in Richtung der Mantelflächen ausgerichtet und in der Koordinationssphäre des $Zr2^{4+}$-Kations in Richtung der Grundflächen (siehe Pfeile in Abbildung 118)

Die weitere Koordination der Disulfat-Anionen ist je nach Gegenkation A recht unterschiedlich und in Abbildung 119 zusammengestellt. Trotzdem sind die Abstände und Winkel innerhalb der Disulfat-Anionen sehr ähnlich (Tabelle 56). Die Koordinationsumgebungen der Gegen-Kationen sind in Tabelle 57 zusammengefasst.

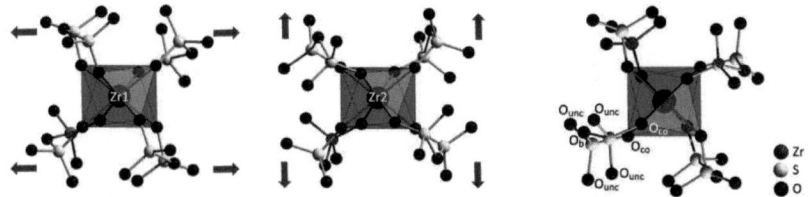

Abbildung 118: $[Zr(S_2O_7)_4]^{4-}$-Anion in $Li_4[Zr(S_2O_7)_4]$ (links und Mitte) und $Na_4[Zr(S_2O_7)_4]$ (rechts) (graue Pfeile deuten die Orientierung des Brücken-Sauerstoff-Atoms an)

Tabelle 56: Winkel und Abstände in $Li_4[Zr(S_2O_7)_4]$ und $Na_4[Zr(S_2O_7)_4]$

Atome	Ø Winkel/ °		Atome	Ø Abstände/ Å	
	$Li_4[Zr(S_2O_7)_4]$	$Na_4[Zr(S_2O_7)_4]$		$Li_4[Zr(S_2O_7)_4]$	$Na_4[Zr(S_2O_7)_4]$
S-O_b-S	120,8	123,3	Zr-O	2,18	2,18
O_{co}-S-O_b	104,0	104,5	S-O_{unc}	1,43	1,43
O_{unc}-S-O_b	104,7	104,5	S-O_{co}	1,47	1,48
O_{co}-S-O_{unc}	112,7	112,3	S-O_b	1,63	1,62
O_{unc}-S-O_{unc}	116,5	117,3			

Tabelle 57: Koordination von A in $A_4[Zr(S_2O_7)_4]$ mit A = Li, Na, Ag

A	Koordinationszahl	Polyeder	Ø d A-O/ Å	Bereich d A-O/ Å
Li	4	verzerrte Tetraeder	1,96	1,89-2,07
Na	6	verzerrte Oktaeder	2,42	2,25-2,66
Ag	5, 6	unregelmäßig, verzerrte Oktaeder	2,49	2,41-2,62

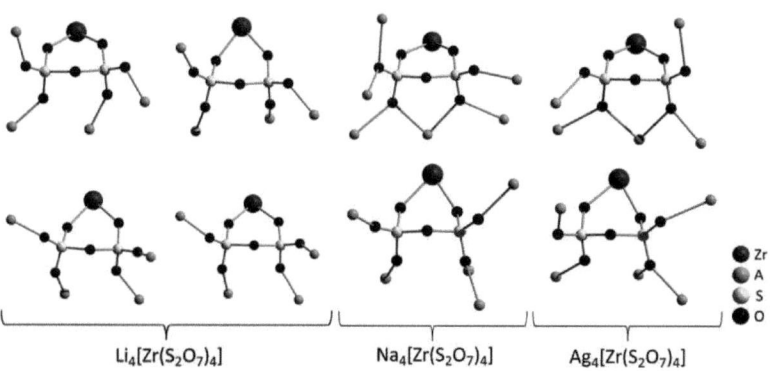

Abbildung 119: Umgebung der $S_2O_7^{2-}$-Anionen in $A_4[Zr(S_2O_7)_4]$ mit A = Li, Na, Ag

4 Disulfate der vierten Nebengruppe

Die Verbindung Na$_4$[Zr(S$_2$O$_7$)$_4$] kristallisiert zentrosymmetrisch in der Raumgruppe C2/c und es lassen sich ein Zr^{4+}-Ion und zwei Disulfat-Anionen kristallographisch bestimmen. Das Zr^{4+}-Ion befindet sich auf einer zweizähligen Drehachse entlang [010] (Wyckoff-Lage 4e). Die komplexen [Zr(S$_2$O$_7$)$_4$]$^{4-}$-Anionen liegen immer um ½ b gegeneinander versetzt vor, da zwischen ihnen 2$_1$-Schraubenachsen entlang der b-Achse ausgebildet werden (Abbildung 121). Die Gleitspiegelebene c, die in der Struktur von Li$_4$[Zr(S$_2$O$_7$)$_3$] nicht vorliegt, ist in Abbildung 122 eingezeichnet.

In der azentrischen Struktur von Li$_4$[Zr(S$_2$O$_7$)$_3$] lassen sich dagegen zwei Zr^{4+}-Ionen kristallographisch unterscheiden, die speziell auf den Wyckoff-Lagen 2a (Zr2) bzw. 2b (Zr1) der Raumgruppe C2 liegen. Beide Zr-Positionen befinden sich auf zweizähligen Drehachsen entlang [010], so dass sich insgesamt vier kristallographisch unterscheidbare Disulfat-Anionen ergeben (vgl. Abbildung 119). Wie in Abbildung 120 dargestellt, ergeben sich entlang der c-Achse Schichten aus alternierenden [Zr1(S$_2$O$_7$)$_4$]$^{4-}$- und [Zr2(S$_2$O$_7$)$_4$]$^{4-}$-Anionen. 2$_1$-Schraubenachsen entlang der b-Achse bei y/b = ¼ bzw. ¾ führen dazu, dass die komplexen Anionen innerhalb einer dieser Schichten um ½ b zueinander versetzt angeordnet sind (in Abbildung 120 durch „hinten" und „vorne" angedeutet).

Für azentrische Raumgruppen sollte der Flack x Parameter einen Wert nahe bei null annehmen[16]. Für die Struktur von Li$_4$[Zr(S$_2$O$_7$)$_3$] wurde ein Flack x Parameter von 0,081(18) bestimmt, d. h. die Bestimmung der azentrischen Raumgruppe C2 kann als sicher gelten. Der Wert zeigt allerdings auch, dass die Verbindung racemisch auskristallisiert ist und, dass ca. 8 % der Elementarzellen eine zu der hier bestimmten Struktur inverse Orientierung aufweisen. In der Verbindung Li$_4$[Hf(S$_2$O$_7$)$_3$] wurde dagegen ein Flack x Parameter von 0,56(2) festgestellt, obwohl sich Zirconium- und Hafnium-Verbindungen aufgrund der sehr ähnlichen Ionenradien in Kristallstrukturen normalerweise gleich verhalten. Ein Wert von ca. 0,5 deutet auf zusätzlich vorhandene Symmetrieelemente oder Zwillingsbildung hin und tatsächlich lässt sich die Struktur auch in der höhersymmetrischen Raumgruppe C2/c lösen, wenn auch mit etwas schlechteren Güteparametern. Es ist nicht auszuschließen, dass bei Li$_4$[M(S$_2$O$_7$)$_3$] mit M = Zr, Hf Polymorphie auftritt und die Verbindungen sowohl in einer zentrosymmetrisch als auch in einer azentrischen Modifikation kristallisieren können. Das würde bedeuten, dass die Raumgruppe C2/c für die Hafnium-Verbindung tatsächlich richtig sein könnte - auch wenn die Zirconium-Verbindung nicht isotyp kristallisiert. Auf der anderen Seite ist es auch möglich, dass der Flack x Parameter im Fall der Hafnium-Verbindung eine zentrosymmetrische Struktur vortäuscht: Ein sehr großer Teil der gemessenen Reflex-Intensitäten wird durch die schweren Hafnium-Atome verursacht, welche problemlos mit der höheren Symmetrie der Raumgruppe C2/c vereinbar sind. Möglicherweise reichen die Beiträge der für die Symmetrieerniedrigung verantwortlichen, leichteren Atome nicht aus, um den Flack x Parameter

---

[16] Der Parameter x ergibt sich aus dem Zusammenhang $I(hkl) = (1-x) \cdot |F(hkl)|^2 + x \cdot |F(-h-k-l)|^2$

signifikant zu beeinflussen. Des Weiteren könnte der Flack x Parameter dadurch erklärt werden, dass die Verbindung ebenfalls racemisch auskristallisiert ist und zufällig ca. 50 % der Elementarzellen eine inverse Orientierung aufweisen.

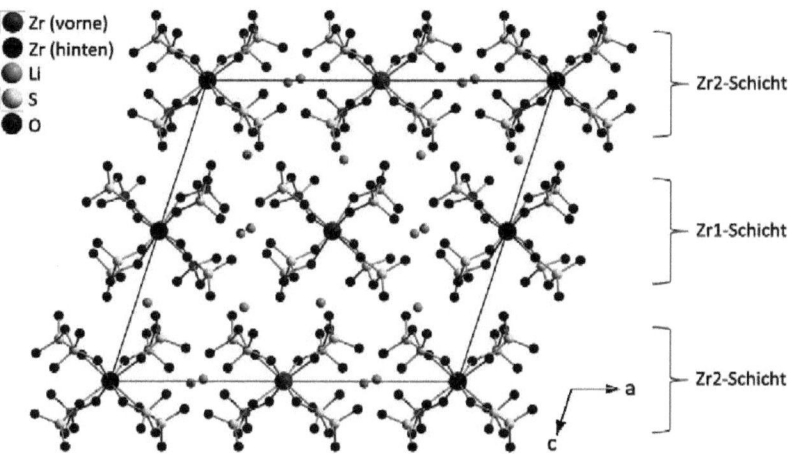

Abbildung 120: Struktur von Li$_4$[Zr(S$_2$O$_7$)$_4$] in Projektion auf (010)

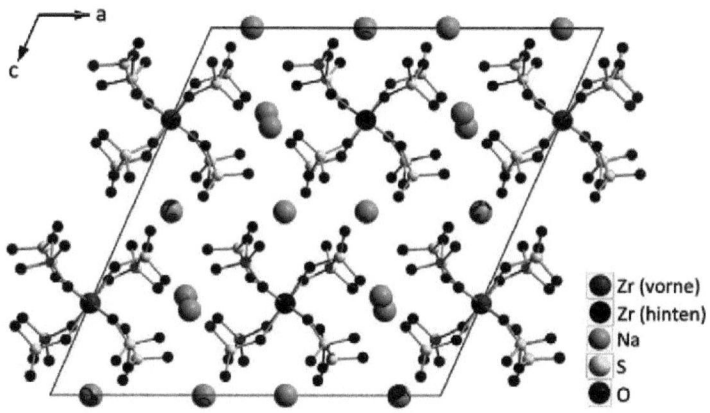

Abbildung 121: Struktur von Na$_4$[Zr(S$_2$O$_7$)$_4$] in Projektion auf (010)

4 Disulfate der vierten Nebengruppe

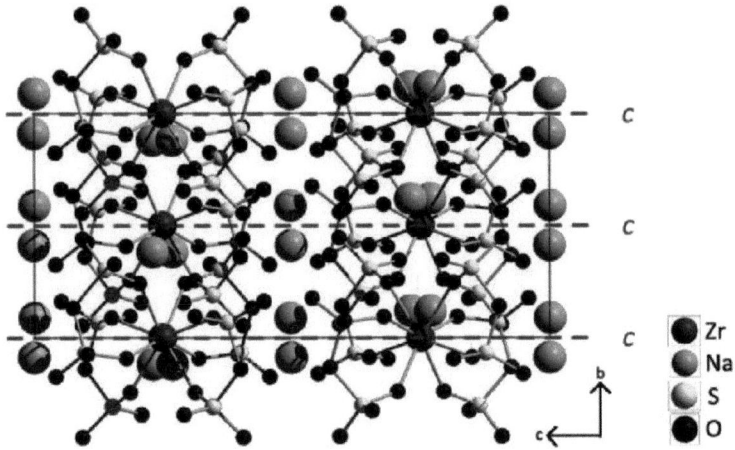

Abbildung 122: Struktur von Na$_4$[Zr(S$_2$O$_7$)$_4$] in Projektion entlang [100]

Tabelle 58: Kristallographische Daten von $A_4[M(S_2O_7)_4]$ mit A = Li (M = Zr, Hf), Na (M = Zr), A = Ag (M = Zr, Hf)

Verbindung	$Li_4[Zr(S_2O_7)_4]$	$Li_4[Hf(S_2O_7)_4]$	$Na_4[Zr(S_2O_7)_4]$
Kristallgröße/ mm	0,39 x 0,32 x 0,24	0,26 x 0,15 x 0,14	0,67 x 0,55 0,43
Kristallbeschreibung	farblose Blöcke	farblose Polyeder	farblose Blöcke
Molare Masse/ $g \cdot mol^{-1}$	823,46	910,73	887,66
Kristallsystem	monoklin	monoklin	monoklin
Raumgruppe	$C2$ (Nr. 5)	$C2$ (Nr. 5)	$C2/c$ (Nr. 15)
Gitterparameter a/ Å	18,285(1)	18,250(1)	18,0842(9)
b/ Å	7,4008(4)	7,4178(4)	7,4085(4)
c/ Å	16,5886(9)	16,651(1)	18,544(1)
β/ °	107,840(2)	107,857(8)	113,635(1)
V/ Å^3	2136,9(2)	2145,6(2)	2276,1(2)
Z	4	4	4
Molvolumen V_m/ $cm^3 \cdot mol^{-1}$	321,7	323,0	342,7
Temperatur/ K	153(2)	153(2)	153(2)
Strahlung	Mo-K$_\alpha$, λ = 0,7107 Å	Mo-K$_\alpha$, λ = 0,7107 Å	Mo-K$_\alpha$, λ = 0,7107 Å
µ	1,431	5,775	1,424
Extinktionskoeffizient	0,0027(2)	-	0,0007(1)
Gemessene Reflexe	30875	14882	14343
Unabhängige Reflexe	11705	5219	3346
mit $I_o > 2\ \sigma(I)$	11215	4439	3214
R_{int}	0,0497	0,0394	0,0472
R_σ	0,0350	0,0481	0,0268
R_1: wR_2 ($I_o > 2\ \sigma(I)$)	0,0303; 0,0764	0,0393; 0,1001	0,0230; 0,0662
R_1; wR_2 (alle Daten)	0,0316; 0,0770	0,0466; 0,1023	0,0242; 0,0670
Goodness of fit	1,038	1,024	1,082
max. Restelektronendichte e$^-$/Å^3	1,924	2,169	0,838
min. Restelektronendichte e$^-$/Å^3	-1,494	-1,078	-0,630
Flack x Parameter	0,081(18)	0,56(2)	-
Diffraktometer-Typ	Bruker Apex II	Stoe IPDS	Bruker Apex II
ICSD Nummer	424052	424053	424056

Fortsetzung Tabelle 59: Kristallographische Daten von $A_4[M(S_2O_7)_4]$ mit A = Li (M = Zr, Hf), Na (M = Zr), A = Ag (M = Zr, Hf)

Verbindung	$Ag_4[Zr(S_2O_7)_4]$	$Ag_4[Hf(S_2O_7)_4]$
Kristallgröße/ mm	0,50 x 0,19 x 0,18	0,39 x 0,26 x 0,23
Kristallbeschreibung	farblose Plättchen	farblose Blöcke
Molare Masse/ g·mol^{-1}	1227,18	1314,45
Kristallsystem	monoklin	monoklin
Raumgruppe	$C2/c$ (Nr. 15)	$C2/c$ (Nr. 15)
Gitterparameter a/ Å	18,2935(9)	18,2659(6)
b/ Å	7,0437(3)	7,0452(2)
c/ Å	19,991(1)	19,7734(5)
β/ °	117,844(2)	116,850(2)
V/ Å^3	2277,6(2)	2270,3(1)
Z	4	4
Molvolumen V_m/ cm^3·mol^{-1}	342,9	341,8
Temperatur/ K	153(2)	153(2)
Strahlung	Mo-K$_\alpha$, λ = 0,7107 Å	Mo-K$_\alpha$, λ = 0,7107 Å
µ	4,685	8,811
Extinktionskoeffizient	0,00053(5)	0,00163(4)
Gemessene Reflexe	30761	29720
Unabhängige Reflexe	7103	6885
mit $I_o > 2\ \sigma(I)$	6212	6610
R_{int}	0,0558	0,0447
R_σ	0,0332	0,0270
R_1; wR_2 ($I_o > 2\ \sigma(I)$)	0,0291; 0,0694	0,0243; 0,0514
R_1; wR_2 (alle Daten)	0,0341; 0,0711	0,0260; 0,0518
Goodness of fit	1,002	1,202
max. Restelektronendichte e$^-$/Å^3	2,693	3,381
min. Restelektronendichte e$^-$/Å^3	-2,981	-2,326
Flack x Parameter	-	-
Diffraktometer-Typ	Bruker Apex II	Bruker Apex II
ICSD Nummer	424054	424055

Abbildung 123: Kristallbilder von $Li_4[Zr(S_2O_7)_4]$, $Li_4[Hf(S_2O_7)_4]$, $Na_4[Zr(S_2O_7)_4]$, $Ag_4[Zr(S_2O_7)_4]$ und $Ag_4[Hf(S_2O_7)_4]$ (v. l. n. r.)

4.5.2. Thermischer Abbau

Der thermische Abbau der Verbindungen $A_4[M(S_2O_7)_4]$ wurde exemplarisch an $Li_4[Hf(S_2O_7)_4]$, $Na_4[Zr(S_2O_7)_4]$ und $Ag_4[Hf(S_2O_7)_4]$ untersucht. Dafür wurden jeweils einige Kristalle unter Stickstoffatmosphäre isoliert, soweit möglich mechanisch von anhaftender Säure befreit und in einem Korundtiegel einem Temperaturprogramm von 25 °C bis 1050 °C mit einer Aufheizrate von 10 °C/min ausgesetzt. Die erhaltenen TG-Kurven sind in Abbildung 124 dargestellt, Tabelle 60 enthält charakteristische Temperaturen, experimentelle und berechnete Massenverluste sowie (vermutete) Zwischen- und Endprodukte.

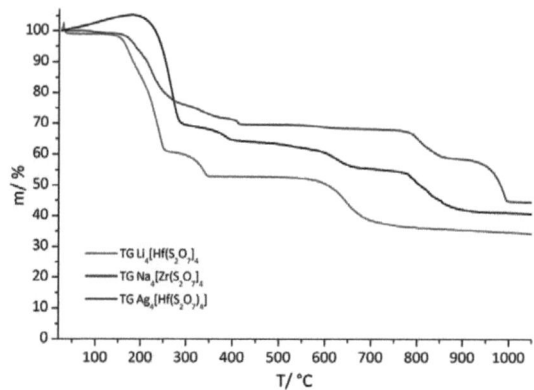

Abbildung 124: TG-Diagramm der thermischen Zersetzung von $Li_4[Hf(S_2O_7)_4]$, $Na_4[Zr(S_2O_7)_4]$ und $Ag_4[Hf(S_2O_7)_4]$

Die Zersetzungstemperaturen für $Li_4[Hf(S_2O_7)_4]$ und $Ag_4[Hf(S_2O_7)_4]$ liegen bei 150 °C, während der Massenverlust im Fall von $Na_4[Zr(S_2O_7)_4]$ erst bei ca. 200 °C einsetzt. Die TG-Kurve der Natrium-Verbindung zeigt zudem zunächst eine Massenzunahme. Vermutlich führt an der Probe haftendes Oleum dazu, dass Restfeuchtigkeit aus dem Stickstoffstrom aufgenommen wird. Diese wird anschließend in Form von Schwefelsäure wieder abgegeben. Die Massenverluste deuten darauf hin, dass sich alle Verbindungen über Zwischenprodukte der Zusammensetzung $A_4M(SO_4)_4$ abbauen, welche sich anschließend zu den Sulfaten der einwertigen Kationen A_2SO_4 und den Oxidsulfaten von Zirconium bzw. Hafnium $MO(SO_4)$ zersetzen (vgl. Tabelle 60). Bei $Li_4[Hf(S_2O_7)_4]$ bestehen recht große Abweichungen zwischen experimentellen und berechneten Massenverlusten, so dass die Zuordnung der Zwischenstufen relativ unsicher ist. Daher wird der thermische Abbau dieser Verbindungsklasse am Beispiel von $Na_4[Zr(S_2O_7)_4]$ und $Ag_4[Hf(S_2O_7)_4]$ diskutiert.

Im Fall der Natrium-Verbindung führt der erste Abbauschritt bis 300 °C rechnerisch zu einer disulfatärmeren Verbindung der Zusammensetzung $Na_4Zr(S_2O_7)(SO_4)_3$. Diese zersetzt sich im zweiten Schritt von 300 °C bis 400 °C vermutlich zu dem ternären Natrium-Zirconium-Sulfat $Na_4Zr(SO_4)_4$, welches sich anschließend allmählich bis 700 °C zu Na_2SO_4 und $ZrO(SO_4)$ abbaut. Im letzten Schritt bis ca. 940 °C bildet sich schließlich aus dem Oxid-Sulfat das binäre Zirconium(IV)-Oxid ZrO_2.

Die Silber-Verbindung $Ag_4[Hf(S_2O_7)_4]$ verhält sich ähnlich, jedoch bildet sich nach der ersten Stufe bis 300°C den Massenverlusten nach zu urteilen direkt das ternäre Silber-Hafnium-Sulfat $Ag_4Hf(SO_4)_4$. Dieses zersetzt sich analog zur Natrium-Verbindung im zweiten Schritt von 300 °C bis 430 °C zu Ag_2SO_4 und $HfO(SO_4)$. In der dritten Abbaustufe entsteht HfO_2. Im Gegensatz zur Natrium-Verbindung ist der thermische Abbau hier aber noch nicht abgeschlossen, da Silber-Sulfat Ag_2SO_4 eine geringe thermische Stabilität aufweist und sich im letzten Schritt zu elementarem Silber zersetzt. Die Abbauprodukte HfO_2 und Silber konnten pulverdiffraktometrisch nachgewiesen werden (Abbildung 125).

Die kompletten TG/DTG/DSC- bzw. TG/DTG/SDTA-Diagramme sowie ein Pulverdiffraktogramm des Zersetzungsrückstandes von $Na_4[Zr(S_2O_7)_4]$ befinden sich im Anhang (Abschnitt 7.5, S. 227).

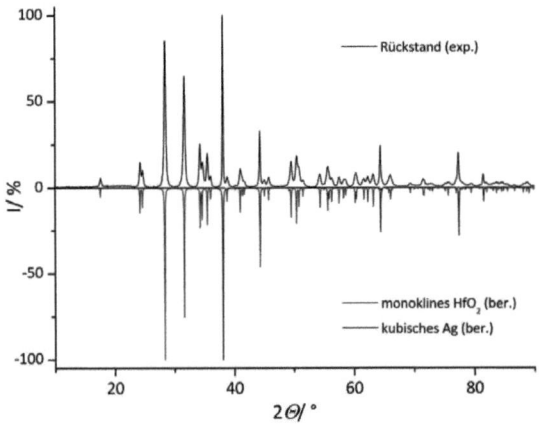

Abbildung 125: Pulverdiffraktogramm der thermischen Zersetzung von $Ag_4[Hf(S_2O_7)_4]$ im Vergleich mit Literaturdaten [110, 171]

Tabelle 60: Daten zum thermischen Abbau von $A_4[Hf(S_2O_7)_4]$ mit A = Li, Ag und $Na_4[Zr(S_2O_7)_4]$

Stufe		$Li_4[Hf(S_2O_7)_4]$	$Na_4[Zr(S_2O_7)_4]$	$Ag_4[Hf(S_2O_7)_4]$
1	T_{Start}/ °C	150	200	150
	T_{Ende}/°C	250	300	300
	T_{Max}/ °C	243[b]	271[a]/267[b]	228[a]/222[b]
	Δm/ % exp.	-39,8	-30,6	-24,2
	Δm/ % ber.	-35,2	-27,1	-24,4
	verm. Zersetzungsprodukt	$Li_4Hf(SO_4)_4$	$Na_4Zr(S_2O_7)(SO_4)_3$	$Ag_4Hf(SO_4)_4$
2	T_{Start}/ °C	300	300	300
	T_{Ende}/°C	350	400	430
	T_{Max}/ °C	340[b]	388[a,b]	412[a,b]
	Δm/ % exp.	-8,6	-6,1	-6,2
	Δm/ % ber.	-8,8	-9,0	-6,1
	verm. Zersetzungsprodukt	Li_2SO_4, $HfO(SO_4)$	$Na_4Zr(SO_4)_4$	Ag_2SO_4, $HfO(SO_4)$
3	T_{Start}/ °C	580	480	770
	T_{Ende}/°C	750	700	880
	T_{Max}/ °C	652[b]	611[a]/625[b]	836[a]/801[b]
	Δm/ % exp.	-18,2	-8,0	-10,9
	Δm/ % ber.	-8,8	-9,0	-6,1
	verm. Zersetzungsprodukt	Li_2SO_4, HfO_2	Na_2SO_4, $ZrO(SO_4)$	Ag_2SO_4, HfO_2
4	T_{Start}/ °C		700	920
	T_{Ende}/°C		940	1000
	T_{Max}/ °C		795[a]/854[b]	992[a]/990[b]
	Δm/ % exp.		-14,6	-14,1
	Δm/ % ber.		-9,0	-14,6
	verm. Zersetzungsprodukt		Na_2SO_4, ZrO_2	Ag, HfO_2
Σ	T_{Start}/ °C	150	200	150
	T_{Ende}/°C	750	940	1000
	Δm/ % exp.	-65,8	-59,3	-55,4
	Δm/ % ber.	-52,7	-54,1	-51,2
	Zersetzungsprodukt	Li_2SO_4, HfO_2	Na_2SO_4, ZrO_2	Ag, HfO_2

a - SDTA/DSC-Kurve, b - DTG-Kurve

4 Disulfate der vierten Nebengruppe

4.6. Die Schwefelsäure-Addukte $A_2(M(S_2O_7)_3) \cdot H_2SO_4$ mit A = K, NH_4 (M = Zr), Rb (M = Zr, Hf)

4.6.1. Kristallstruktur

Die Verbindungen $A_2(Zr(S_2O_7)_3) \cdot H_2SO_4$ mit A = K, NH_4, Rb und $Rb_2(Hf(S_2O_7)_3) \cdot H_2SO_4$ kristallisieren im triklinen Kristallsystem isotyp in der Raumgruppe P-1 und den in Tabelle 63 angegebenen Gitterkonstanten und Güteparametern. Abbildung 131 zeigt Bilder der erhaltenen Kristalle. Stellvertretend für die Verbindungsklasse wird die Struktur am Beispiel von $K_2(Zr(S_2O_7)_3) \cdot H_2SO_4$ diskutiert, Tabelle 61 enthält ausgewählte Winkel und Abstände für diese Verbindung.

In $K_2(Zr(S_2O_7)_3) \cdot H_2SO_4$ liegt ein kristallographisch unterscheidbares Zr^{4+}-Kation vor, welches quadratisch antiprismatisch von acht Sauerstoff-Atomen koordiniert wird (Abbildung 126). Diese gehören zu fünf Disulfat-Einheiten, von denen drei zweizähnig und zwei einzähnig angreifen. Während zwei der zweizähnig angreifenden Disulfat-Anionen („S1S2" und „S3S4") terminalen Charakter haben, koordinieren die Übrigen auch an weitere Zr^{4+}-Kationen. Dabei lässt sich nur ein verbrückendes Disulfat-Anion („S5S6") kristallographisch unterscheiden, welches jeweils drei Zr^{4+}-Kationen miteinander verknüpft und so entlang der a-Achse zu der Ausbildung von Doppelsträngen gemäß $^1_\infty\{[Zr(S_2O_7)_{2/1}(S_2O_7)_{3/3}]^{2-}\}$ führt (Abbildung 127). Die Zr-O-Abstände zu Sauerstoff-Atomen terminaler $S_2O_7^{2-}$-Gruppen sind im Vergleich mit denen zu Sauerstoff-Atomen der verbrückenden $S_2O_7^{2-}$-Gruppe um ca. 0,1 Å verkürzt (vgl. Tabelle 61).

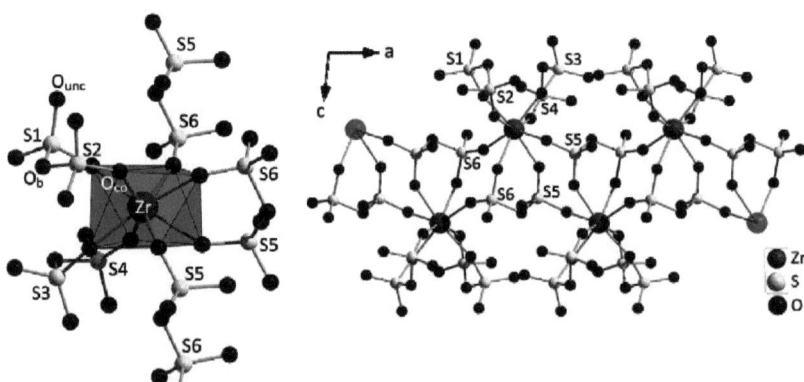

Abbildung 126: Koordination des Zr^{4+}-Kations in $K_2(Zr(S_2O_7)_3) \cdot H_2SO_4$

Abbildung 127: Doppelstränge entlang der a-Achse in $K_2(Zr(S_2O_7)_3) \cdot H_2SO_4$

In der Gesamtstruktur von $K_2(Zr(S_2O_7)_3)\cdot H_2SO_4$ liegen die durch Disulfat-Anionen und Zr^{4+}-Kationen aufgebauten Ketten entlang der *b*-Achse übereinander gestapelt vor (Abbildung 128). Zwischen diesen Doppelsträngen befinden sich freie Schwefelsäure-Moleküle, welche kettenartig über mittelstarke Wasserstoffbrückenbindungen entlang der *a*-Achse miteinander verknüpft sind (Abbildung 129).

Tabelle 61: **Ausgewählte Winkel und Abstände in** $K_2(Zr(S_2O_7)_3)\cdot H_2SO_4$

Winkel/ °			Abstände/ Å			
Atome		Ø	**Atome**		Ø	**Bereich**
S-O$_b$-S	($S_2O_7^{2-}$)	121,8	Zr-O	(alle)	2,18	2,11-2,26
O$_{unc}$-S-O$_{unc}$	($S_2O_7^{2-}$)	117,4	Zr-O	($S_2O_7^{2-}$, terminal)	2,13	2,11-2,16
O$_{co}$-S-O$_{co}$	($S_2O_7^{2-}$)	110,4	Zr-O	($S_2O_7^{2-}$, verbrückend)	2,22	2,14-2,26
O$_{co}$-S-O$_{unc}$	($S_2O_7^{2-}$)	113,4	S-O$_{unc}$	($S_2O_7^{2-}$)	1,42	1,41-1,43
O$_{co}$-S-O$_b$	($S_2O_7^{2-}$)	103,6	S-O$_{co}$	($S_2O_7^{2-}$)	1,47	1,44-1,48
O$_{unc}$-S-O$_b$	($S_2O_7^{2-}$)	105,2	S-O$_b$	($S_2O_7^{2-}$)	1,63	1,61-1,64
O-S-O	(H_2SO_4)	109,3	S-O	(H_2SO_4)	1,42	1,42
HO-S-OH	(H_2SO_4)	104,5	S-OH	(H_2SO_4)	1,55	1,54-1,57
O-S-OH	(H_2SO_4)	198,3				

Zusätzlich werden Wasserstoffbrückenbindungen zu Sauerstoff-Atomen der verbrückenden Disulfat-Anionen ausgebildet. Die Wasserstoffbrückenbindungen sind in Tabelle 62 zusammengestellt. Der Ladungsausgleich wird über zwei kristallographisch unterscheidbare K^+-Kationen realisiert. Diese werden von je sieben Sauerstoff-Atomen koordiniert, die zu einzähnig und zweizähnig angreifenden Disulfat-Anionen und zu dem freien Schwefelsäure-Molekül gehören (Abbildung 130). Dadurch entstehen Schichten parallel zu der *ab*-Ebene, die zwischen den „Schichten" aus Doppelsträngen und Schwefelsäure-Molekülen liegen (vgl. Abbildung 128). Die Umgebung der Gegen-Kationen A in den übrigen Verbindungen der Zusammensetzung $A_2(M(S_2O_7)_3)\cdot H_2SO_4$ ist in Tabelle 64 zusammengefasst.

4 Disulfate der vierten Nebengruppe

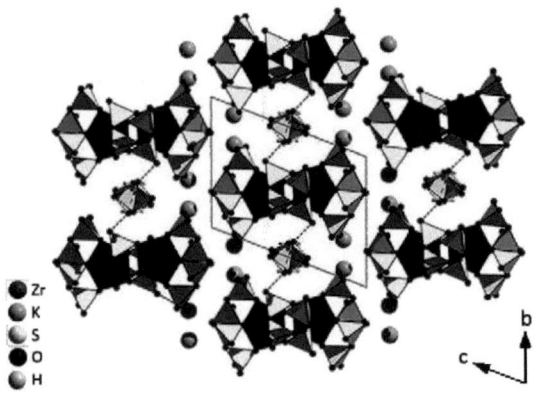

Abbildung 128: Struktur von $K_2(Zr(S_2O_7)_3) \cdot H_2SO_4$ entlang [100]

Tabelle 62: Wasserstoffbrückenbindungen in $K_2(Zr(S_2O_7)_3) \cdot H_2SO_4$

Atom 1 (Donor D)	Atom 2 (Wasserstoff)	Atom 3 (Akzeptor A)	D···A/ Å	Klassifikation [112]
O73	H73	O71	2,84	mittelstark
O74	H74	O72	3,00	mittelstark
O74	H74	O63	2,99	mittelstark

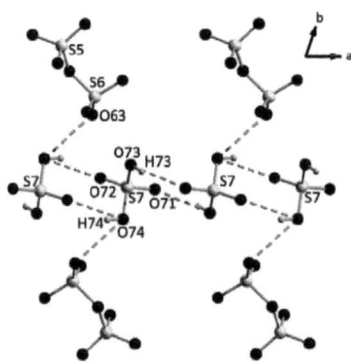

Abbildung 129: Wasserstoffbrückenbindungen in $K_2(Zr(S_2O_7)_3) \cdot H_2SO_4$

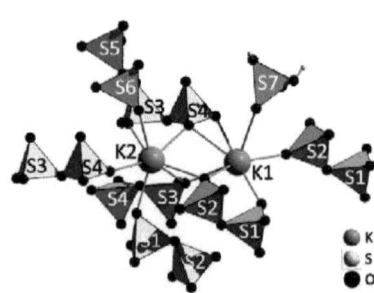

Abbildung 130: Koordinationsumgebung der K^+-Kationen in $K_2(Zr(S_2O_7)_3) \cdot H_2SO_4$

4 Disulfate der vierten Nebengruppe

Tabelle 63: Kristallographische Daten von $A_2(M(S_2O_7)_3) \cdot H_2SO_4$ mit A = K, NH_4 (M = Zr), Rb (M = Zr, Hf)

Verbindung	K/Zr	NH$_4$/Zr	Rb/Zr	Rb/Hf
Kristallgröße/ mm	0,16 x 0,06 x 0,05	0,74 x 0,10 x 0,10	0,31 x 0,16 x 0,15	1,73 x 0,17 x 0,11
Kristallbeschreibung	farblose Nadeln	farblose Nadeln	farblose Plättchen	farblose Polyeder
Molare Masse/ $g \cdot mol^{-1}$	795,86	753,74	888,60	975,87
Kristallsystem	triklin	triklin	triklin	triklin
Raumgruppe	P-1	P-1	P-1	P-1
Gitterparameter a/ Å	7,5908(2)	7,7490(7)	7,7320(2)	7,8082(4)
b/ Å	11,0197(2)	11,261(1)	11,1076(2)	11,3028(5)
c/ Å	13,3761(3)	13,755(2)	13,5085(3)	13,7078(7)
α/°	69,409(1)	113,36(1)	69,277(1)	112,884(2)
β/°	89,067(1)	91,88(1)	89,176(1)	91,872(2)
γ/°	72,848(1)	107,72(1)	72,608(1)	107,573(2)
V/ Å^3	996,03(4)	1033,3(2)	1030,05(4)	1046,92(9)
Z	2	2	2	2
Molvolumen V_m/ $cm^3 \cdot mol^{-1}$	299,9	311,1	310,2	315,2
Temperatur/ K	153(2)	153(2)	153(2)	298(2)
Strahlung, λ/ Å	Mo-K$_\alpha$, $\lambda = 0,7107$	Mo-K$_\alpha$, $\lambda = 0,7107$	Mo-K$_\alpha$, $\lambda = 0,7107$	Mo-K$_\alpha$, $\lambda = 0,7107$
µ	1,829	1,365	6,059	10,419
Extinktionskoeffizient	0,0052	-	-	-
Gemessene Reflexe	35085	15959	43448	55374
Unabhängige Reflexe	8781	4734	4950	12976
mit $I_o > 2\ \sigma(I)$	6523	3413	4427	10326
R_{int}	0,0511	0,0679	0,0556	0,0874
R_σ	0,0613	0,0732	0,0258	0,0661
R_1: wR_2 ($I_o > 2\ \sigma(I)$)	0,0362; 0,0820	0,0724; 0,2065	0,0589; 0,1667	0,0348; 0,0787
R_1; wR_2 (alle Daten)	0,0584; 0,0864	0,0905; 0,2120	0,0648; 0,1703	0,0496; 0,0911
Goodness of fit	1,041	1,084	1,050	0,975
max. Restelektronendichte e$^-$/Å^3	1,507	2,128	3,891	3,417
min. Restelektronendichte e$^-$/Å^3	-1,120	-0,795	-3,854	-5,294
Diffraktometer-Typ	Bruker Apex II	Bruker Apex II	Bruker Apex II	Bruker Apex II
ICSD Nummer	424057	424058	424059	424060

Tabelle 64: Umgebung der Gegen-Kationen A in $A_2(M(S_2O_7)_3)\cdot H_2SO_4$ mit A = K, NH_4 (M = Zr), Rb (M = Zr, Hf)

A	Koordinationszahl	Ø d A-O/ Å	Bereich d A-O/ Å
K	7, 7	2,85	2,71-3,02
NH_4	7, 8	2,97	2,80-3,13
Rb	6, 7 (Zr)	3,04	2,78-3,52
	9, 10 (Hf)	3,09	2,84-3,44

 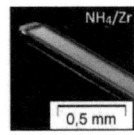  

Abbildung 131: Kristallbilder von $K_2(Zr(S_2O_7)_3)\cdot H_2SO_4$, $(NH_4)_2(Zr(S_2O_7)_3)\cdot H_2SO_4$, $Rb_2(Zr(S_2O_7)_3)\cdot H_2SO_4$ und $Rb_2(Hf(S_2O_7)_3)\cdot H_2SO_4$ (v. l. n. r.)

4.6.2. Thermischer Abbau

Die Verbindungen der Zusammensetzung $A_2(M(S_2O_7)_3) \cdot H_2SO_4$ wurden anhand der Beispiele $K_2(Zr(S_2O_7)_3) \cdot H_2SO_4$, $(NH_4)_2(Zr(S_2O_7)_3) \cdot H_2SO_4$ und $Rb_2(Hf(S_2O_7)_3) \cdot H_2SO_4$ thermisch untersucht. Dafür wurden jeweils einige Kristalle unter Stickstoffatmosphäre isoliert, soweit möglich mechanisch von anhaftender Säure befreit und in einem Korundtiegel einem Temperaturprogramm von 25 °C bis 1050 °C mit einer Aufheizrate von 10 °C/min ausgesetzt. Die erhaltenen TG- bzw. DSC-Kurven sind in Abbildung 132 dargestellt, Tabelle 65 enthält charakteristische Temperaturen, experimentelle und berechnete Massenverluste sowie (vermutete) Zwischen- und Endprodukte.

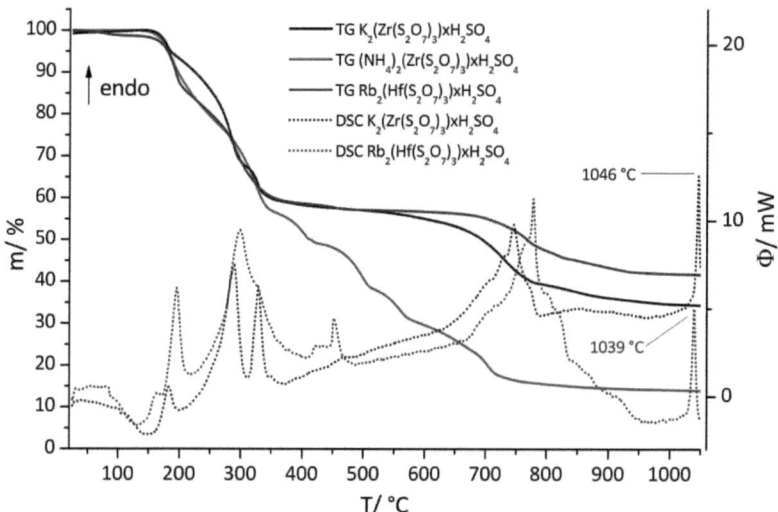

Abbildung 132: TG/DSC-Diagramm der thermischen Zersetzung von $K_2(Zr(S_2O_7)_3) \cdot H_2SO_4$, $(NH_4)_2(Zr(S_2O_7)_3) \cdot H_2SO_4$ und $Rb_2(Hf(S_2O_7)_3) \cdot H_2SO_4$

4 Disulfate der vierten Nebengruppe

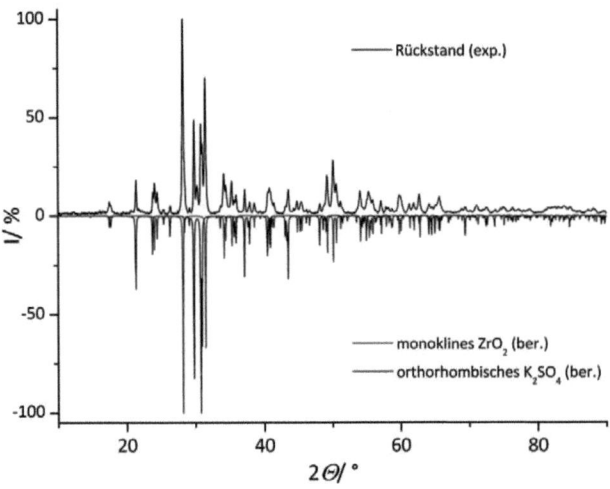

Abbildung 133: Pulverdiffraktogramm des Rückstandes der Zersetzung von $K_2(Zr(S_2O_7)_3) \cdot H_2SO_4$ im Vergleich mit Literaturdaten [181-182]

Alle vorgestellten Verbindungen zeigen einen Zersetzungspunkt von 150°C und einen mehrstufigen endothermen Abbauprozess (Abbildung 132). Der Verlauf der TG-Kurven der Ammonium- und der Rubidium-Verbindung ähnelt sich zunächst stark: Im ersten Abbauschritt wird rechnerisch ein Molekül SO_3 pro Formeleinheit abgespalten und Verbindungen der Zusammensetzung $A_2M(S_2O_7)_2(SO_4)$ bilden sich. Im ersten Abbauschritt von $K_2(Zr(S_2O_7)_3) \cdot H_2SO_4$ hingegen deutet der Massenverlust auf die Bildung von $K_2Zr(S_2O_7)(SO_4)_2$ hin (vgl. Tabelle 65). Die zweite Abbaustufe führt im Fall von $K_2(Zr(S_2O_7)_3) \cdot H_2SO_4$ und $(NH_4)_2(Zr(S_2O_7)_3) \cdot H_2SO_4$ wahrscheinlich zu den ternären Zirconium-Sulfaten $A_2Zr(SO_4)_3$, während sich im Fall der Rubidium-Verbindung vermutlich direkt das Sulfat Rb_2SO_4 und das Oxid-Sulfat $HfO(SO_4)$ bilden. Nach der dritten Zersetzungsstufe der Alkalimetall-Verbindungen liegen jeweils das Alkalimetall-Sulfat A_2SO_4 sowie das entsprechende Oxid ZrO_2 bzw. HfO_2 vor. Ein endothermes Signal in der DSC-Kurve zeigt die Schmelzpunkte der Alkalimetall-Sulfate an (Literaturwerte: K_2SO_4: 1069 °C, Rb_2SO_4: 1050). Die Ammonium-Verbindung bildet im dritten Schritt vermutlich das binäre Zirconium-Sulfat $Zr(SO_4)_2$, welches sich anschließend im vierten und fünften Schritt über das Oxid-Sulfat $ZrO(SO_4)$ zum Oxid ZrO_2 abbaut. Spätestens bei 950 °C sind alle diskutierten Zersetzungsprozesse abgeschlossen. Abbildung 133 zeigt ein Pulverdiffraktogramm des Rückstandes der Zersetzung der Kalium-Verbindung. Pulverdiffraktogramme der übrigen Rückstände sowie ein vollständiges TG/DTG/DSC-Diagramm der Zersetzung der Ammonium-Verbindung befinden sich im Anhang (Abschnitt 7.6, S. 228).

Tabelle 65: Daten zum thermischen Abbau von $A_2(Zr(S_2O_7)_3) \cdot H_2SO_4$ mit A = K, NH$_4$ und $Rb_2(Hf(S_2O_7)_3) \cdot H_2SO_4$

Stufe		$K_2(Zr(S_2O_7)_3) \cdot H_2SO_4$	$(NH_4)_2(Zr(S_2O_7)_3) \cdot H_2SO_4$	$Rb_2(Hf(S_2O_7)_3) \cdot H_2SO_4$
1	T_{Start}/ °C	150	150	150
	T_{Ende}/°C	310	260	225
	T_{Max}/ °C	289^a/286^b	189^a/190^b	196^a/193^b
	Δm/ % exp.	-33,0	-22,1	-16,7
	Δm/ % ber.	-32,4	-23,6	-18,3
	verm. Zersetzungsprodukt	$K_2Zr(S_2O_7)(SO_4)_2$	$(NH_4)_2Zr(S_2O_7)_2(SO_4)$	$Rb_2Hf(S_2O_7)_2(SO_4)$
2	T_{Start}/ °C	310	260	225
	T_{Ende}/°C	400	355	500
	T_{Max}/ °C	329^a/328^b	329^a/322^b	298^a/296^b
	Δm/ % exp.	-9,9	-21,3	-26,2
	Δm/ % ber.	-10,1	-21,2	-15,4
	verm. Zersetzungsprodukt	$K_2Zr(SO_4)_3$	$(NH_4)_2Zr(SO_4)_3$	Rb_2SO_4, $HfO(SO_4)$
3	T_{Start}/ °C	650	355	680
	T_{Ende}/°C	950	520	950
	T_{Max}/ °C	746^a/732^b	502^a/498^b	778^a/770^b
	Δm/ % exp.	-22,7	-18,6	-15,4
	Δm/ % ber.	-20,1	-17,5	-8,2
	verm. Zersetzungsprodukt	K_2SO_4, ZrO_2	$Zr(SO_4)_2$	Rb_2SO_4, HfO_2
4	T_{Start}/ °C		520	
	T_{Ende}/°C		600	
	T_{Max}/ °C		558^a/559^b	
	Δm/ % exp.		-8,4	
	Δm/ % ber.		-10,6	
	verm. Zersetzungsprodukt		$ZrO(SO_4)$	
5	T_{Start}/ °C		600	
	T_{Ende}/°C		800	
	T_{Max}/ °C		706^a/702^b	
	Δm/ % exp.		-15,7	
	Δm/ % ber.		-10,6	
	verm. Zersetzungsprodukt		ZrO_2	
Σ	T_{Start}/ °C	150	150	150
	T_{Ende}/°C	950	800	950
	Δm/ % exp.	-65,6	-86,1	-58,3
	Δm/ % ber.	-62,6	-83,7	-51,1
	Zersetzungsprodukt	K_2SO_4, ZrO_2	ZrO_2	Rb_2SO_4, HfO_2

a - SDTA/DSC-Kurve, b - DTG-Kurve

4.7. Kristallstruktur von Cs(Zr(HSO$_4$)(S$_2$O$_7$)$_2$)

Die Verbindung Cs(Zr(HSO$_4$)(S$_2$O$_7$)$_2$) kristallisiert triklin in der Raumgruppe P-1 und den in Tabelle 67 angegebenen Gitterkonstanten und Güteparametern. Die erhaltenen Kristalle sind in Abbildung 139 dargestellt, Tabelle 66 enthält wichtige Abstände und Winkel. Das eine kristallographisch unterscheidbare Zr^{4+}-Kation wird quadratisch antiprismatisch von acht Sauerstoff-Atomen koordiniert, die zu zwei Hydrogensulfat-Anionen und zu vier Disulfat-Anionen gehören. Zwei der Disulfat-Anionen greifen dabei zweizähnig an und zwei greifen, ebenso wie die Hydrogensulfat-Anionen, einzähnig an (Abbildung 134). Der Zirconium-Sauerstoff-Abstand ist bei einzähnig angreifenden Disulfat-Anionen und Hydrogensulfat-Anionen im Vergleich zum zweizähnigen Angriff um etwa 0,1 Å verkürzt (vgl. Tabelle 66). Es liegt ein Cs$^+$-Kation vor, welches mit Abständen zwischen 3,07 Å und 3,40 Å unregelmäßig von neun Sauerstoff-Atomen umgeben ist (Abbildung 135).

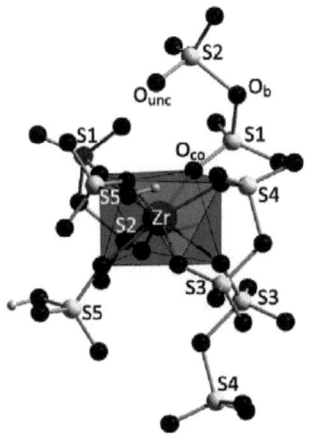 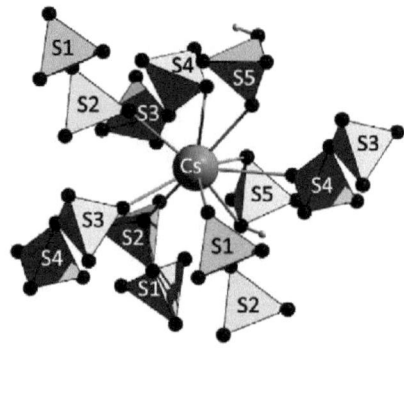

Abbildung 134: Umgebung des Zr^{4+}-Kations in Cs(Zr(HSO$_4$)(S$_2$O$_7$)$_2$)

Abbildung 135: Umgebung des Cs$^+$-Kations in Cs(Zr(HSO$_4$)(S$_2$O$_7$)$_2$)

Tabelle 66: Ausgewählte Winkel und Abstände in Cs(Zr(HSO$_4$)(S$_2$O$_7$)$_2$)

Winkel/ °			Abstände/ Å			
Atome		Ø	Atome		Ø	Bereich
S-O$_b$-S	(S$_2$O$_7^{2-}$)	121,7	Zr-O	(S$_2$O$_7^{2-}$)	2,19	2,13-2,29
O$_{unc}$-S-O$_{unc}$	(S$_2$O$_7^{2-}$)	118,1	Zr-O	(S$_2$O$_7^{2-}$, zweizähnig)	2,22	2,19-2,29
O$_{co}$-S-O$_{co}$	(S$_2$O$_7^{2-}$)	109,6	Zr-O	(S$_2$O$_7^{2-}$, einzähnig)	2,14	2,13-2,16
O$_{co}$-S-O$_{unc}$	(S$_2$O$_7^{2-}$)	113,9	Zr-O	(HSO$_4^-$)	2,13	2,11-2,15
O$_{co}$-S-O$_b$	(S$_2$O$_7^{2-}$)	104,2				
O$_{unc}$-S-O$_b$	(S$_2$O$_7^{2-}$)	104,9	S-O$_{unc}$	(S$_2$O$_7^{2-}$)	1,42	1,41-1,44
O-S1-S2-O	(S$_2$O$_7^{2-}$)	9,8	S-O$_{co}$	(S$_2$O$_7^{2-}$)	1,47	1,46-1,48
O-S3-S4-O	(S$_2$O$_7^{2-}$)	39,3	S-O$_b$	(S$_2$O$_7^{2-}$)	1,63	1,59-1,67
O-S-O	(HSO$_4^-$)	111,9	S-O$_{unc}$	(HSO$_4^-$)	1,42	-
O-S-OH	(HSO$_4^-$)	106,8	S-O$_{co}$	(HSO$_4^-$)	1,47	1,46-1,48
			S-OH	(HSO$_4^-$)	1,54	-
			Cs-O	(KoZ: 9)	3,21	3,07-3,49

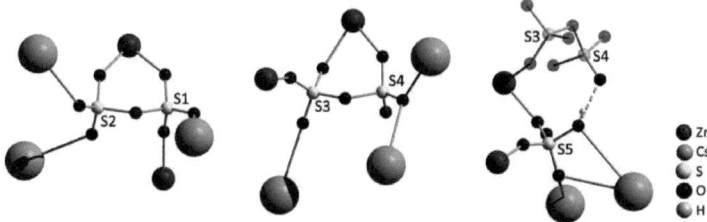

Abbildung 136: Koordination der Disulfat-Anionen und des Hydrogensulfat-Anions in Cs(Zr(HSO$_4$)(S$_2$O$_7$)$_2$)

In der Struktur von Cs(Zr(HSO$_4$)(S$_2$O$_7$)$_2$) lassen sich zwei Disulfat-Anionen (S1S2 und S3S4) und ein Hydrogensulfat-Anion kristallographisch unterscheiden, deren Umgebung in Abbildung 136 dargestellt ist. Die Disulfat-Anionen greifen jeweils einmal zweizähnig und einmal einzähnig an Zr^{4+}-Kationen an und koordinieren zusätzlich an drei Cs$^+$-Kationen. Während die Tetraeder im S1S2-Disulfat-Anion kaum gegeneinander verdrillt vorliegen (ca. 9,8°), beträgt der O-S-S-O-Torsionswinkel im S3S4-Disulfat-Anion durchschnittlich 39,3°. Zudem unterscheiden sich hier die beiden S-O$_b$-Abstände merklich (ca. 0,08 Å im Vergleich zu ca. 0,04 Å bei S1S2). Dieser Unterschied zwischen den beiden Disulfat-Anionen wird vermutlich durch die ungleiche Koordination an die beiden Zr^{4+}-Kationen verursacht: Der einzähnige Angriff erfolgt bei der S3S4-Gruppe an einem Sauerstoff-Atom, welches in Richtung des Brücken-Sauerstoff-Atoms O$_b$ ausgerichtet ist, und bei der S1S2-Gruppe an einem Sauerstoff-Atom, bei dem dies nicht der Fall ist. Das Hydrogensulfat-Anion greift jeweils einzähnig an zwei Zr^{4+}-Kationen an, ist an zwei Cs^+-Kationen koordiniert und bildet eine mittelstarke Wasserstoffbrückenbindung zu einen Sauerstoff-Atom der S3S4-Disulfat-Einheit aus (D⋯A = 2,60 Å).

Jedes Anion verknüpft zwei Zr^{4+}-Kationen miteinander, wodurch Schichten gemäß $^2_\infty\{[Zr(HSO_4)_{2/2}(S_2O_7)_{4/2}]^-\}$ parallel zur ab-Ebene aufgebaut werden (Abbildung 137). In den Schichten befinden sich Kanäle entlang [001], in denen die Cs^+-Kationen eingelagert sind (Abbildung 138).

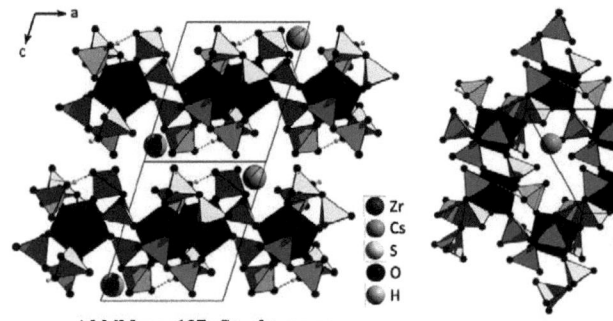

Abbildung 137: Struktur von $Cs(Zr(HSO_4)(S_2O_7)_2)$ entlang [010]

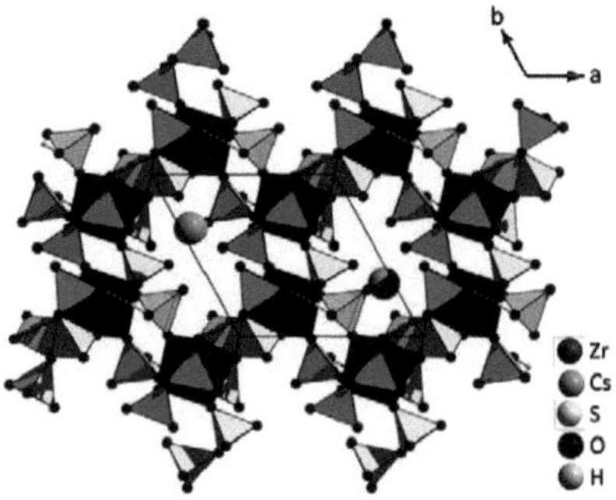

Abbildung 138: Struktur von $Cs(Zr(HSO_4)(S_2O_7)_2)$ entlang [001]

Tabelle 67: Kristallographische Daten von $Cs(Zr(HSO_4)(S_2O_7)_2)$

Verbindung	$Cs(Zr(HSO_4)(S_2O_7)_2)$	Temperatur	153(2) K
Kristallgröße	0,18 mm x 0,14 mm x 0,06 mm	**Strahlung**	Mo-K$_\alpha$, λ = 0,7107 Å
Kristallbeschreibung	farblose Plättchen	**µ**	3,999
Molare Masse	673,44 g/mol	**Extinktionskoeffizient**	0,0034(7)
Kristallsystem	triklin	**Gemessene Reflexe**	35882
Raumgruppe	P-1 (Nr. 2)	**Unabhängige Reflexe**	9035
Gitterparameter	a = 8,8164(2) Å	mit I_o > 2 $\sigma(I)$	8132
	b = 9,8687(2) Å	R_{int}	0,0615
	c = 10,7600(2) Å	R_σ	0,0344
	α = 116,421(1)°	R_1; wR_1 (I_o > 2 $\sigma(I)$)	0,0374; 0,0951
	β = 94,069(1)°	R_2; wR_2 (alle Daten)	0,0405; 0,0970
	γ = 113,242(1)°	**Goodness of fit**	1,023
	V = 734,97(3) Å^3	**Restelektronendichte (max/min)**	6,118/-3,403 e$^-$ Å^{-3}
Zahl der Formeleinheiten	2	**Diffraktometer-Typ**	Bruker Apex II
Molvolumen	221,3 cm^3·mol^{-1}		
ICSD Nummer	424063		

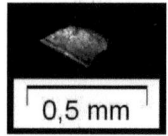

Abbildung 139: Kristallbild von Cs(Zr(HSO$_4$)(S$_2$O$_7$)$_2$)

4.8. Kristallstruktur von Li$_{13}$[Zr(HS$_2$O$_7$)(S$_2$O$_7$)$_3$]$_3$[Zr(S$_2$O$_7$)$_4$]

Die Verbindung Li$_{13}$[Zr(HS$_2$O$_7$)(S$_2$O$_7$)$_3$]$_3$[Zr(S$_2$O$_7$)$_4$] kristallisiert im monoklinen Kristallsystem in der azentrischen Raumgruppe $P2_1$ mit den in Tabelle 71 angegebenen Gitterkonstanten und Güteparametern, Abbildung 145 zeigt die erhaltenen Kristalle. Die Struktur ist aus den komplexen Anionen [Zr(HS$_2$O$_7$)(S$_2$O$_7$)$_3$]$^{3-}$ und [Zr(S$_2$O$_7$)$_4$]$^{4-}$ sowie Li$^+$-Kationen zusammengesetzt. Jeweils ein Hydrogendisulfat-Anion und ein Disulfat-Anion sind mit den hier verwendeten Atombezeichnungen und den entsprechenden Abständen (rot) in Abbildung 140 dargestellt, Tabelle 68 enthält die durchschnittlich gefundenen Winkel und Abstände in den komplexen Anionen.

Die Zr-O-Abstände der inneren [ZrO$_6$]-Polyeder variieren je nach Art der koordinierenden Liganden: Während diese im Fall der Disulfat-Anionen ca. 2,17 Å betragen, sind sie im Fall der Hydrogendisulfat-Liganden um durchschnittlich 0,10 Å auf ca. 2,27 Å verlängert. Außerdem greifen die Hydrogendisulfat-Anionen nicht wie die Disulfat-Anionen symmetrisch zweizähnig an, sondern stark asymmetrisch: Die Metall-Sauerstoff-Bindung zu den Hydrogensulfat-Teil wird geschwächt und ist um ca. 0,24 Å länger als die Bindung zum Sulfat-Teil des Hydrogendisulfat-Anions (vgl. Tabelle 68).

Die Wasserstoff-Atome konnten aufgrund der relativ großen Zelle neben den Schweratomen bei der Strukturverfeinerung nicht gefunden werden. Trotzdem lassen sich die Sauerstoff-Atome der OH-Gruppen anhand der S-O-Abstände gut identifizieren. Diese sind bei Hydroxy-Gruppen im Vergleich zu anderen unkoordinierten Sauerstoff-Atomen um durchschnittlich 0,10 Å verlängert. So konnten insgesamt drei kristallographisch unterscheidbare OH-Gruppen identifiziert werden. Die Protonen befinden sich dabei immer an Sauerstoff-Atomen, die nicht in Richtung des Brücken-Sauerstoff-Atoms ausgerichtet sind (vgl. Abbildung 140, links). Des Weiteren führt die Hydroxy-Gruppe auch zu einer Asymmetrie bezüglich der Brücke im Hydrogendisulfat-Anion: Die S-O-Abstände zum Brücken-Sauerstoff-Atom werden im Hydrogensulfat-Teil mit ca. 1,59 Å kürzer und im Sulfat-Teil mit ca. 1,66 Å länger als die im Disulfat-Anion (S-O$_b$ ≈ 1,63 Å). Erwartungsgemäß sind die S-O-Abstände außerhalb der Brücke sowohl für die Hydrogendisulfat-Anionen als auch für die Disulfat-Anionen deutlich kürzer und liegen für unkoordinierte Sauerstoff-Atome O$_{unc}$

bei ca. 1,41 Å und für an Zr^{4+}-Kationen koordinierte Sauerstoff-Atome O_{co} bei ca. 1,47 Å (vgl. Tabelle 68).

Die O-S-O-Winkel innerhalb der Sulfat-Tetraeder im Disulfat-Anion sind typischerweise zwischen koordinierten und unkoordinierten Sauerstoff-Atomen und besonders zwischen zwei unkoordinierten Sauerstoff-Atomen mit ca. 112,5° bzw. 116,8° im Vergleich zu idealen 109,5° aufgeweitet und unter Beteiligung eines Brücken-Sauerstoff-Atoms zu ca. 104,5° verkleinert. In den Hydrogendisulfat-Anionen ist ein ähnlicher Effekt zu beobachten, der sogar noch stärker ausgeprägt ist. Dagegen weichen die Winkel hier deutlich weniger stark vom idealen Tetraederwinkel ab, wenn eine OH-Gruppe beteiligt ist (vgl. Tabelle 68). Der Grad der Verdrillung der Sulfat- bzw. Hydrogensulfat-Tetraeder gegeneinander ist in dieser Verbindung mit O-S-S-O-Torsionswinkeln zwischen 1,5° und 49,8° sehr uneinheitlich ausgeprägt. Allerdings lässt sich feststellen, dass die Torsionswinkel O_{unc}-S-S-O_{unc} zwischen Sauerstoff-Atomen, die in Richtung des Brücken-Sauerstoff-Atoms ausgerichtet sind, mit durchschnittlich 25,8° deutlich größer sind als die übrigen Torsionswinkel von durchschnittlich 18,2°.

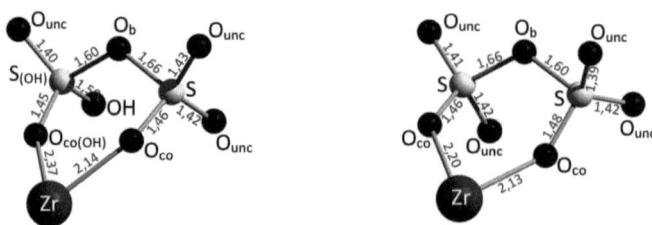

Abbildung 140: $HS_2O_7^-$-Anion (links) und $S_2O_7^{2-}$-Anion (rechts) in $Li_{13}[Zr(HS_2O_7)(S_2O_7)_3]_3[Zr(S_2O_7)_4]$ (Abstände in Å)

Tabelle 68: Ausgewählte Winkel und Abstände in Li$_{13}$[Zr(HS$_2$O$_7$)(S$_2$O$_7$)$_3$]$_3$[Zr(S$_2$O$_7$)$_4$]

Winkel/ °			Abstände/ Å			
Atome		Ø	Atome		Ø	Bereich
S-O$_b$-S	(S$_2$O$_7^{2-}$)	121,5	Zr-O$_{co}$	(S$_2$O$_7^{2-}$)	2,17	2,08-2,25
O$_{co}$-S-O$_{unc}$	(S$_2$O$_7^{2-}$)	112,5	S-O$_{co}$	(S$_2$O$_7^{2-}$)	1,47	1,43-1,50
O$_{unc}$-S-O$_{unc}$	(S$_2$O$_7^{2-}$)	116,8	S-O$_{unc}$	(S$_2$O$_7^{2-}$)	1,42	1,39-1,46
O$_b$-S-O	(S$_2$O$_7^{2-}$)	104,5	S-O$_b$	(S$_2$O$_7^{2-}$)	1,63	1,58-1,66
S-O$_b$-S	(HS$_2$O$_7^-$)	123,3	Zr-O	(HS$_2$O$_7^-$)	2,27	2,14-2,44
O$_{co}$-S-O$_{unc}$	(HS$_2$O$_7^-$)	114,8	Zr-O$_{co}$	(HS$_2$O$_7^-$)	2,15	2,14-2,16
O$_{co}$-S-OH	(HS$_2$O$_7^-$)	106,9	Zr-O$_{co(OH)}$	(HS$_2$O$_7^-$)	2,39	2,37-2,44
O$_{unc}$-S-O$_{unc}$	(HS$_2$O$_7^-$)	119,0	S-O$_{co}$	(HS$_2$O$_7^-$)	1,45	1,41-1,47
O$_{unc}$-S-OH	(HS$_2$O$_7^-$)	111,9	S-O$_{unc}$	(HS$_2$O$_7^-$)	1,41	1,40-1,43
O$_b$-S-O	(HS$_2$O$_7^-$)	104,5	S-OH	(HS$_2$O$_7^-$)	1,51	1,50-1,53
O$_b$-S-OH	(HS$_2$O$_7^-$)	105,5	S$_{(OH)}$-O$_b$	(HS$_2$O$_7^-$)	1,59	1,58-1,60
			S-O$_b$	(HS$_2$O$_7^-$)	1,66	1,65-1,67
O-S-S-O	(alle)	20,7				
O-S-S-O (b*)	(alle)	25,8				
O-S-S-O (nb*)	(alle)	18,2				

* b: Sauerstoff-Atome in Richtung O$_b$ orientiert; nb: Sauerstoff-Atome *nicht* in Richtung O$_b$ orientiert

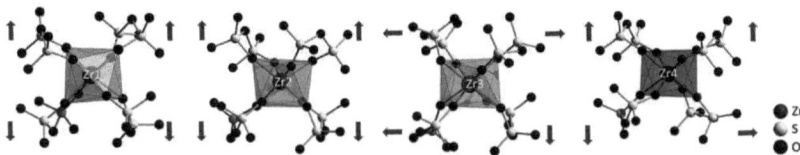

Abbildung 141: Unterschiedliche Orientierung der Hydrogendisulfat- und Disulfat-Anionen in der Umgebung der Zr^{4+}-Kationen in Li$_{13}$[Zr(HS$_2$O$_7$)(S$_2$O$_7$)$_3$]$_3$[Zr(S$_2$O$_7$)$_4$] (graue Pfeile deuten Orientierung der Brücken-Sauerstoff-Atome an)

In der Struktur von Li$_{13}$[Zr(HS$_2$O$_7$)(S$_2$O$_7$)$_3$]$_3$[Zr(S$_2$O$_7$)$_4$] liegen vier kristallographisch unterscheidbare Zr^{4+}-Kationen vor, die in Abbildung 141 und Abbildung 142 durch verschiedenfarbige Polyeder gekennzeichnet sind. Diese sind jeweils von acht Sauerstoff-Atomen koordiniert, die mehr oder weniger stark verzerrte quadratische Antiprismen bilden (Abbildung 141). Die Sauerstoff-Atome gehören in drei Fällen (Zr1, Zr2, Zr4) sowohl zu Hydrogendisulfat- als auch Disulfat-Anionen und in einem Fall (Zr3) ausschließlich zu Disulfat-Anionen. Die Orientierung der Disulfat- bzw. Hydrogendisulfat-Anionen in Bezug auf das gebildete quadratische Antiprisma unterscheiden sich, wie in Abbildung 141 durch Pfeile markiert, beträchtlich. Die Brücken-Sauerstoff-Atome in der Koordinationsumgebung der Zr1^{4+}- und

Zr2^{4+}-Kationen sind jeweils in Richtung der Grundflächen der Antiprismen ausgerichtet. In der Koordinationssphäre des Zr3^{4+}-Kations hingegen sind drei Brücken-Sauerstoff-Atome in Richtung der Mantelflächen ausgerichtet und nur ein Brücken-Sauerstoff-Atom orientiert sich in Richtung einer Grundfläche. Im Fall des Zr4^{4+}-Kations orientieren sich umgekehrt drei Brücken-Sauerstoff-Atome in Richtung der Grundflächen und nur eins in Richtung der Mantelflächen.

Abbildung 142 zeigt die Gesamtstruktur von $Li_{13}[Zr(HS_2O_7)(S_2O_7)_3]_3[Zr(S_2O_7)_4]$. Zwischen den kristallographisch äquivalenten komplexen Anionen liegen 2$_1$-Schraubenachsen entlang der b-Achse, so dass diese immer um ½ b versetzt in der Struktur vorliegen. Die $[Zr(HS_2O_7)(S_2O_7)_3]^{3-}$-Anionen bilden mittelstarke Wasserstoffbrückenbindungen zu weiteren jeweils kristallographisch identischen komplexen Anionen aus, so dass sich Ketten entlang der b-Achse ausbilden. Die in der Struktur vorliegenden Wasserstoffbrückenbindungen sind in Tabelle 69 zusammengefasst, Abbildung 143 zeigt exemplarisch eine durch Wasserstoffbrückenbindungen aufgebaute Kette aus $[Zr(HS_2O_7)(S_2O_7)_3]^{3-}$-Anionen.

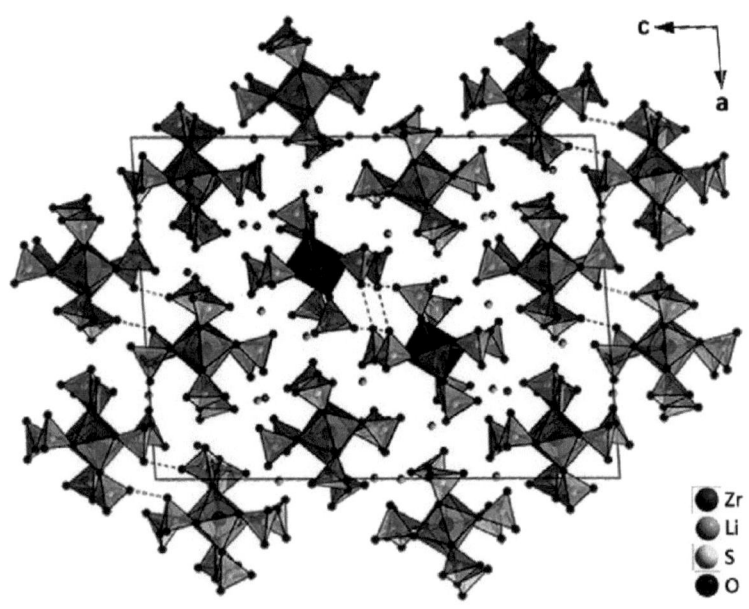

Abbildung 142: Struktur von $Li_{13}[Zr(HS_2O_7)(S_2O_7)_3]_3[Zr(S_2O_7)_4]$ in Projektion auf (010)

Tabelle 69: Wasserstoffbrückenbindungen in $Li_{13}[Zr(HS_2O_7)(S_2O_7)_3]_3[Zr(S_2O_7)_4]$

Atom 1 (Donor D)	Atom 3 (Akzeptor A)	D···A/ Å	Klassifikation [112]
OH1	O72	2,52	mittelstark
OH2	O142	2,56	mittelstark
OH4	O262	2,58	mittelstark
OH4	O303	2,90	mittelstark

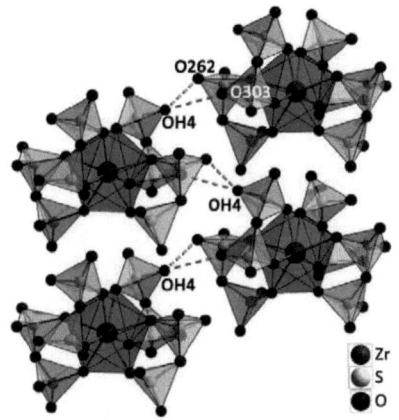

Abbildung 143: Durch Wasserstoffbrückenbindungen gebildete Ketten aus $[Zr(HS_2O_7)(S_2O_7)_3]^{3-}$-Anionen entlang der b-Achse (Blickrichtung entlang [101])

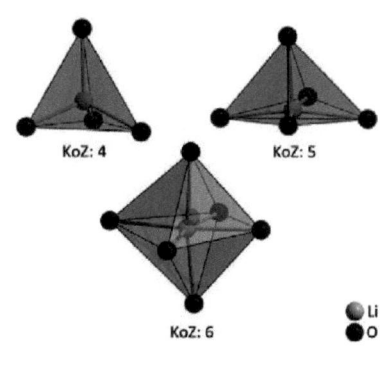

Abbildung 144: In $Li_{13}[Zr(HS_2O_7)(S_2O_7)_3]_3[Zr(S_2O_7)_4]$ vertretende Koordinationsumgebungen der Li^+-Kationen

Der Ladungsausgleich erfolgt über 13 kristallographisch unterscheidbare Li^+-Kationen, deren Koordinationsumgebungen in Tabelle 70 zusammengestellt sind. Zwei dieser Li^+-Kationen liegen oktaedrisch koordiniert mit Li-O-Abständen von ca. 2,16 Å vor, zwei weisen eine Koordinationszahl von fünf und Li-O-Abstände von ca. 2,07 Å auf. Alle übrigen Li^+-Kationen sind - zum Teil stark verzerrt - tetraedrisch koordiniert und zeigen Li-O-Abstände von ca. 1,96 Å. Die Koordinationsumgebungen sind beispielhaft in Abbildung 144 dargestellt.

In der Kristallstruktur von $Li_{13}[Zr(HS_2O_7)(S_2O_7)_3]_3[Zr(S_2O_7)_4]$ befinden sich in der Umgebung der komplexen $[Zr(HS_2O_7)(S_2O_7)_3]^{3-}$-Anionen jeweils elf Li^+-Kationen, die an Sauerstoff-Atome koordinieren, welche nicht bereits an Zr^{4+}-Kationen gebunden sind oder zu einer Hydroxy-Gruppe gehören. Die Sauerstoff-Atome, die nicht protoniert sind und auch weder an Zr^{4+}- noch Li^+-Kationen koordiniert sind, bilden Akzeptor-Atome der Wasserstoffbrückenbindungen (vgl. Tabelle 69). In der Umgebung der komplexen

4 Disulfate der vierten Nebengruppe

[Zr(S$_2$O$_7$)$_4$]$^{4-}$-Anionen liegen jeweils 13 Li$^+$-Kationen vor und jedes nicht an Zr^{4+}-Kationen koordinierte Sauerstoff-Atom bindet an mindestens eines davon. Allgemein betrachtet befinden sich in Koordinationsumgebung der Disulfat-Anionen also ein Zr^{4+}-Kation und drei bis vier Li$^+$-Kationen und in der Umgebung der Hydrogendisulfat-Anionen befinden sich ein Zr^{4+}-Kation und zwei bis drei Li$^+$-Kationen.

Abbildung 145: Kristallbild von Li$_{13}$[Zr(HS$_2$O$_7$)(S$_2$O$_7$)$_3$]$_3$[Zr(S$_2$O$_7$)$_4$]

Tabelle 70: Koordinations der Li$^+$-Kationen in [Zr(HS$_2$O$_7$)(S$_2$O$_7$)$_3$]$_3$[Zr(S$_2$O$_7$)$_4$]

Li	Koordinationszahl	Polyeder	Ø d A-O/ Å	Bereich d A-O/ Å
1	6	verzerrtes Oktaeder	2,18	2,07-2,32
2	4	verzerrtes Tetraeder	1,94	1,91-1,98
3	4	verzerrtes Tetraeder	1,93	1,85-1,96
4	5	verzerrt „quadratisch pyramidal"	2,06	1,95-2,27
5	4	verzerrtes Tetraeder	1,98	1,96-2,04
6	6	verzerrtes Oktaeder	2,14	2,06-2,31
7	5	verzerrt „quadratisch pyramidal"	2,07	2,04-2,09
8	4	verzerrtes Tetraeder	1,95	1,91-1,98
9	4	verzerrtes Tetraeder	1,95	1,87-2,04
10	4	verzerrtes Tetraeder	1,97	1,91-2,05
11	4	verzerrtes Tetraeder	1,95	1,91-2,01
12	4	verzerrtes Tetraeder	1,94	1,86-2,05
13	4	verzerrtes Tetraeder	2,06	1,97-2,30
1, 6	6	verzerrtes Oktaeder	2,16	2,06-2,32
4, 7	5	verzerrt „quadratisch pyramidal"	2,07	1,95-2,27
2, 3, 5, 8-13	4	verzerrtes Tetraeder	1,96	1,85-2,30
1-13	4-6		2,02	1,85-2,32

Tabelle 71: Kristallographische Daten von $Li_{13}[Zr(HS_2O_7)(S_2O_7)_3]_3[Zr(S_2O_7)_4]$

Verbindung	$Li_{13}[Zr(HS_2O_7)(S_2O_7)_3]_3$ $[Zr(S_2O_7)_4]$	Temperatur	153(2) K
Kristallgröße	0,37 mm x 0,28 mm x 0,27 mm	Strahlung	Mo-K$_\alpha$, $\lambda = 0,7107$ Å
Kristallbeschreibung	farblose Polyeder	µ	1,421
Molare Masse	3276,04 g/mol	Gemessene Reflexe	58217
Kristallsystem	monoklin	Unabhängige Reflexe	20832
Raumgruppe	$P2_1$ (Nr. 4)	mit $I_o > 2\,\sigma(I)$	14979
Gitterparameter	$a = 20,973(1)$ Å	R_{int}	0,0644
	$b = 7,2990(3)$ Å	R_σ	0,0901
	$c = 28,177(2)$ Å	R_1: wR_1 ($I_o > 2\,\sigma(I)$)	0,0498; 0,0870
	$\beta = 93,851(7)°$	R_2; wR_2 (alle Daten)	0,0711; 0,0886
	$V = 4303,6(4)$ Å^3	Goodness of fit	1,459
Zahl der Formeleinheiten	2	Restelektronendicht e (max/min)	1,673 /-0,612 e$^-$·Å^{-3}
Molvolumen	1295,8 cm^3·mol^{-1}	Flack x Parameter	0,21(4)
ICSD Nummer	424061	Diffraktometer-Typ	Bruker Apex II

4 Disulfate der vierten Nebengruppe

4.9. Die binären Disulfate $M(S_2O_7)_2$ mit M = Zr, Hf

4.9.1. Kristallstruktur von $Zr(S_2O_7)_2$

Das binäre Zirconium-Disulfat $Zr(S_2O_7)_2$ kristallisiert im orthorhombischen Kristallsystem in der Raumgruppe *Pccn* und den in Tabelle 73 angegebenen Gitterkonstanten und Güteparametern, Abbildung 150 zeigt Kristalle dieser Verbindung. Das eine kristallographisch bestimmbare Zr^{4+}-Kation liegt speziell auf einer zweizähligen Drehachse (Wyckoff-Lage 4*c*) und ist im Abstand von 2,13 Å bis 2,25 Å von acht Sauerstoff-Atomen umgeben, die ein verzerrtes quadratisches Antiprisma aufbauen (Abbildung 146). Die acht Sauerstoff-Atome gehören zu einem kristallographisch bestimmbaren Disulfat-Anion, welches jeweils zweizähnig an zwei Zr^{4+}-Kationen koordiniert vorliegt (Abbildung 147). Abstände und Bindungswinkel sind in Abbildung 147 und Tabelle 72 angegeben. Auch hier sind die S-O-Abstände zu koordinierenden Sauerstoff-Atomen (ca. 1,47 Å) erwartungsgemäß länger als die zu nicht koordinierenden Sauerstoff-Atomen (ca. 1,40 Å) und die S-O_b-Abstände sind mit ca. 1,63 Å noch stärker verlängert. Die Sulfat-Tetraeder sind in dieser Struktur mit einem O-S-S-O-Torsionswinkel von ca. 23,3° mäßig stark gegeneinander verdrillt.

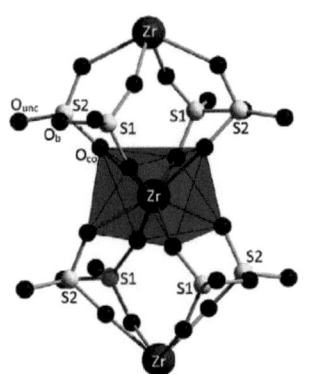
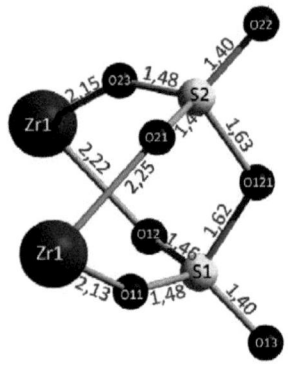

Abbildung 146: Umgebung des Zr^{4+}-Kations in $Zr(S_2O_7)_2$

Abbildung 147: Umgebung des $S_2O_7^{2-}$-Anions in $Zr(S_2O_7)_2$ (Abstände in Å)

Tabelle 72: Winkel und Abstände in $Zr(S_2O_7)_2$

Winkel/ °		Abstände/ Å		
Atome	Ø	Atome	Ø	Bereich
S-O_b-S	117,4	Zr-O_{co}	2,19	2,13-2,25
O_{co}-S-O_{unc}	116,1	S-O_{co}	1,47	1,46-1,48
O_{co}-S-O_{co}	109,6	S-O_{unc}	1,40	1,40
O_b-S-O	104,5	S-O_b	1,63	1,62-1,63
O-S-S-O	23,3			

Durch die jeweils zwei Zr^{4+}-Kationen verbrückenden Disulfat-Anionen entstehen Ketten gemäß $^1_\infty\{[Zr(S_2O_7)_{4/2}]\}$ entlang der c-Achse (Abbildung 148). Diese bilden senkrecht zur c-Achse eine hexagonal-dichteste Stäbchenpackung (Abbildung 149). Durch Van-der-Waals-Wechselwirkungen werden die Ketten miteinander verbunden, wobei dabei die kürzesten Sauerstoff-Sauerstoff-Abstände 2,86 Å betragen.

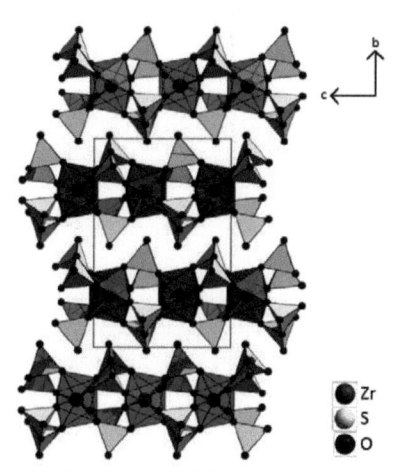

Abbildung 148: Struktur von $Zr(S_2O_7)_2$ in Projektion auf (100)

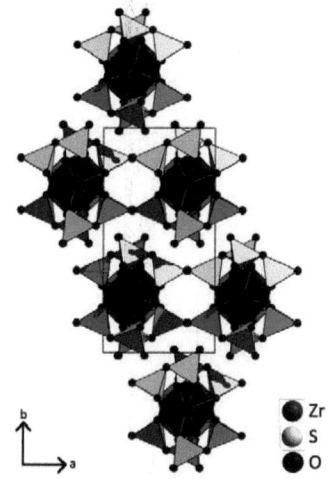

Abbildung 149: Struktur von $Zr(S_2O_7)_2$ in Projektion auf (001)

Tabelle 73: Kristallographische Daten von $Zr(S_2O_7)_2$

Verbindung	$Zr(S_2O_7)_2$	Temperatur	153(2) K
Kristallgröße	0,16 mm x 0,12 mm x 0,09 mm	Strahlung	Mo-K$_\alpha$, $\lambda = 0,7107$ Å
Kristallbeschreibung	farblose Blöcke	µ	2,098
Molare Masse	443,46 g/mol	Extinktionskoeffizient	-
Kristallsystem	orthorhombisch	Gemessene Reflexe	10411
Raumgruppe	$Pccn$ (Nr. 56)	Unabhängige Reflexe	1198
Gitterparameter	$a = 7,0908(6)$ Å	mit $I_o > 2\ \sigma(I)$	816
	$b = 14,422(2)$ Å	R_{int}	0,0550
	$c = 9,4223(9)$ Å	R_σ	0,0403
	$V = 963,5(2)$ Å^3	R_1; wR_1 ($I_o > 2\ \sigma(I)$)	0,0390; 0,0946
Zahl der Formeleinheiten	4	R_2; wR_2 (alle Daten)	0,0546; 0,0972
Molvolumen	145,1 cm$^3 \cdot$mol^{-1}	Goodness of fit	0,934
		Restelektronendichte (max/min)	1,002/ -0,474 e$^-$Å^{-3}
ICSD Nummer	424062	Diffraktometer-Typ	Stoe IPDS

4 Disulfate der vierten Nebengruppe

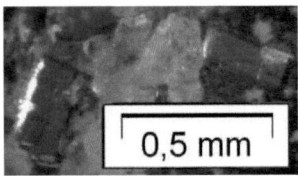

Abbildung 150: Kristallbild von Zr(S$_2$O$_7$)$_2$

4.9.2. Thermischer Abbau von Hf(S$_2$O$_7$)$_2$

Der thermische Abbau der Verbindungsklasse M(S$_2$O$_7$)$_2$ mit M = Zr, Hf wurde am Beispiel von Hf(S$_2$O$_7$)$_2$ untersucht. Von dieser Verbindung liegen zwar keine Einkristalldaten vor, aufgrund der chemischen Ähnlichkeit von Zirconium und Hafnium ist aber davon auszugehen, dass diese isotyp zu Zr(S$_2$O$_7$)$_2$ kristallisiert und sich auch thermisch vergleichbar verhält. Ca. 13 mg der Substanz im Stickstoffstrom in einen Korund-Tiegel überführt und einem Temperaturprogramm von 25°C bis 1050 °C bei einer Aufheizrate von 10 °C/min ausgesetzt. Die erhaltenen TG- DTG- und DSC-Kurven sind in Abbildung 151 dargestellt, Tabelle 74 enthält charakteristische Temperaturen, experimentelle und berechnete Massenverluste sowie (vermutete) Zersetzungsprodukte.

Der deutlich zu hohe Gesamtmassenverlust von 66,9 % lässt sich durch anhaftendes Oleum erklären, welches nicht entfernt werden konnte. Diese führt außerdem dazu, dass Restfeuchtigkeit aus dem Stickstoffstrom aufgenommen wird und die Masse zu Beginn der TG-Messung zunimmt. Mit diesem Vorgang ist ein exothermes Signal verbunden (T$_{max}$ = 129 °C). Für die Diskussion wird daher der vorgeschaltete nullte Schritt vernachlässigt und davon ausgegangen, dass danach die Verbindung Hf(S$_2$O$_7$)$_2$ vorliegt. Demnach bildet sich rechnerisch im ersten Abbauschritt bis 280 °C das binäre Hafnium-Sulfat Hf(SO$_4$)$_2$, welches sich dann im zweiten Schritt von ca. 550 °C bis 790 °C zu HfO$_2$ abbaut. Das Abbauprodukt wurde pulverdiffraktometrisch nachgewiesen (Abbildung 152).

4 Disulfate der vierten Nebengruppe

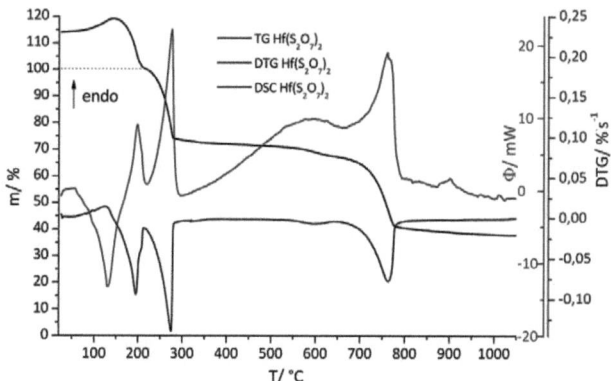

Abbildung 151: TG/DTG/DSC-Diagramm der thermischen Zersetzung von Hf(S$_2$O$_7$)$_2$

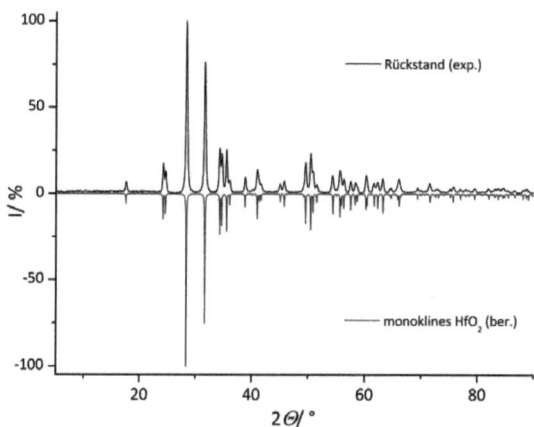

Abbildung 152: Pulverdiffraktogramm des Rückstandes der thermischen Zersetzung von Hf(S$_2$O$_7$)$_2$ im Vergleich mit Literaturdaten [110]

4 Disulfate der vierten Nebengruppe

Tabelle 74: Daten zum thermischen Abbau von $Hf(S_2O_7)_2$

Stufe		$Hf(S_2O_7)_2$
0	T_{Start}/ °C	50
	T_{Ende}/°C	220
	T_{Max}/ °C	$129^a/199^a/196^b$
	Δm/ % exp.	-14,0
	Δm/ % ber.*	-
	verm. Zersetzungsprodukt	$Hf(S_2O_7)_2$
1	T_{Start}/ °C	220
	T_{Ende}/°C	280
	T_{Max}/ °C	$276^a/275^b$
	Δm/ % exp.	-28,3
	Δm/ % ber.*	-30,2
	verm. Zersetzungsprodukt	$Hf(SO_4)_2$
2	T_{Start}/ °C	550
	T_{Ende}/°C	790
	T_{Max}/ °C	$761^a/763^b$
	Δm/ % exp.	-34,0
	Δm/ % ber.*	-30,2
	verm. Zersetzungsprodukt	HfO_2
Σ	T_{Start}/ °C	**50-220**
	T_{Ende}/°C	**790**
	Δm/ % exp.	**-62,3 (1+2)**
	Δm/ % ber.*	**-60,3**
	Zersetzungsprodukt	**HfO_2**

a - DSC-Kurve, b - DTG-Kurve, * - für die Berechnung der Massenverluste wurde davon ausgegangen, dass bei 220 °C 100 % vorliegen.

4.10. Zusammenfassung und Vergleich

Im vorangegangen Kapitel wurden die Strukturen einer Reihe neuer Disulfat-Verbindungen von Metallen der vierten Nebengruppe vorgestellt. Dadurch konnte die begrenzte Anzahl bisher bekannter disulfathaltiger Strukturen beachtlich erweitert werden. Für die Synthese der neuen Verbindungen wurden die Metallchloride MCl_4 mit M = Ti, Zr, Hf in Anwesenheit ein- oder zweiwertiger Kation A mit Oleum in Glasampullen umgesetzt. Die erhaltenen, meist nadel- oder plättchenförmigen, farblosen Kristalle sind stark hydrolyseempfindlich und müssen unter trockenen Bedingungen gehandhabt werden.

Im Fall von Titan konnten, wie in Abbildung 153 dargestellt, bei 250 °C die komplexen Verbindungen der Zusammensetzung $A_2[Ti(S_2O_7)_3]$ mit A = Li, Na, Ag, K, NH_4, Rb, Cs und $A[Ti(S_2O_7)_3]$ mit A = Pb, Ba erhalten werden. Bei gleicher Temperatur kristallisieren im Fall von Zirconium und Hafnium die binären Disulfate $M(S_2O_7)_2$ mit M = Zr, Hf aus. Die ternären Disulfate von Zirconium und Hafnium konnten dagegen bei etwas niedrigeren Temperaturen von etwa 100 °C bis 150 °C synthetisiert werden. Im Bereich dieser ternären Verbindungen wurden die Komplexe $A_4[M(S_2O_7)_4]$ mit A = Li, Na, Ag sowie die Schwefelsäure-Addukte $A_2(M(S_2O_7)_3) \cdot H_2SO_4$ mit A = K, NH_4, Rb und das gemischte Disulfat-Hydrogensulfat $Cs(Zr(HSO_4)(S_2O_7)_2)$ erhalten (vgl. Abbildung 153). Das gemischte Disulfat-Hydrogendisufat $Li_{13}[Zr(HS_2O_7)(S_2O_7)_3]_3[Zr(S_2O_7)_4]$ kristallisierte ebenfalls bei 150 °C aus.

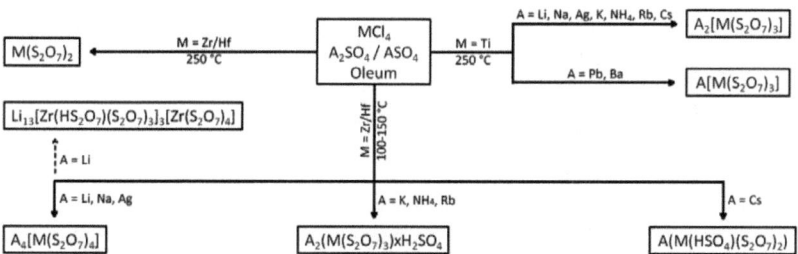

Abbildung 153: Überblick über Synthese der vorgestellten Disulfate

Hinsichtlich der Koordination des Zentral-Kations unterscheiden sich die Titan-Disulfate grundsätzlich von den Disulfat-Verbindungen von Zirconium und Hafnium: Das Ti^{4+}-Kation liegt oktaedrisch von sechs Sauerstoff-Atomen koordiniert vor, die zu drei zweizähnig angreifenden Disulfat-Anionen gehören. Dagegen befinden sich die Zr^{4+}- bzw. Hf^{4+}-Kationen stets im Zentrum eines verzerrten quadratischen Antiprismas, weisen eine Koordinationszahl von acht auf und sind dementsprechend von mindestens vier Disulfat-Anionen umgeben (Abbildung 154). In $A_4[M(S_2O_7)_4]$ mit A = Li, Na, Ag und M = Zr/Hf liegen vier zweizähnig angreifende Disulfat-Anionen in der Koordinations-Umgebung des M^{4+}-Kations vor, während in den Verbindungen $A_2(M(S_2O_7)_3) \cdot H_2SO_4$ mit A = K, NH_4, Rb und M = Zr/Hf drei zwei- und zwei einzähnig angreifende Disulfat-Anionen an das M^{4+}-Kation koordiniert sind. In der Verbindung $Cs(Zr(HSO_4)(S_2O_7)_2)$ greifen zwei der vier koordinierten Disulfat-Anionen zweizähnig an das Zr^{4+}-Kation an und zwei einzähnig. Zusätzlich liegen zwei einzähnig koordinierte Hydrogensulfat-Anionen vor. In den Zirconium- und Hafnium-Verbindungen können die zweizähnig angreifenden Disulfat-Anionen in Bezug auf den Koordinationspolyeder auf zwei verschiedene Weisen angeordnet sein: Entweder sie bilden mit den koordinierten Sauerstoff-Atomen die Seite einer Grundfläche des quadratischen Antiprismas, wie in $A_4[M(S_2O_7)_4]$, oder sie bilden die Seite eines Dreiecks der Mantelfläche, wie in $Cs(Zr(HSO_4)(S_2O_7)_2)$. In den Verbindungen $A_2(M(S_2O_7)_3) \cdot H_2SO_4$ werden beide Möglichkeiten realisiert (vgl. Abbildung 154).

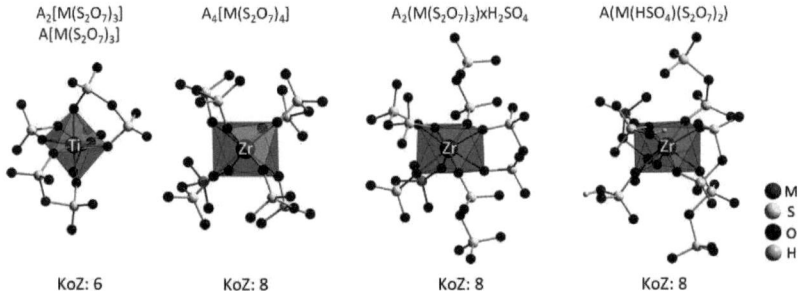

Abbildung 154: Koordination der M^{4+}-Kationen in den vorgestellten Verbindungsklassen (A: ein- bzw. zweiwertiges Kation)

Unabhängig vom angebotenen Gegen-Kation A^+ (A = Li, Na, Ag, K, NH_4, Rb, Cs) bzw. A^{2+} (A = Pb, Ba) liegen in allen Titan-Verbindungen isolierte komplexe Anionen der Zusammensetzung $[Ti(S_2O_7)_3]^{2-}$ vor. Die Verbindungen mit einwertigen Gegen-Kationen kristallisieren stets im trigonalen Kristallsystem in der Raumgruppe P-3 bzw. bei A = Li im rhomboedrischen Kristallsystem in der Raumgruppe R-3. Bei den trigonalen Strukturen lassen sich dabei eine kleinere Zelle mit Z = 2 (A = K, NH_4, Rb) und eine größere Zelle mit Z = 6 (A = Na, Cs) unterscheiden. Die Verbindungen mit den zweiwertigen Gegen-Kationen Pb^{2+} und Ba^{2+} kristallisieren isotyp im monoklinen Kristallsystem in der Raumgruppe $P2_1/c$ und Z = 4.

In den Zirconium- und Hafnium-Disulfaten hängen die Zusammensetzung der Verbindungen und die Dimensionalität der Gesamtstruktur von der Größe des vorliegenden (einwertigen) Gegen-Kations A^+ ab. In Anwesenheit der kleineren Gegen-

Kationen Li$^+$, Na$^+$ und Ag$^+$ werden isoliere komplexe Anionen der Zusammensetzung [M(S$_2$O$_7$)$_4$]$^{4-}$ mit M = Zr/Hf erhalten (Abbildung 155, links). Diese Verbindungen kristallisieren im monoklinen Kristallsystem in den Raumgruppen C2 für A = Li und C2/c für A = Na, Ag. Wenn stattdessen die mittelgroße Gegen-Kationen K$^+$, NH$_4^+$ oder Rb$^+$ angeboten werden, entstehen Kristalle der Schwefelsäure-Addukte A$_2$(M(S$_2$O$_7$)$_3$)·H$_2$SO$_4$ mit M = Zr/Hf (Raumgruppe P-1). In diesen Verbindungen werden Doppelstränge gemäß $^1_\infty\{[M(S_2O_7)_{2/1}(S_2O_7)_{3/3}]^{2-}\}$ ausgebildet (Abbildung 155, Mitte). Liegt mit dem Cs$^+$-Kation noch ein größeres Gegen-Kation vor, bildet sich im Fall von Zirconium die Verbindung Cs(Zr(HSO$_4$)(S$_2$O$_7$)$_2$), die ebenfalls im triklinen Kristallsystem in der Raumgruppe P-1 kristallisiert. Ähnlich wie in den Verbindungen mit mittelgroßen Gegen-Kationen werden hier durch verbrückende Disulfat-Anionen Ketten ausgebildet. Die Disulfat-Anionen wirken hier zwar alle verbrückend, verknüpfen jedoch nur zwei und nicht drei Zr^{4+}-Kationen miteinander. Die Ketten werden zusätzlich über die ebenfalls verbrückenden Hydrogensulfat-Anionen (in Abbildung 155 rot dargestellt) zu Schichten gemäß $^2_\infty\{[M(HSO_4)_{2/2}(S_2O_7)_{4/2}]^-\}$ verknüpft.

Je größer das angebotene Gegen-Kation in den Zirconium- und Hafnium-Verbindungen also ist, desto geringer wird das Verhältnis von Gegen-Kation zu Zentral-Kation und desto größer werden der Verknüpfungsgrad und damit die Dimensionalität der Verbindungen (Abbildung 155).

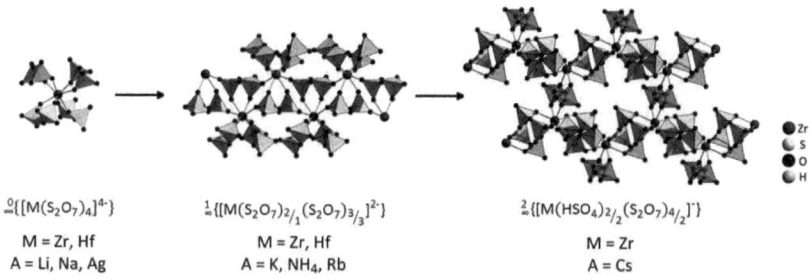

$^0_\infty\{[M(S_2O_7)_4]^{4-}\}$ $^1_\infty\{[M(S_2O_7)_{2/1}(S_2O_7)_{3/3}]^{2-}\}$ $^2_\infty\{[M(HSO_4)_{2/2}(S_2O_7)_{4/2}]^-\}$

M = Zr, Hf   M = Zr, Hf   M = Zr
A = Li, Na, Ag   A = K, NH$_4$, Rb   A = Cs

Abbildung 155: Abhängigkeit der Dimensionalität der Zirconium- und Hafnium-Verbindungen vom Gegen-Kation A

Zusätzlich zur Strukturbestimmung mit Einkristalldaten wurden die Komplexe des Typs A$_2$[Ti(S$_2$O$_7$)$_3$] mit A = Li, Na, Ag, K, NH$_4$, Rb, Cs schwingungsspektroskopisch charakterisiert. Für alle Verbindungen wurden IR-Spektren aufgenommen und für Cs$_2$[Ti(S$_2$O$_7$)$_3$] wurde exemplarisch ein Raman-Spektrum gemessen. Die Zuordnung der Banden zu Valenz- und Deformationsschwingungen erfolgte mithilfe für das [Ti(S$_2$O$_7$)$_3$]$^{2-}$-Anion simulierter IR- bzw. Raman-Spektren. Dazu wurden für dieses

Anion theoretische Rechnungen in der Gasphase auf DFT-Niveau (B3LYP/6-31G(d)) durchgeführt, die die aus Einkristalldaten ermittelte Struktur des Teilchens sehr gut wiedergeben.

Sämtliche Titan-Verbindungen der Zusammensetzung $A_2[Ti(S_2O_3)_3]$ mit A = Li, Na, Ag, K, NH_4, Rb, Cs bzw. $A[Ti(S_2O_3)_3]$ mit A = Pb, Ba wurden außerdem thermogravimetrisch untersucht. Sie zeigen Zersetzungstemperaturen zwischen 130 °C (A = Pb) und 170 °C (A = Li) und spalten in den ersten Zersetzungsschritten laut Massenverlusten zunächst SO_3 ab. Im Falle der einwertigen Gegen-Kationen bilden sich demnach Zwischenprodukte der Zusammensetzung $A_2Ti(S_2O_7)_{3-x}(SO_4)_x$ (x = 1-3). Diese spalten anschließend weiteres SO_3 ab und zersetzen sich zum Sulfat A_2SO_4 und zum Titanylsulfat $TiO(SO_4)$, welches schließlich zum TiO_2 abgebaut wird. Das mit A = Ag gebildete Silbersulfat Ag_2SO_4 bleibt bis 1050 °C nicht stabil und bereits bei etwa 900 °C liegt elementares Silber im Rückstand vor. Eine Ausnahme bildet auch die Ammonium-Verbindung, die sich bei 590 °C bereits zu TiO_2 zersetzt hat, vermutlich ohne $(NH_4)_2SO_4$ oder $TiO(SO_4)$ als Zwischenprodukte zu bilden. Die Zersetzung von $Cs_2[Ti(S_2O_7)_3]$ wurde zusätzlich mithilfe einer Hochtemperaturmessung bis 900 °C pulverdiffraktometrisch verfolgt, wodurch jedem Plateau in der TG-Kurve ein charakteristisches Pulverdiagramm zugeordnet werden konnte. Die Rückstände aller thermischen Zersetzungen wurden mit Hilfe pulverdiffraktometrischer Messungen identifiziert. So konnten die jeweiligen Sulfate A_2SO_4 mit A = Li, Na, Rb, Cs bzw. elementares Silber sowie TiO_2 in der Rutil- und / oder Anatas-Modifikation nachgewiesen werden.

Die Verbindungen mit zweiwertigen Gegen-Kationen bilden zunächst ein Zwischenprodukt der Zusammensetzung $ATi(SO_4)_3$ mit A = Pb, Ba. Im Falle der Blei-Verbindung zersetzt sich dieses rechnerisch über $PbSO_4$ und $TiO(SO_4)$ vermutlich zu $PbSO_4$ und TiO_2. Diese Zersetzungsprodukte bilden dann in einem letzten Abbauschritt das Bleititanat $PbTiO_3$. Im Falle der Barium-Verbindung kann im Rückstand sowohl das Bariumtitanat $BaTi_4O_9$ als auch $BaSO_4$ und TiO_2 in der Anatas-Modifikation nachgewiesen werden.

Der thermische Abbau der ternären Zirconium- und Hafnium-Disulfate wurde für die Gegen-Kationen Li^+, Na^+, Ag^+, K^+, NH_4^+ und Rb^+ jeweils exemplarisch an einer Verbindung untersucht. Alle Verbindungen zeigen einen Zersetzungspunkt von ca. 150 °C, abgeschlossen ist der thermische Abbau zwischen 750 °C (Li-Verbindung) und 1000 °C (Ag-Verbindung). Die Verbindungen $A_4[M(S_2O_7)_4]$ mit A = Li, Na, Ag und M = Zr/Hf spalten zuerst vier Moleküle SO_3 pro Formeleinheit ab und bilden ein Zwischenprodukt der Zusammensetzung $A_4M(SO_4)_4$. Dieses zersetzt sich zu dem entsprechenden Sulfat A_2SO_4 und dem Oxidsulfat $MO(SO_4)$, welches schließlich zu dem Oxid MO_2 abgebaut wird. Im Fall der Silber-Verbindung zersetzt sich Ag_2SO_4 auch hier zu elementarem Silber.

4 Disulfate der vierten Nebengruppe

Die Verbindungen der Zusammensetzung $A_2(M(S_2O_7)_3) \cdot H_2SO_4$ mit A = K, NH_4, Rb und M = Zr/Hf verlieren bei der Zersetzung als erstes die Schwefelsäure und SO_3, so dass Zwischenverbindungen der Zusammensetzung $A_2M(S_2O_7)_{3-x}(SO_4)_x$ (x = 1-3) entstehen. Diese zersetzen sich für A = K, Rb zu den Sulfaten A_2SO_4 und dem entsprechenden Oxid MO_2. Die Ammonium-Verbindung dagegen bildet laut Massenverlusten das binäre Sulfat $Zr(SO_4)_2$ und das Oxidsulfat $ZrO(SO_4)$ als Zwischenprodukte. Auch bei den Zirconium- und Hafnium-Verbindungen wurden die Rückstände pulverdiffraktometrisch untersucht und die Zersetzungsprodukte so identifiziert.

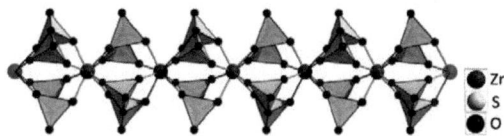

Abbildung 156: Kette in der Struktur von $Zr(S_2O_7)_2$ gemäß $^1_\infty\{[Zr(S_2O_7)_{4/2}]\}$

Das binäre Zirconium-Disulfat kristallisiert orthorhombisch in der Raumgruppe *Pccn* und weist eine für binäre Disulfate einmalige Kettenstruktur gemäß $^1_\infty\{[Zr(S_2O_7)_{4/2}]\}$ auf (Abbildung 156). Der thermische Abbau wurde hier anhand der Hafnium-Verbindung $Hf(S_2O_7)_2$ untersucht. Die Verbindung baut sich zwischen 50°C und 790 °C über das vermutete Zwischenprodukt $Hf(SO_4)_2$ zu HfO_2 ab, welches pulverdiffraktometrisch nachgewiesen werden konnte.

5. Zusammenfassung der erhaltenen Ergebnisse

In der vorliegenden Arbeit wurden neue Nitrate und Disulfate von Elementen der dritten und vierten Nebengruppe sowie der Hauptgruppen-Elemente Aluminium, Gallium und Bismut vorgestellt und ihre Struktur sowie ihre Eigenschaften beschrieben.

Ziel dieser Arbeit waren die Synthese und die Charakterisierung neuer Verbindungen der dritten und vierten Nebengruppe mit Oxo-Anionen. Dabei wurde besonderer Wert darauf gelegt, strukturelle Gemeinsamkeiten und Unterschiede der Produkte in Abhängigkeit von dem eingesetzten Metall zu untersuchen. Der erste Teil der Arbeit (Kapitel 3) beschäftigt sich mit Nitraten und enthält neben Verbindungen der genannten Nebengruppen auch Verbindungen der Elemente Aluminium, Gallium und Bismut. Diese Elemente treten, wie auch die Selten-Erd-Elemente, hauptsächlich im dreiwertigen Zustand auf und eignen sich daher gut für strukturelle Vergleiche.

Neben der Bestimmung der Struktur waren auch die thermoanalytische Untersuchungen der Nitrate relevant. So konnten Informationen über die thermische Labilität und die Zersetzungsrückstände gewonnen werden. Die thermische Analyse war notwendig, um die Eignung der Verbindungen als Precursoren für die Abscheidung von Oxidschichten abzuschätzen. Für dieses Anwendungsfeld sind eine hohe thermische Labilität und kontaminationsfreie Oxidschichten nötig. Vor allem Kontaminationen mit Kohlenstoff sind bei den oft verwendeten metallorganischen Precursoren problematisch, da dadurch die elektronischen Eigenschaften negativ beeinflusst werden können. Die Oxide der Selten-Erd-Elemente SE_2O_3 sowie ZrO_2, HfO_2 und Al_2O_3 können als „high-k-Dielektrika" möglicherweise SiO_2 in der Halbleitertechnik ersetzen. Die Oxide Ga_2O_3 und Bi_2O_3 gehören zu den transparenten und gleichzeitig elektrisch leitenden Oxiden, sie sind daher für optoelektronische Anwendungen interessant. Es war demnach sinnvoll, nach neuen kohlenstofffreien Precursoren für diese Oxide zu suchen.

Der zweite Teil der Arbeit (Kapitel 4) behandelt bisher unbekannte Strukturen von Disulfaten der vierten Nebengruppe. Das Disulfat-Anion ist strukturell besonders interessant, da es in sehr unterschiedlichen Koordinationsmodi vorliegen kann. Insbesondere in Verbindung mit ein- oder zweiwertigen Kationen ergeben sich vielfältige Möglichkeiten. Hier wurden eine Reihe neuer Strukturen verschiedener Dimensionalität vorgestellt. Die neuen Verbindungen wurden mit thermischen und schwingungsspektroskopischen Methoden charakterisiert. Interessant waren besonders die Abbauprodukte einiger ternärer Titan-Verbindungen. Das gebildete Titanat $PbTiO_3$ ist ferroelektrisch und kommt in nicht flüchtigen RAM-Modulen (FeRAM) zum Einsatz.

Tabelle 75: Übersicht über beobachtete RG und Gitterkonstanten der erhaltenen Nitrate

Verbindung	Kristallsystem	Raum-gruppe	a / Å	b / Å	c / Å	α / °	β / °	γ / °	V / Å³	Z
(NO)$_2$[Al(NO$_3$)$_5$]	trigonal	P3$_2$	10,7000(3)		9,3336(3)				925,44(4)	3
(NO)$_2$[Ga(NO$_3$)$_5$]	monoklin	P2$_1$/c	7,8488(9)	11,6583(9)	13,853(2)		94,46(1)		925,44(4)	4
(NO)[Zr(NO$_3$)$_5$]	tetragonal	I4$_1$/a	13,7051(4)		25,358(1)				4763,0(3)	1
(NO)[Hf(NO$_3$)$_5$]	tetragonal	I4$_1$/a	13,6587(7)		25,475(2)				4752,6(5)	1
(NO)$_5$(Bi(NO$_3$)$_4$)$_4$(NO$_3$)·HNO$_3$	orthorhombisch	Pbca	13,0346(2)	25,7661(5)	25,9707(4)				8722,3(3)	8
(NO)$_3$(La$_2$(NO$_3$)$_9$))	kubisch	P4$_1$32	13,6589(5)						2548,3(2)	4
(NO)$_3$(Ce$_2$(NO$_3$)$_9$))	kubisch	P4$_1$32	13,5997(8)						2515,3(3)	4
(NO)$_3$(Pr$_2$(NO$_3$)$_9$))	kubisch	P4$_1$32	13,5154(2)						2468,80(4)	4
(NO)$_3$(Nd$_2$(NO$_3$)$_9$))	kubisch	P4$_1$32	13,5134(2)						2467,71(4)	4
(NO)$_3$(Sm$_2$(NO$_3$)$_9$))	kubisch	P4$_1$32	13,4580(6)						2437,5(2)	4
(NO)$_3$(Eu$_2$(NO$_3$)$_9$))	kubisch	P4$_1$32	13,4114(6)						2412,3(2)	4
(NO)$_3$(Gd$_2$(NO$_3$)$_9$))	kubisch	P4$_1$32	13,3973(5)						2404,7(2)	4
(NO)[Tb$_2$(NO$_3$)$_7$(H$_2$O)$_4$]	monoklin	C2/c	8,1006(7)	11,4592(6)	21,100(1)		92,820(9)		1956,3(2)	4
(NO)[Dy$_2$(NO$_3$)$_7$(H$_2$O)$_4$]	monoklin	C2/c	8,0888(6)	11,4476(7)	21,1548(2)		92,92(1)		1956,3(3)	4
(NO)[Ho$_2$(NO$_3$)$_7$(H$_2$O)$_4$]	monoklin	C2/c	8,0610(4)	11,4012(6)	21,107(1)		92,877(2)		1937,4(2)	4
Er(NO$_3$)$_3$(H$_2$O)$_3$	triklin	P-1	6,9606(3)	7,2857(3)	10,9547(4)	70,629(1)	87,379(1)	66,836(1)	479,54(3)	2
Tm(NO$_3$)$_3$(H$_2$O)$_3$	rhomboedrisch	R-3	11,783(1)		10,9637(9)				1318,2(2)	6
Yb(NO$_3$)$_3$(H$_2$O)$_3$	triklin	P-1	6,9382(3)	7,2556(3)	10,9060(4)	70,714(2)	87,181(2)	66,485(2)	473,00(3)	2
Lu(NO$_3$)$_3$(H$_2$O)$_3$	monoklin	P2$_1$/c	12,9275(9)	11,414(1)	13,172(1)		102,075(8)		1900,5(3)	8
Sc(NO$_3$)$_3$(H$_2$O)$_6$	monoklin	P2$_1$/c	8,4091(4)	8,7164(4)	12,1307(6)		105,138(2)		858,29(7)	4

5 Zusammenfassung der erhaltenen Ergebnisse

5.1. Nitrate

Kapitel 3 behandelt neue Nitrate der Selten-Erd-Elemente sowie der Nebengruppen-Metalle Zirconium und Hafnium und der Hauptgruppen-Elemente Aluminium, Gallium und Bismut. Tabelle 75 gibt eine Übersicht über die erhaltenen Strukturen. Zunächst wurde in Abschnitt 3.1 die Koordinationschemie des Nitrat-Anions NO_3^- in anorganischen Verbindungen allgemein beschrieben. Dieses liegt in den vorgestellten Verbindungen sowohl einzähnig als auch (symmetrisch oder unsymmetrisch) zweizähnig koordiniert vor. Zudem kann es in den Strukturen entweder terminal oder verbrückend angeordnet sein. Anschließend wurde in Abschnitt 3.2 auf N_2O_4 und N_2O_5 als nicht wässrige Reaktionsmedien eingegangen, welche bereits ab den 1950er Jahren von Addison zur Synthese diverser Nitrosylium- und Nitrylium-Verbindungen eingesetzt wurden [2]. Die bereits in der Literatur erwähnten Verbindungen wurden zusammengestellt und die neuen, aus der Reaktion mit N_2O_5 hervorgegangen, Verbindungen präsentiert. Die Selten-Erd-Nitrate resultierten aus Reaktionen mit rauchender Salpetersäure und wurden anschließen in Abschnitt 3.3 behandelt.

Für die Synthese der Nitrosylium-Verbindungen der Elemente Aluminium, Gallium, Bismut, Zirconium und Hafnium wurde festes N_2O_5 eingesetzt, das durch Entwässerung von rauchender Salpetersäure mit P_4O_{10} hergestellt wurde. Es ist aber davon auszugehen, dass sich dieses bei den gegebenen Bedingungen in der abgeschmolzenen Glasampulle zum Teil zu N_2O_4 zersetzt hat, welches schließlich den Reaktionspartner gebildet hat.

Aus der Reaktion von N_2O_5 mit $AlCl_3$ bzw. elementarem Gallium bei Raumtemperatur konnten die komplexen Nitrate $(NO)_2[Al(NO_3)_5]$ und $(NO)_2[Ga(NO_3)_5]$ erhalten und ihre Struktur bestimmt werden. Beide Verbindungen bestehen aus isolierten Pentanitratometallat-Anionen und Nitrosylium-Kationen NO^+. $(NO)_2[Al(NO_3)_5]$ kristallisiert im trigonalen Kristallsystem in der azentrischen Raumgruppe $P3_2$. Das Al^{3+}-Kation ist verzerrt oktaedrisch von einer zweizähnig und vier einzähnig angreifenden Nitrat-Gruppen umgeben, so dass sich eine Koordinationszahl von sechs ergibt. Bei $(NO)_2[Ga(NO_3)_5]$ handelt es sich um das erste bekannte Pentanitratogallat. Dieses kristallisiert im monoklinen Kristallsystem in der Raumgruppe $P2_1/c$ und ist ähnlich wie die Aluminium-Verbindung aufgebaut (Abbildung 157, links). Die thermische Analyse beider Verbindungen ergibt eine geringe Stabilität, so zersetzt sich $(NO)_2[Al(NO_3)_5]$ bereits bei 55 °C und $(NO)_2[Ga(NO_3)_5]$ sogar schon bei 40°C. Als Abbauprodukte wurden Al_2O_3 bzw. Ga_2O_3 pulverdiffraktometrisch nachgewiesen.

5 Zusammenfassung der erhaltenen Ergebnisse

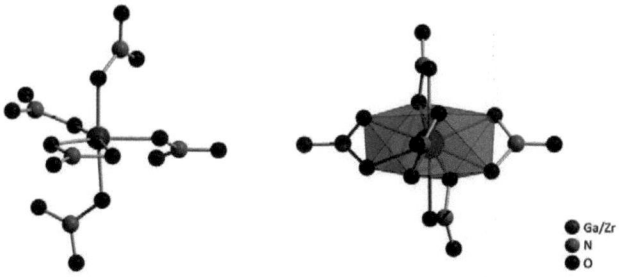

Abbildung 157: Koordinationsumgebung der Metall-Ionen in (NO)$_2$[Ga(NO$_3$)$_5$] (links) und (NO)[Zr(NO$_3$)$_5$] (rechts)

Die Reaktion von N$_2$O$_5$ mit den Chloriden von Zirconium und Hafnium MCl$_4$ führt zu den Verbindungen (NO)[M(NO$_3$)$_5$] mit M = Zr, Hf. Diese kristallisieren isotyp zu den bereits bekannten Verbindungen (NO$_2$)$_{3/4}$(NO)$_{0,77}$[Zr(NO$_3$)$_5$] und (NO$_2$)[Zr(NO$_3$)$_5$] im tetragonalen Kristallsystem in der Raumgruppe $I4_1/a$ [73, 84]. Ein Vergleich der Zellvolumina dieser Strukturen zeigt, dass der Austausch von NO$_2^+$-Ionen gegen NO$^+$-Ionen zu einer Verkürzung der c-Achse führt. Das Zr^{4+}-Kation im komplexen [Zr(NO$_3$)$_5$]$^-$-Anion ist von fünf zweizähnig angreifenden Nitrat-Ionen umgeben und weist damit eine Koordinationszahl von zehn auf. Die koordinierten Sauerstoff-Atome bilden ein verzerrtes, zweifach überkapptes quadratisches Antiprisma (Abbildung 157, rechts). Der Ladungsausgleich wird auch hier durch Nitrosylium-Ionen NO$^+$ realisiert. Der dreistufige thermische Abbau von (NO)[M(NO$_3$)$_5$] beginnt bei 74 °C (M = Zr) bzw. 58 °C (M = Hf) und führt zu den monoklinen Oxiden ZrO$_2$ und HfO$_2$.

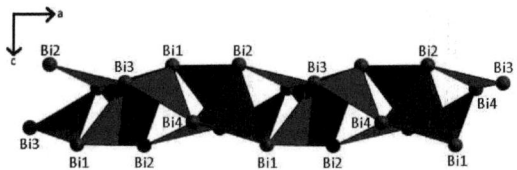

Abbildung 158: Ketten in der Struktur von (NO)$_5$(Bi(NO$_3$)$_4$)$_4$(NO$_3$)·HNO$_3$ (Dreiecke entsprechen verbrückenden Nitrat-Gruppen, terminale Nitrat-Gruppen sind nicht dargestellt)

Bei der Reaktion von elementarem Bismut-Pulver mit N$_2$O$_5$ konnte die Verbindung (NO)$_5$(Bi(NO$_3$)$_4$)$_4$(NO$_3$)·HNO$_3$ gewonnen werden. Geringe Verunreinigungen mit HNO$_3$ in dem verwendeten N$_2$O$_5$ reichen dabei für die Bildung dieses Salpetersäure-Addukts aus. Bei der Struktur handelt es sich um ein seltenes Beispiel für ein rein

5 Zusammenfassung der erhaltenen Ergebnisse

anorganisches, nicht basisches, Bismut-Nitrat. Diese wasserfreie Verbindung kristallisiert im orthorhombischen Kristallsystem in der Raumgruppe *Pbca* und liegt im Gegensatz zu den bekannten Bismut-Nitraten $Bi(NO_3)_3 \cdot 5H_2O$ [97] und $Cs_2Bi(NO_3)_5 \cdot H_2O$ [98] nicht molekular bzw. ionisch vor. Stattdessen führen verbrückende Nitrat-Gruppen dazu, dass Ketten gemäß $^1_\infty\{[Bi(NO_3)_{3/1}(NO_3)_{3/3}]^-\}$ ausgebildet werden (Abbildung 158). Die vier kristallographisch unterscheidbaren Bi^{3+}-Kationen weisen eine ähnliche Koordinationssphäre auf und sind im Abstand von 2,36 Å bis 3,02 Å von zwölf Sauerstoff-Atomen umgeben. Zwischen den Ketten sind fünf kristallographisch unterscheidbare Nitrosylium-Ionen NO^+ und ein freies Nitrat-Anion NO_3^- sowie ein Molekül HNO_3 pro Formeleinheit eingelagert. Der sechsstufige thermische Abbau dieser Verbindung beginnt schon bei ca. 40 °C und verläuft vermutlich über die Bildung von $Bi(NO_3)_3$ und diverser Oxid-Nitrate unterschiedlicher Zusammensetzung. Der Rückstand wurde pulverdiffraktometrisch untersucht und als monoklines Bi_2O_3 identifiziert.

Für die Synthese der Selten-Erd-Nitrate wurden die jeweiligen Selten-Erd-Elemente in Form von Metallpulver, als wasserfreies Chlorid oder als Oxid mit rauchender Salpetersäure in Duranglasampullen bei einer Temperatur von 100 °C umgesetzt. Dabei wurden die Verbindungsklassen $(NO)_3(SE_2(NO_3)_9)$ mit SE = La-Nd, Sm-Gd, $(NO)[SE_2(NO_3)_7(H_2O)_4]$ mit SE = Tb-Ho und $SE(NO_3)_3(H_2O)_x$ mit SE = Y, Er-Lu (x = 3), Sc (x = 2) erhalten.

Die Verbindungen des Typs $(NO)_3(SE_2(NO_3)_9)$ und des Typs $(NO)[SE_2(NO_3)_7(H_2O)_4]$ gehören zu den ternären Selten-Erd-Nitraten der allgemeinen Form $A_ySE(NO_3)_{3+y}(H_2O)_x$, wobei A ein einwertiges Kation und in diesen Fällen ein NO^+-Ion darstellt. Innerhalb dieser ternären Nitrate nimmt die Dimensionalität der Verbindungen mit höherem SE:A-Verhältnis zu. Die wasserfreien Nitrosylium-Nitrate zeigen das in diesem Bereich bisher höchste SE:A-Verhältnis (1:1,5) und liegen damit dreidimensional vor. Die Verbindungen $(NO)[SE_2(NO_3)_7(H_2O)_4]$ weisen im Bereich der wasser*haltigen* ternären Selten-Erd-Nitrate das höchste SE:A-Verhältnis (2:1) bei gleichzeitig relativ hohem Wassergehalt auf. Die Wasser-Moleküle liegen an das SE^{3+}-Kation koordiniert vor, was bei allen anderen bekannten Selten-Erd-Nitraten zu der Bildung von Monomeren führt. Durch das hohe SE:A-Verhältnis können hier jedoch Dimere ausgebildet werden.

Die Nitrosylium-Nitrate des Typs $(NO)_3(SE_2(NO_3)_9)$ mit SE = La-Nd kristallisieren isotyp im kubischen Kristallsystem in den enantiomorphen Raumgruppen $P4_132$ bzw. $P4_332$. Die SE^{3+}-Ionen liegen im Zentrum eines aus Sauerstoff-Atomen aufgebauten, verzerrten Ikosaeders. Die Sauerstoff-Atome gehören zu sechs zweizähnig angreifenden Nitrat-Gruppen, von denen drei terminal und drei verbrückend angeordnet sind (Abbildung 159, links). Durch die verbrückenden Nitrat-Gruppen wird ein dreidimensionales Netzwerk gemäß $^3_\infty\{[SE(NO_3)_{3/1}(NO_3)_{3/2}]^{4,5-}\}$ aufgebaut. Der Ladungsausgleich wird über Nitrosylium-Ionen erreicht, die in dieses Netzwerk eingelagert sind. Die Lanthanoidenkontraktion in der Reihe vom La^{3+}-Ion bis zum Gd^{3+}-Ion zeigt sich deutlich in kürzer werdenden SE-O-Abständen. Für alle Vertreter dieser Verbindungsklasse wurde auch die thermische Zersetzung untersucht, die zwischen 50 °C und 80 °C beginnt. Diese verläuft bei fast allen Verbindungen über vier Stufen, führt zum jeweiligen Selten-Erd-Sesquioxid SE_2O_3 und ist bei ca. 650 °C abgeschlossen. Als Zwischenverbindungen werden die wasserfreien Nitrate $SE(NO_3)_3$, die Oxid-Nitrate $SEO(NO_3)$ und Abbauprodukte der Zusammensetzung „$SEO(NO_3) \cdot SE_2O_3$" angenommen. Ausnahmen bilden die thermischen Abbaureaktionen der Cer- und der Praseodym-Verbindung. Ihre Zersetzung ist schon bei 270 °C (Cer) bzw. 470 °C (Praseodym) abgeschlossen und als Zersetzungsprodukte werden CeO_2 bzw. Pr_6O_{11} gebildet.

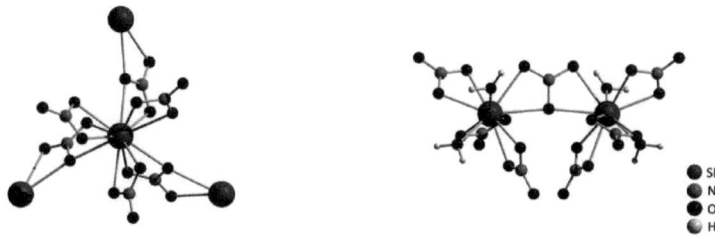

Abbildung 159: Umgebung der Metall-Kationen in $(NO)_3(Eu_2(NO_3)_9)$ (links) und $(NO)[Tb_2(NO_3)_7(H_2O)_4]$ (rechts)

Die Verbindungen $(NO)[SE_2(NO_3)_7(H_2O)_4]$ mit SE = Tb, Dy, Ho kristallisieren isotyp in der monoklinen Raumgruppe $C2/c$ und sind aus $[SE_2(NO_3)_7(H_2O)_4]^-$-Dimeren und NO^+-Kationen aufgebaut. Die SE^{3+}-Kationen werden von vier zweizähnig angreifenden Nitrat-Gruppen und zwei Wasser-Molekülen koordiniert. Eine der Nitrat-Gruppen liegt auf einer zweizähligen Drehachse und verknüpft jeweils zwei SE^{3+}-Kationen miteinander (Abbildung 159, rechts). Die NO^+-Ionen befinden sich immer in der Mitte zwischen zwei Dimeren in der ansonsten durch mittelstarke Wasserstoffbrückenbindungen verknüpften Struktur. Der thermische Abbau beginnt bei ungefähr 100 °C mit der Abgabe von Wasser und ist bei ca. 600°C abgeschlossen. Als Zwischenprodukte werden die Oxid-Nitrate $SEO(NO_3)$ vermutet, die endgültigen Zersetzungsprodukte sind Tb_7O_{12}, Dy_2O_3 und Ho_2O_3.

Die Strukturen von Nitrat-Hydraten der Selten-Erd-Elemente $SE(NO_3)_3(H_2O)_x$ sind vergleichsweise gut untersucht, jedoch wurden die meisten Strukturbestimmungen für Verbindungen mit relativ hohem Wassergehalt (x = 5,6) durchgeführt. Zwar sind mit beispielsweise $Y(NO_3)_3(H_2O)_3$ und $Yb(NO_3)_3(H_2O)_3$ auch einige Nitrat-Trihydrate bekannt, aber bisher wurde in der Literatur noch keine Struktur eines Nitrat-*Di*hydrats beschrieben [114]. In dieser Arbeit wurden nun ergänzend die Strukturen von SE(NO$_3$)$_3$(H$_2$O)$_3$ mit SE = Er-Lu und des ersten Selten-Erd-Nitrat-Dihydrats Sc(NO$_3$)$_3$(H$_2$O)$_2$ diskutiert. Die Selten-Erd-Trihydrate sind grundsätzlich ähnlich aufgebaut, kristallisieren aber trotzdem in unterschiedlichen Raumgruppen. Die Strukturen von Er(NO$_3$)$_3$(H$_2$O)$_3$ und Yb(NO$_3$)$_3$(H$_2$O)$_3$ sind isotyp zu dem bereits literaturbekannten Y(NO$_3$)$_3$(H$_2$O)$_3$ [116] und kristallisieren im triklinen Kristallsystem in der Raumgruppe P-1. Auch von Lu(NO$_3$)$_3$(H$_2$O)$_3$ ist eine trikline Modifikation bekannt, die hier vorgestellte Struktur stellt aber eine monokline Modifikation dar, die in $P2_1/c$ kristallisiert. Die Verbindung Tm(NO$_3$)$_3$(H$_2$O)$_3$ kristallisiert rhomboedrisch in der Raumgruppe R-3 und ist isotyp zu dem bekannten Yb(NO$_3$)$_3$(H$_2$O)$_3$ [143]. In allen Selten-Erd-Nitrat-Trihydraten ist das SE^{3+}-Kation von drei Wassermolekülen und drei zweizähnig angreifenden Nitrat-Gruppen umgeben, so dass sich eine Koordinationszahl von neun ergibt (Abbildung 160, links).

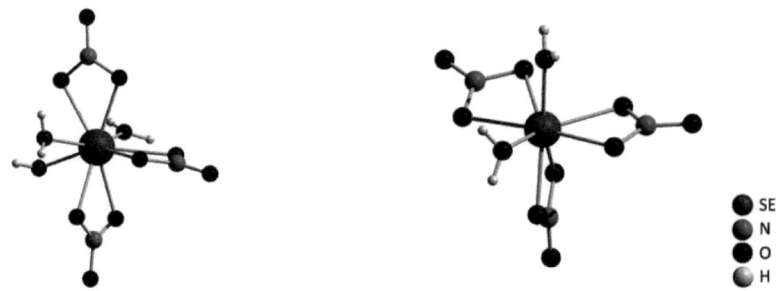

Abbildung 160: Umgebung des Metall-Kations in Lu(NO$_3$)$_3$(H$_2$O)$_3$ (links) und Sc(NO$_3$)$_3$(H$_2$O)$_2$ (rechts)

Die Scandium-Verbindung Sc(NO$_3$)$_3$(H$_2$O)$_2$ kristallisiert im monoklinen Kristallsystem in der Raumgruppe $P2_1/c$. Das Sc^{3+}-Ion wird von zwei Wasser-Molekülen und drei zweizähnig angreifenden Nitrat-Gruppen koordiniert (Abbildung 160, rechts). Mit einer Koordinationszahl von acht ergibt sich ein verzerrtes quadratisches Antiprisma als Koordinationspolyeder. Auch hier werden, wie in allen Selten-Erd-Nitrat-Hydraten, mittelstarke Wasserstoffbrückenbindungen ausgebildet.

Der thermische Abbau der Selten-Erd-Nitrat-Trihydrate beginnt bei etwa 150 °C, verläuft wenig einheitlich und ist bei spätestens 600 °C abgeschlossen. Als Zwischenprodukte werden Oxid-Nitrate unterschiedlicher Zusammensetzung angenommen. Die Zersetzung führt in allen Fällen zu den kubischen Sesquioxiden SE$_2$O$_3$. Der thermische Abbau von Sc(NO$_3$)$_3$(H$_2$O)$_2$ beginnt schon bei 90 °C und ist bereits bei 470 °C abgeschlossen (Abbildung 161). Auch hier wird das kubische Sc_2O_3 als Abbauprodukt pulverdiffraktometrisch nachgewiesen (Abbildung 162).

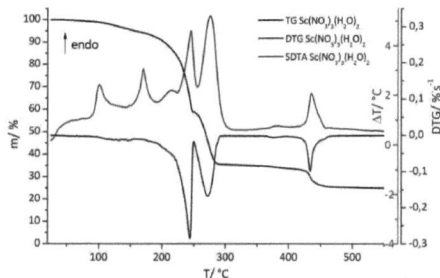

Abbildung 161: TG/DTG/SDTA-Diagramm der thermischen Zersetzung von $Sc(NO_3)_3(H_2O)_2$

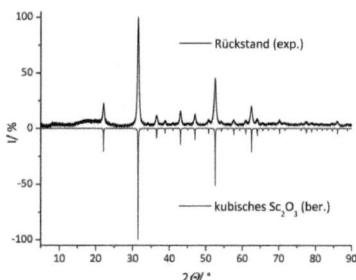

Abbildung 162: Pulverdiffraktogramm des Rückstandes der Zersetzung von $Sc(NO_3)_3(H_2O)_2$

Der Vergleich der durch eine Reaktion mit rauchender Salpetersäure gebildeten Strukturen zeigt, dass der Verbindungstyp vom Ionenradius des zentralen SE^{3+}-Kations abhängt. Die größeren Selten-Erd-Ionen La^{3+} bis Gd^{3+} bilden Nitrosylium-Nitrate $(NO)_3(SE_2(NO_3)_9)$ und weisen eine Koordinationszahl von zwölf auf. Die mittelgroßen Ionen Tb^{3+} bis Ho^{3+} bilden komplexe Verbindungen des Typs $(NO)[SE_2(NO_3)_7(H_2O)_4]$ mit einer Koordinationszahl von zehn. Die kleineren Selten-Erd-Ionen Y^{3+} und Er^{3+} bis Lu^{3+} zeigen nur noch eine Koordinationszahl von neun und bilden Nitrat-Trihydrate. Sc^{3+} bildet schließlich nur noch ein Nitrat-Dihydrat mit einer Koordinationszahl von acht.

5.2. Disulfate

In Kapitel 4 werden neue Disulfate von Elementen der vierten Nebengruppe vorgestellt. Tabelle 76 gibt eine Übersicht über die erhaltenen Strukturen. Diese Salze der Dischwefelsäure sind, im Gegensatz zu den Salzen der Schwefelsäure, den Sulfaten, strukturell nur wenig untersucht. Abgesehen von Strukturen mit Selten-Erd-Elementen wurden im Bereich der Nebengruppen bisher nur disulfathaltige Strukturen der Elemente Niob, Rhenium, Palladium, Gold und Cadmium beschrieben [153, 156, 159-161]. Zur Darstellung der beschriebenen Verbindungen wurde eine Synthesemethode zur Herstellung komplexer Disulfate der vierten Hauptgruppe in abgewandelter Form eingesetzt [162].

Aus der Reaktion von $TiCl_4$ mit Oleum in Anwesenheit einwertiger bzw. zweiwertiger Kationen konnten die Verbindungen $A_2[Ti(S_2O_7)_3]$ mit A = Li, Na, Ag, K, NH_4, Rb, Cs und $A[Ti(S_2O_7)_3]$ mit A = Pb, Ba erhalten werden. Diese enthalten das komplexe $[Ti(S_2O_7)_3]^{2-}$-Anion, in dem das Ti^{4+}-Ion oktaedrisch von Sauerstoff-Atomen koordiniert vorliegt (Abbildung 164, links). Die Sauerstoff-Atome gehören zu drei zweizähnig koordinierten Disulfat-Anionen. Die Strukturen zeigen damit große Ähnlichkeit zu den Hauptgruppen-Komplexen $A_2[M(S_2O_7)_3]$ (A: einwertiges Kation) und $A[M(S_2O_7)_3]$ (A: zweiwertiges Kation) mit M = Si, Ge, Sn [162-164].

Je nach Gegen-Kation A können sich die Gesamtstrukturen von $A_2[Ti(S_2O_7)_3]$, trotz der gleichen Zusammensetzung, deutlich unterscheiden. $Li_2[Ti(S_2O_7)_3]$ kristallisiert rhomboedrisch in der Raumgruppe R-3 und Z = 18, während die anderen Strukturen im trigonalen Kristallsystem in der Raumgruppe P-3 mit Z = 6 (A = Na, Ag, Cs) oder Z = 2 (A = K, NH_4, Rb) vorliegen. Die Umgebung der Gegen-Kationen variiert in den Strukturen von stark unregelmäßigen Polyedern (z. B. bei A = Cs) bis zu oktaedrischer Koordination (A = Li). Die Größe des Gegen-Kations scheint zudem einen Einfluss auf das Disulfat-Anion auszuüben: Je kleiner das Gegen-Kation ist, desto stärker sind die Sulfat-Tetraeder des Disulfat-Anions gegeneinander verdrillt. Die Titan-Verbindungen mit zweiwertigen Gegen-Kationen $Pb[Ti(S_2O_7)_3]$ und $Ba[Ti(S_2O_7)_3]$ kristallisieren isotyp in der monoklinen Raumgruppe $P2_1/c$. Das gebildete Oktaeder um das Ti^{4+}-Kation ist hier etwas stärker verzerrt als bei den Strukturen vom Typ $A_2[Ti(S_2O_7)_3]$. Die Gegen-Kationen liegen hier neunfach von Sauerstoff-Atomen koordiniert vor.

Tabelle 76: Übersicht über beobachtete Raumgruppen und Gitterkonstanten der erhaltenen Disulfate

Verbindung	Kristall-system	Raum-gruppe	a / Å	b / Å	c / Å	α / °	β / °	γ / °	V / Å³	Z
Li₂[Ti(S₂O₇)₃]	rhomboedrisch	R-3	14,6753(7)		37,899(2)				7068,7(6)	18
Na₂[Ti(S₂O₇)₃]	trigonal	P-3	15,3438(7)		13,0346(5)				2657,6(2)	6
Ag₂[Ti(S₂O₇)₃]	trigonal	P-3	16,5181(7)		10,1909(4)				2408,0(2)	6
K₂[Ti(S₂O₇)₃]	trigonal	P-3	9,754(1)		10,703(1)				881,8(2)	2
(NH₄)₂[Ti(S₂O₇)₃]	trigonal	P-3	9,8692(8)		10,9992(8)				927,8(1)	2
Rb₂[Ti(S₂O₇)₃]	trigonal	P-3	9,8751(9)		11,0026(8)				929,2(1)	2
Cs₂[Ti(S₂O₇)₃]	trigonal	P-3	17,2735(9)		11,3147(4)				2923,7(2)	6
Pb[Ti(S₂O₇)₃]	monoklin	P2₁/c	7,0228(9)	12,732(1)	17,956(2)		93,08(2)		1603,1(3)	4
Ba[Ti(S₂O₇)₃]	monoklin	P2₁/c	7,1012(5)	13,0723(9)	18,082(1)		93,154(9)		1676,0(2)	4
Li₄[Zr(S₂O₇)₄]	monoklin	C2	18,285(1)	7,4008(4)	16,5886(9)		107,840(2)		2136,9(2)	4
Li₄[Hf(S₂O₇)₄]	monoklin	C2	18,250(1)	7,4178(4)	16,651(1)		107,857(8)		2145,6(2)	4
Na₄[Zr(S₂O₇)₄]	monoklin	C2/c	18,0842(9)	7,4085(4)	18,544(1)		113,635(1)		2276,1(2)	4
Ag₄[Zr(S₂O₇)₄]	monoklin	C2/c	18,2935(9)	7,0437(3)	19,991(1)		117,844(2)		2277,6(2)	4
Ag₄[Hf(S₂O₇)₄]	monoklin	C2/c	18,2659(6)	7,0452(2)	19,7734(5)		116,850(2)		2270,3(1)	4
K₂(Zr(S₂O₇)₃)·H₂SO₄	triklin	P-1	7,5908(2)	11,0197(2)	13,3761(3)	69,409(1)	89,067(1)	72,848(1)	996,03(4)	2
(NH₄)₂(Zr(S₂O₇)₃)·H₂SO₄	triklin	P-1	7,7490(7)	11,261(1)	13,755(2)	113,36(1)	91,88(1)	107,72(1)	1033,3(2)	2
Rb₂(Zr(S₂O₇)₃)·H₂SO₄	triklin	P-1	7,7320(2)	11,1076(2)	13,5085(3)	69,277(1)	89,176(1)	72,608(1)	1030,05(4)	2
Rb₂(Hf(S₂O₇)₃)·H₂SO₄	triklin	P-1	7,8082(4)	11,3028(5)	13,7078(7)	112,884(2)	91,872(2)	107,573(2)	1046,92(9)	2
Cs(Zr(HSO₄)(S₂O₇)₂)	triklin	P-1	8,8164(2)	9,8687(2)	10,7600(2)	116,421(1)	94,069(1)	113,242(1)	734,97(3)	2
Li₁₃[Zr(HS₂O₇)(S₂O₇)₃]₃	monoklin	P2₁	20,973(1)	7,2990(3)	28,177(2)		93,851(7)		4303,6(4)	2
Zr(S₂O₇)₂	orthorhombisch	Pccn	7,0908(6)	14,422(2)	14,422(2)				963,5(2)	4

5 Zusammenfassung der erhaltenen Ergebnisse

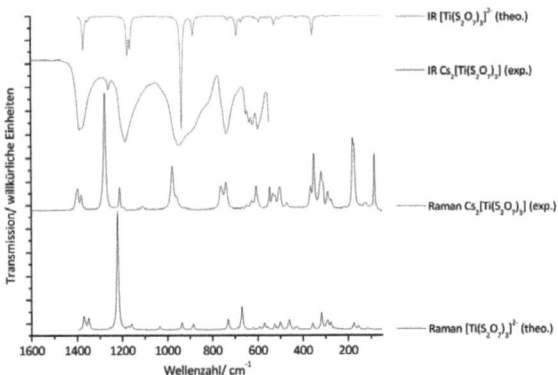

Abbildung 163: IR- und Raman-Spektrum von Cs$_2$[Ti(S$_2$O$_7$)$_3$] im Vergleich mit theoretisch berechneten Spektren für das [Ti(S$_2$O$_7$)$_3$]$^{2-}$-Anion

Die komplexen Disulfate des Titans wurden umfassend mit schwingungsspektroskopischen und thermoanalytischen Methoden charakterisiert. Die IR-Spektren aller Verbindungen des Typs A$_2$[Ti(S$_2$O$_7$)$_3$] wurden aufgenommen und für Cs$_2$[Ti(S$_2$O$_7$)$_3$] wurde ergänzend ein Raman-Spektrum gemessen (Abbildung 163). Die Spektren wurden mit theoretisch berechneten Spektren verglichen (DFT-Rechnungen auf B3LYP/6-31G(d)-Niveau). Die Zersetzung der Titan-Disulfate beginnt zwischen 130 °C und 170 °C mit der sukzessiven Abspaltung von SO$_3$ und der Bildung disulfatärmerer Zwischenverbindungen. In Fall der Verbindungen mit einwertigen Gegen-Kationen A verläuft der thermische Abbau dann über die Bildung des jeweiligen Sulfats A$_2$SO$_4$ und des Titanylsulfats TiO(SO$_4$), welches sich im weiteren Verlauf zu TiO$_2$ zersetzt. Pb[Ti(S$_2$O$_7$)$_3$] und Ba[Ti(S$_2$O$_7$)$_3$] bilden vermutlich ein Zwischenprodukt der Zusammensetzung ATi(SO$_4$)$_3$ mit A = Pb, Ba. Das Zwischenprodukt baut sich schließlich zu PbTiO$_3$ (A = Pb) bzw. zu einem Gemisch aus BaTi$_4$O$_9$, BaSO$_4$ und TiO$_2$ (A = Ba) ab. Alle Rückstände wurden mit Hilfe der Pulverdiffraktometrie identifiziert.

Abbildung 164: Umgebung des Zentral-Kations in Na$_2$[Ti(S$_2$O$_7$)$_3$] (links) und Na$_4$[Zr(S$_2$O$_7$)$_4$] (rechts)

Die Verbindungen $A_4[M(S_2O_7)_4]$ mit M = Zr, Hf kristallisieren im monoklinen Kristallsystem in der azentrischen Raumgruppen $C2$ für A = Li bzw. in der zentrosymmetrischen Raumgruppe $C2/c$ für A = Na, Ag. Alle Verbindungen enthalten das komplexe $[Zr(S_2O_7)_4]^{4-}$-Anion als zentrales Strukturelement. Die Zr^{4+}-Kationen werden von vier zweizähnig angreifenden Disulfat-Anionen koordiniert und liegen im Zentrum von unterschiedlich stark verzerrten quadratischen Antiprismen (Abbildung 164, rechts). Die thermische Zersetzung dieser Verbindungsklasse beginnt ungefähr bei 150 °C mit der Abspaltung von SO_3. Als Zwischenprodukte bilden sich wahrscheinlich Verbindungen der Zusammensetzung $A_4M(SO_4)_4$, die sich dann zu den entsprechenden Sulfaten A_2SO_4 und $MO(SO_4)$ zersetzen. Aus $MO(SO_4)$ bildet sich schließlich MO_2 und aus Ag_2SO_4, im Fall der Silber-Verbindung, bildet sich elementares Silber.

Die Verbindung $Li_{13}[Zr(HS_2O_7)(S_2O_7)_3]_3[Zr(S_2O_7)_4]$ kristallisiert ebenfalls im monoklinen Kristallsystem in der azentrischen Raumgruppe $P2_1$. Der Komplex ist strukturell ähnlich aufgebaut wie die Verbindungen $Li_4[M(S_2O_7)_4]$ mit M = Zr, Hf mit dem Unterschied, dass bei drei der vier kristallographisch unterscheidbaren Zr^{4+}-Kationen eine der vier Disulfat-Einheiten protoniert vorliegt. In der Gesamtstruktur bilden die $[Zr(HS_2O_7)(S_2O_7)_3]^{3-}$-Anionen mittelstarke Wasserstoffbrückenbindungen zu jeweils zwei weiteren kristallographisch identischen komplexen Anionen aus, wodurch kettenartige Strukturen entstehen. Die 13 kristallographisch unterscheidbaren Li^+-Kationen liegen entweder verzerrt quadratisch-pyramidal, tetraedrisch oder oktaedrisch von Sauerstoff-Atomen koordiniert vor.

Die Verbindungen $A_2(M(S_2O_7)_3)\cdot H_2SO_4$ mit A = K, NH_4 (M = Zr), Rb (M = Zr, Hf) kristallisieren im triklinen Kristallsystem isotyp in der Raumgruppe P-1 (Abbildung 165). Auch hier sind die M^{4+}-Kationen quadratisch antiprismatisch von acht Sauerstoff-Atomen koordiniert, die zu drei zweizähnig und zwei einzähnig angreifenden Disulfat-Anionen gehören. Von diesen wirken drei verbrückend und führen zu der Ausbildung von Doppelsträngen gemäß $^1_\infty\{[M(S_2O_7)_{2/1}(S_2O_7)_{3/3}]^{2-}\}$. Parallel zu den Doppelsträngen befinden sich über Wasserstoffbrückenbindungen ausgebildete Ketten aus freien Schwefelsäure-Molekülen. Der thermische Abbau dieser Verbindungen beginnt bei 150 °C und verläuft über disulfatärmere Zwischenverbindungen. Außerdem wird im ersten Zersetzungsschritt die Schwefelsäure abgegeben. Während sich die Kalium- und die Rubidium-Verbindung zu den Alkalimetall-Sulfaten und dem Oxid MO_2 zersetzen, führt die Ammonium-Verbindung nur zu ZrO_2 als Rückstand.

Die Verbindung $Cs(Zr(HSO_4)(S_2O_7)_2)$ kristallisiert ebenfalls triklin in der Raumgruppe P-1 und die Zr^{4+}-Kationen liegen auch quadratisch antiprismatisch von acht Sauerstoff-Atomen koordiniert vor. Diese gehören hier allerdings zu zwei Hydrogensulfat-Anionen und zu vier Disulfat-Anionen, von denen jedes Anion zwei Zr^{4+}-Kationen verknüpft. In die sich ergebenden Schichten gemäß $^2_\infty\{[Zr(HSO_4)_{2/2}(S_2O_7)_{4/2}]^-\}$ sind die Cs^+-Kationen kanalartig eingelagert (Abbildung 166).

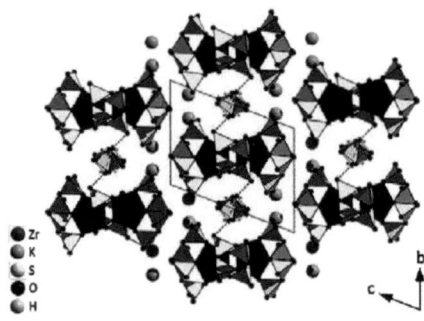

Abbildung 165: Struktur von K$_2$(Zr(S$_2$O$_7$)$_3$)·H$_2$SO$_4$ in Projektion auf die *bc*-Ebene

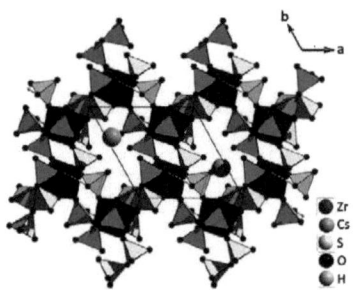

Abbildung 166: Struktur von Cs(Zr(HSO$_4$)(S$_2$O$_7$)$_2$) in Projektion auf die *ab*-Ebene

Der Vergleich der ternären Disulfat-Verbindungen des Zirconiums und des Hafniums ergibt, dass die Dimensionalität der Verbindungen von der Größe des Gegen-Kations abhängt. Je kleiner dieses ist, desto stärker vernetzt ist der anionische Teil der Struktur. So sind die Lithium-, Natrium- und Silber-Verbindungen ionisch aufgebaut, die Strukturen der Kalium-, Ammonium- und Rubidium-Verbindungen enthalten Ketten und die Cäsium-Verbindung besteht aus anionischen Schichten.

Die Struktur des binären Zirconium-Disulfat Zr(S$_2$O$_7$)$_2$ gehört zu der Raumgruppe *Pccn* des orthorhombischen Kristallsystems. Hier liegen nur jeweils ein kristallographisch unterscheidbares Zr^{4+}-Kation und ein Disulfat-Anion vor. Dabei ist das Zr^{4+}-Kation verzerrt quadratisch antiprismatisch von acht Sauerstoff-Atomen umgeben, die zu vier Disulfat-Anionen gehören. Diese führen zu der Ausbildung von Ketten gemäß $^1_\infty\{[Zr(S_2O_7)_{4/2}]\}$. Die Ketten liegen in einer hexagonal dichtesten Stäbchenpackung in der Struktur vor. Der thermische Abbau der Verbindungen M(S$_2$O$_7$)$_2$ mit M = Zr, Hf wurde anhand von Hf(S$_2$O$_7$)$_2$ untersucht. Vermutlich bildet sich bis ca. 280 °C das binäre Hafnium-Sulfat Hf(SO$_4$)$_2$, welches sich bis 790 °C zu HfO$_2$ zersetzt.

6. Ausblick

Im Bereich der Hauptgruppen-Nitrate bieten sich weitere Versuche zur Synthese und Kristallisation der Nitrosylium-Nitrate von Indium und Thallium an. Die Verbindungen (NO)[In(NO$_3$)$_4$] und (NO)[Tl(NO$_3$)$_4$] sind zwar in der Literatur beschrieben, die Struktur konnte bisher jedoch nicht aufgeklärt werden [53, 92]. Eventuell wäre sogar ein Nitrosylium-Nitrat des Bors möglich, um die Nitrosylium-Nitrate der dritten Hauptgruppe zu vervollständigen. Außerdem wäre es interessant, weitere anorganische wasserfreie oder wasserarme Bismut-Nitrate in stark saurer Umgebung zu kristallisieren. Dadurch könnte möglicherweise aufgeklärt werden, unter welchen Bedingungen sich auch in stark saurer Umgebung mehrdimensionale Bismut-Nitrat-Strukturen ausbilden.

Neben den hier vorgestellten wasserfreien Nitrosylium-Nitraten der größeren Selten-Erd-Elemente (NO)$_3$(SE$_2$(NO$_3$)$_9$) mit SE = La-Gd mit dreidimensionaler Struktur sind in der Literatur auch die komplexen nulldimensionalen Verbindungen (NO)$_2$[SE(NO$_3$)$_5$] mit SE = Sc, Y, Ho beschrieben, die in wasserfreier Umgebung synthetisiert wurden [121-122]. Die Synthese und strukturelle Charakterisierung von wasserfreien Nitrosylium-Nitraten der übrigen Selten-Erd-Elemente wäre spannend, da im Bereich der mittelgroßen Elemente dieser Reihe vermutlich noch weitere Strukturtypen möglich sind. Es könnte zu der Ausbildung von Schichten- oder Ketten-Strukturen kommen, so dass ein Trend hinsichtlich der Dimensionalität der Strukturen erkennbar wird.

Eine große Herausforderung stellt weiterhin die Strukturbestimmung eines wasserfreien binären Selten-Erd-Nitrates der Zusammensetzung SE(NO$_3$)$_3$ mit Hilfe von Einkristalldaten dar.

Interessant wären darüber hinaus zusätzliche Untersuchungen zum thermischen Abbau der Selten-Erd-Verbindungen. Häufig können den Abbaustufen über die Massenverluste keine eindeutigen Zwischenprodukte zugeordnet werden. Zum Beispiel wurde oft ein Zwischenprodukt der Zusammensetzung „SEO(NO$_3$)·SE$_2$O$_3$" vermutet, jedoch ist unklar, ob es sich dabei um eine eigene Verbindung handelt oder um ein Gemisch aus Oxid-Nitrat SEO(NO$_3$) und Oxid SE$_2$O$_3$ im Verhältnis 1:1. Außerdem ist es bei den wasserhaltigen Nitrat-Verbindungen oft fraglich, ob zunächst nur Wasser oder auch schon nitrose Gase abgespalten werden. Hier ist zum einen die Methode der temperaturabhängigen Pulverdiffraktometrie sinnvoll. Wenn den Zwischenprodukten charakteristische Pulverdiffraktogramme zugewiesen werden können, handelt es sich mit großer Wahrscheinlichkeit um eigene Verbindungen. Bei Mischungen würden sich die Diffraktogramme der Einzelsubstanzen einfach überlagern (wenn sie kristallin vorliegen). Zum anderen könnte die thermogravimetrische Analyse gekoppelt mit einer massenspektrometrischen Untersuchung der gasförmigen Abbauprodukte durchgeführt werden. Dadurch könnte beispielsweise geklärt werden, ab wann nitrose Gase oder Sauerstoff abgespalten werden.

6 Ausblick

Auch beim thermischen Abbau der Disulfate könnten die vermuteten Zersetzungsreaktionen mit Hilfe der Massenspektrometrie untermauert werden. Zudem könnten die über den thermischen Abbau ermittelten Informationen als Anhaltspunkte dienen, um auch die Zwischenprodukte in einkristalliner Form zu synthetisieren und ebenfalls aufzuklären. Für die Verbindung $Cs_2[Ti(S_2O_7)_3]$ wurde bereits eine temperaturabhängige pulverdiffraktometrische Messung durchgeführt. So konnte z. B. für den Bereich von 325 °C bis 475 °C ein charakteristisches Pulverdiffraktogramm aufgenommen und dem Zwischenprodukt der Zusammensetzung $Cs_2Ti(SO_4)_3$ zugeordnet werden. Diese Verbindung könnte möglicherweise mit konzentrierter Schwefelsäure und einem Temperaturprogramm bis 350 °C kristallisiert werden.

Durch Variation des SO_3-Gehaltes im verwendeten Oleum und des Temperaturprogrammes ist wahrscheinlich auch die Synthese gemischter Sulfat-Disulfat-Verbindungen von Elementen der vierten Nebengruppe möglich. Außerdem könnte Schwefelsäure verschiedener Konzentration eingesetzt werden, um weitere wasserhaltige ternäre Sulfate zu erhalten.

Außerdem besteht die Möglichkeit, Verbindungen des Typs $A_2[Ti(S_2O_7)_3]$ mit weiteren einwertigen Gegen-Kationen A^+ wie z. B. Tl^+ oder NO^+ zu synthetisieren. Eventuell könnten auch für eine Röntgenstrukturanalyse geeignete Kristalle vom Typ $A[Ti(S_2O_7)_3]$ mit den zweiwertigen Gegen-Kationen Mg^{2+}, Ca^{2+} und Sr^{2+} erhalten werden. Besonders interessant wäre in diesem Bereich allerdings eine Verbindung, die auch dreiwertige Kationen wie z. B. SE^{3+}-Kationen enthält.

Des Weiteren ist es bisher nicht gelungen, für die Strukturaufklärung geeignete Kristalle des binären Titan-Disulfats $Ti(S_2O_7)_2$ zu erhalten. Eventuell könnte hier eine Variation des Temperaturprogramms bei der Umsetzung mit Oleum zum Erfolg führen.

Schließlich könnte die Chemie der Elemente der dritten und vierten Nebengruppe mit Oxo-Anionen auch auf Umsetzungen mit Methansulfonsäure und Trifluormethansulfonsäure ausgedehnt werden. Neben ternären Verbindungen sind hier vor allem die wasserfreien binären Verbindungen von Interesse.

7. Anhang

7.1. Daten zu $(NO)_3(SE_2(NO_3)_9)$ mit SE = La-Nd, Sm-Gd

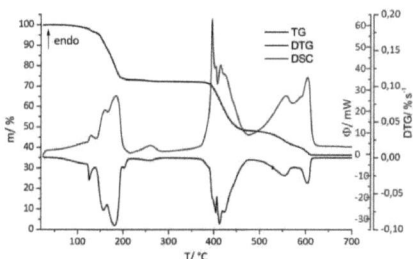

Abbildung 167: TG/DTG/DSC-Diagramm des thermischen Abbaus von $(NO)_3(La_2(NO_3)_9)$

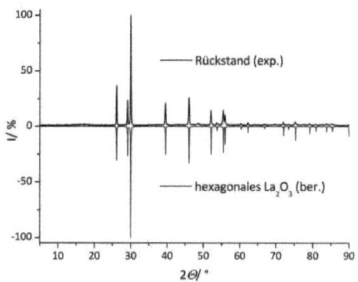

Abbildung 168: Pulverdiffraktogramm des Rückstandes der Zersetzung von $(NO)_3(La_2(NO_3)_9)$ im Vergleich mit Literaturdaten [183]

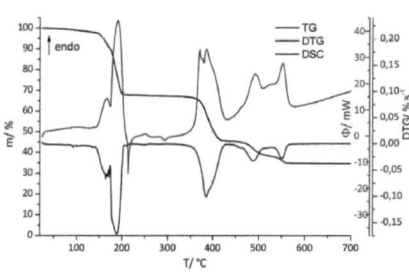

Abbildung 169: TG/DTG/DSC-Diagramm des thermischen Abbaus von $(NO)_3(Nd_2(NO_3)_9)$

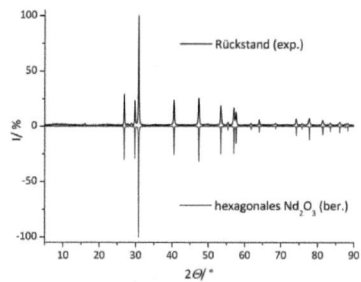

Abbildung 170: Pulverdiffraktogramm des Rückstandes der Zersetzung von $(NO)_3(Nd_2(NO_3)_9)$ im Vergleich mit Literaturdaten [184]

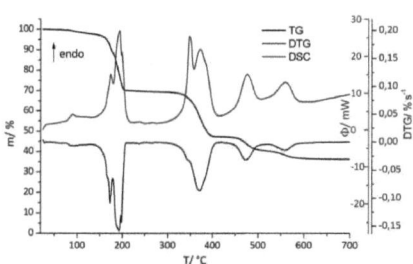

Abbildung 171: TG/DTG/DSC-Diagramm des thermischen Abbaus von $(NO)_3(Sm_2(NO_3)_9)$

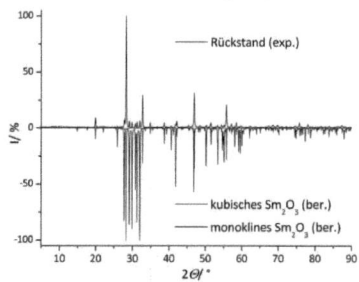

Abbildung 172: Pulverdiffraktogramm des Rückstandes der Zersetzung von $(NO)_3(Sm_2(NO_3)_9)$ im Vergleich mit Literaturdaten [185-186]

7 Anhang

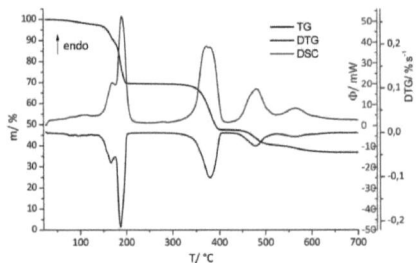

Abbildung 173: TG/DTG/DSC-Diagramm des thermischen Abbaus von $(NO)_3(Gd_2(NO_3)_9)$

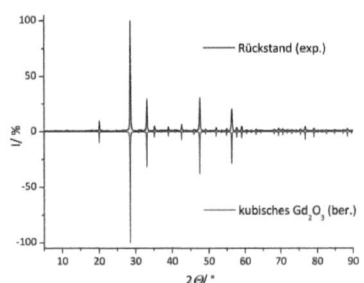

Abbildung 174: Pulverdiffraktogramm des Rückstandes der Zersetzung von $(NO)_3(Gd_2(NO_3)_9)$ im Vergleich mit Literaturdaten [187]

7.2. Daten zu $(NO)[SE_2(NO_3)_7(H_2O)_4]$ mit SE = Tb-Ho

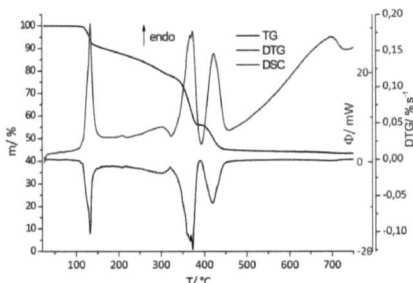

Abbildung 175: TG/DTG/DSC-Diagramm des thermischen Abbaus von $(NO)[Tb_2(NO_3)_7(H_2O)_4]$

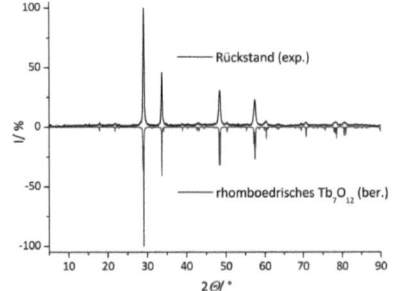

Abbildung 176: Pulverdiffraktogramm des Rückstandes der Zersetzung von $(NO)[Tb_2(NO_3)_7(H_2O)_4]$ im Vergleich mit Literaturdaten [188]

7.3. Daten zu SE(NO$_3$)$_3$(H$_2$O)$_x$ mit SE = Y, Er, Yb, Lu (x = 3), Sc (x = 2)

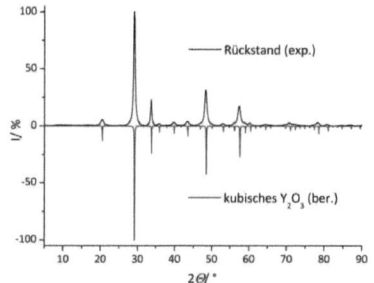

Abbildung 177: Pulverdiffraktogramm des Rückstandes der Zersetzung von Y(NO$_3$)$_3$(H$_2$O)$_3$ im Vergleich mit Literaturdaten [189]

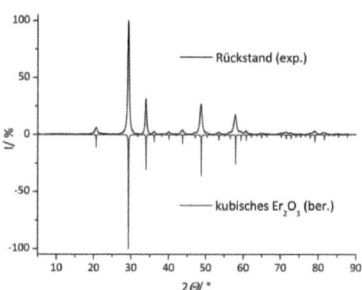

Abbildung 178: Pulverdiffraktogramm des Rückstandes der Zersetzung von Er(NO$_3$)$_3$(H$_2$O)$_3$ im Vergleich mit Literaturdaten [142]

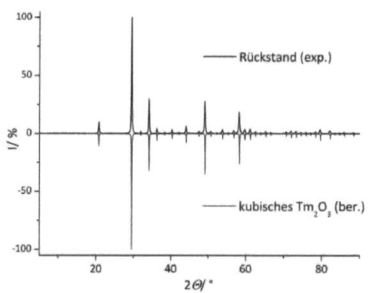

Abbildung 179: Pulverdiffraktogramm des Rückstandes der Zersetzung von Tm(NO$_3$)$_3$(H$_2$O)$_3$ im Vergleich mit Literaturdaten [190]

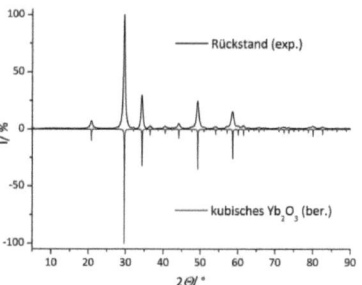

Abbildung 180: Pulverdiffraktogramm des Rückstandes der Zersetzung von Yb(NO$_3$)$_3$(H$_2$O)$_3$ im Vergleich mit Literaturdaten [138]

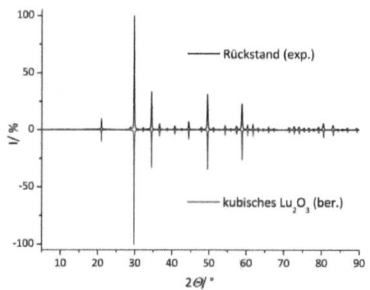

Abbildung 181: Pulverdiffraktogramm des Rückstandes der Zersetzung von Lu(NO$_3$)$_3$(H$_2$O)$_3$ im Vergleich mit Literaturdaten [138]

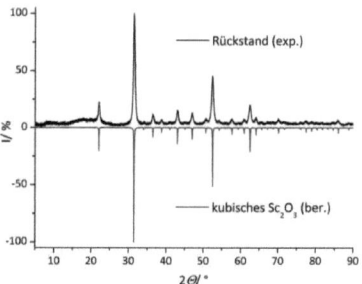

Abbildung 182: Pulverdiffraktogramm des Rückstandes der Zersetzung von Sc(NO$_3$)$_3$(H$_2$O)$_2$ im Vergleich mit Literaturdaten [191]

7.4. Daten zu $A_2[Ti(S_2O_7)_3]$ mit A = Li, Ag, Na, K, NH$_4$, Rb, Cs

Tabelle 77: Ausgewählte Atomlagen und äquivalente Verschiebungsparameter für $Li_2[Ti(S_2O_7)_3]$

Atom	Wyckoff-Lage	x/a	y/b	z/c	U_{eq} / Å^2
Ti3	6c	0	0	0,07782(5)	31(4)
Ti3A	3a	0	0	0	21(3)
S5	18f	0,90136(8)	0,7796(8)	0,11921(3)	15,9(2)
O51	18f	0,9084(3)	0,8822(2)	0,11038(9)	23,1(7)
O52	18f	0,8016(3)	0,7055(3)	0,1317(1)	33(9)
O53	18f	0,9895(3)	0,7919(3)	0,13904(9)	26(7)
S6	18f	0,89388(9)	0,77488(9)	0,04425(3)	19,2(2)
O61	18f	0,9801(3)	0,8875(3)	0,0445(1)	42(1)
O62	18f	0,7923(3)	0,764(4)	0,0457(1)	38(1)
O63	18f	0,9101(4)	0,713(3)	0,01969(9)	35(9)
O561	18f	0,9154(3)	0,7365(3)	0,0813(9)	32,5(9)
$U_{eq} = \frac{1}{3}[(aa^*)^2[U_{11}+U_{22}+U_{33}+2cos(U_{12}+U_{13}+U_{23})]]$ [192]					

Tabelle 78: Ausgewählte anisotrope Verschiebungsparameter für $Li_2[Ti(S_2O_7)_3]$

Atom	$U_{11}\cdot10^3$ / Å^2	$U_{22}\cdot10^3$ / Å^2	$U_{33}\cdot10^3$ / Å^2	$U_{23}\cdot10^3$ / Å^2	$U_{13}\cdot10^3$ / Å^2	$U_{12}\cdot10^3$ / Å^2
Ti3	30,6(6)	30,6(6)	31,8(9)	0	0	15,3(3)
Ti3A	18(5)	18(5)	26(8)	0	0	9(2)
S5	14,2(5)	17,1(5)	14,7(5)	-1,5(4)	1,1(4)	6,7(4)
O51	26(17)	15(2)	27(2)	-2(1)	-4(1)	10(1)
O52	18(2)	29(2)	51(2)	16(2)	14(2)	11(2)
O53	21(2)	27(17)	30(2)	-6(1)	-9(1)	13(1)
S6	24(6)	24,1(5)	16,1(5)	-4,6(4)	-2,4(4)	17(5)
O61	40(2)	22(2)	57(3)	2(2)	17(2)	10(2)
O62	28(2)	53(3)	42(2)	-15(2)	-13(2)	27(2)
O63	60(3)	47(2)	19(2)	-11(2)	-6(2)	42(2)
O561	54(2)	43(2)	17(2)	-5(2)	-4(2)	37(2)

7 Anhang

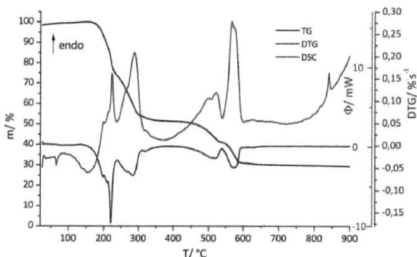

Abbildung 183: TG/DTG/DSC-Diagramm des thermischen Abbaus von Li$_2$[Ti(S$_2$O$_7$)$_3$]

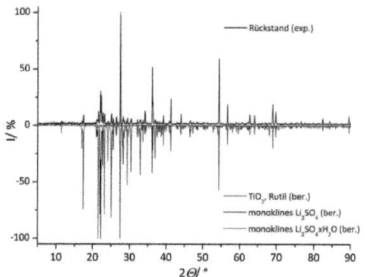

Abbildung 184: Pulverdiffraktogramm des Rückstandes der Zersetzung von Li$_2$[Ti(S$_2$O$_7$)$_3$] im Vergleich mit Literaturdaten [193-194]

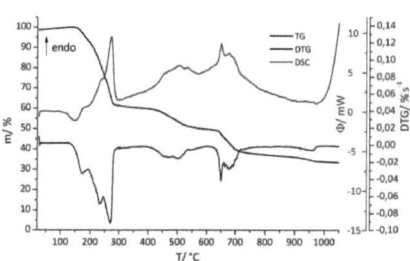

Abbildung 185: TG/DTG/DSC-Diagramm des thermischen Abbaus von Na$_2$[Ti(S$_2$O$_7$)$_3$]

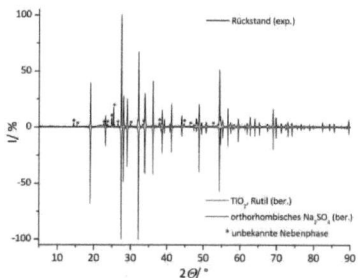

Abbildung 186: Pulverdiffraktogramm des Rückstandes der Zersetzung von Na$_2$[Ti(S$_2$O$_7$)$_3$] im Vergleich mit Literaturdaten [195]

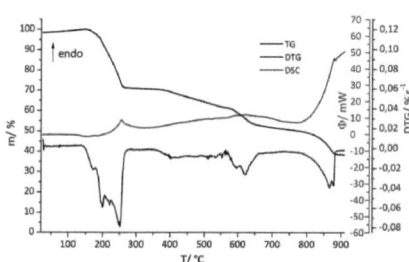

Abbildung 187: TG/DTG/DSC-Diagramm des thermischen Abbaus von Ag$_2$[Ti(S$_2$O$_7$)$_3$]

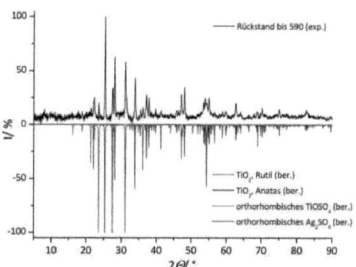

Abbildung 188: Pulverdiffraktogramm des Rückstandes der Zersetzung von Ag$_2$[Ti(S$_2$O$_7$)$_3$] bis 590 °C im Vergleich mit Literaturdaten [167-170]

7 Anhang

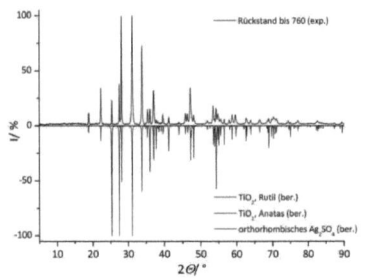

Abbildung 189: Pulverdiffraktogramm des Rückstandes der Zersetzung von Ag$_2$[Ti(S$_2$O$_7$)$_3$] bis 760 °C im Vergleich mit Literaturdaten [167-168, 170]

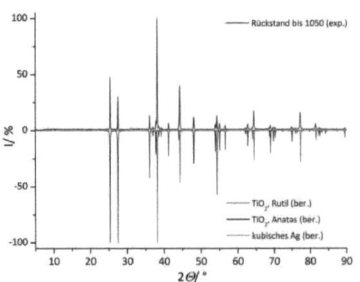

Abbildung 190: Pulverdiffraktogramm des Rückstandes der Zersetzung von Ag$_2$[Ti(S$_2$O$_7$)$_3$] bis 1050 °C im Vergleich mit Literaturdaten [167-168, 171]

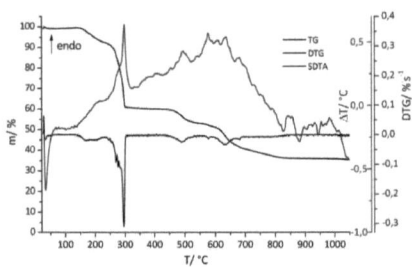

Abbildung 191: TG/DTG/DSC-Diagramm des thermischen Abbaus von K$_2$[Ti(S$_2$O$_7$)$_3$]

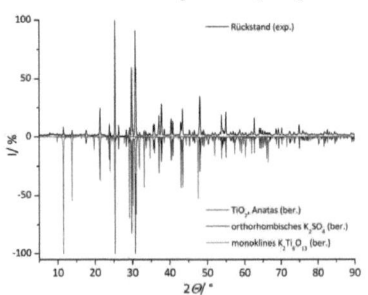

Abbildung 192: Pulverdiffraktogramm des Rückstandes der Zersetzung von K$_2$[Ti(S$_2$O$_7$)$_3$] im Vergleich mit Literaturdaten [168, 182, 196]

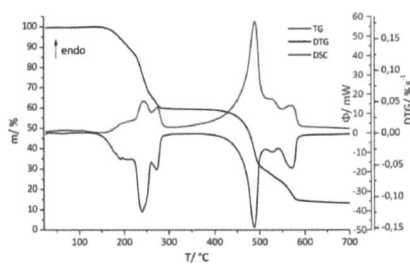

Abbildung 193: TG/DTG/DSC-Diagramm des thermischen Abbaus von (NH$_4$)$_2$[Ti(S$_2$O$_7$)$_3$]

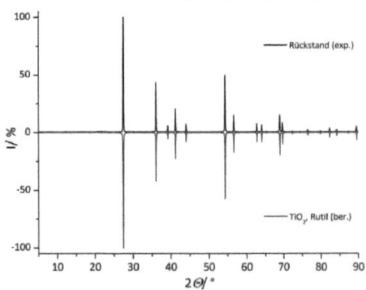

Abbildung 194: Pulverdiffraktogramm des Rückstandes der Zersetzung von (NH$_4$)$_2$[Ti(S$_2$O$_7$)$_3$] im Vergleich mit Literaturdaten [167]

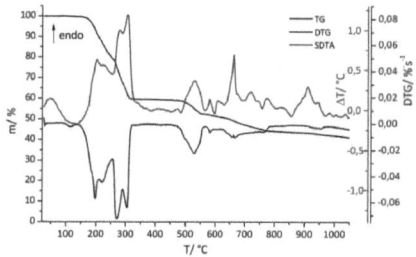

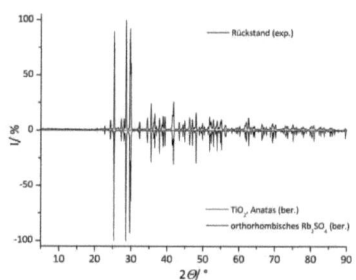

Abbildung 195: TG/DTG/DSC-Diagramm des thermischen Abbaus von $Rb_2[Ti(S_2O_7)_3]$

Abbildung 196: Pulverdiffraktogramm des Rückstandes der Zersetzung von $Rb_2[Ti(S_2O_7)_3]$ im Vergleich mit Literaturdaten [168, 172]

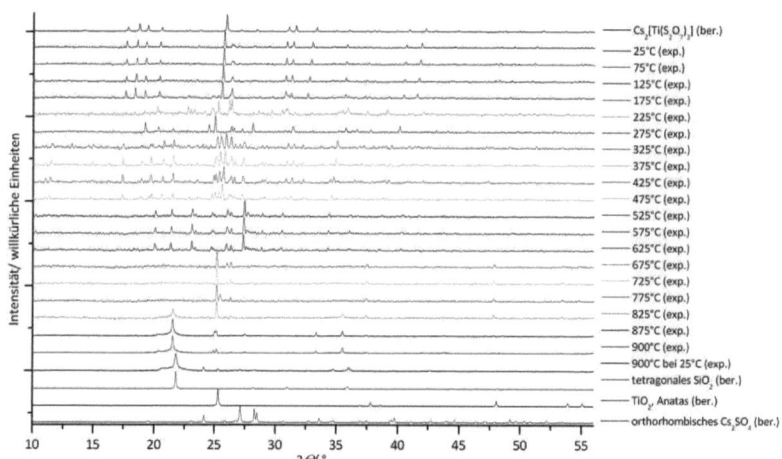

Abbildung 197: Pulverdiffraktogramme von $Cs_2[Ti(S_2O_7)_3]$ in Abhängigkeit von der Temperatur im Bereich von 25 °C bis 900 °C im Vergleich mit berechneten (Literatur-)Daten [168, 172-173]

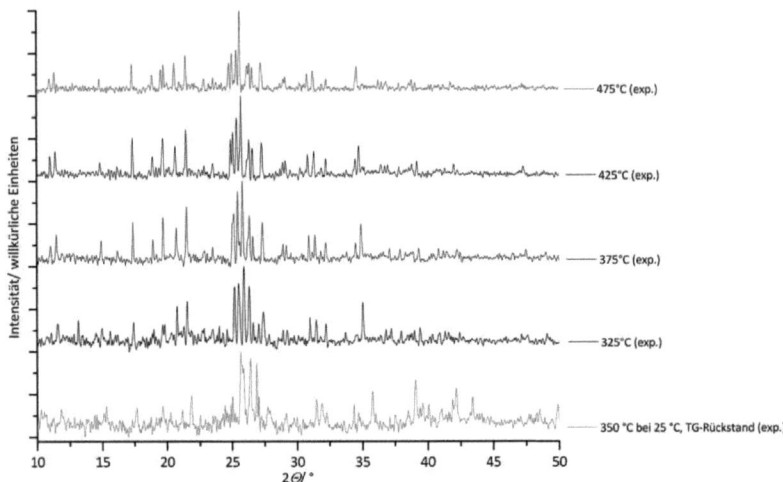

Abbildung 198: Pulverdiffraktogramme von $Cs_2[Ti(S_2O_7)_3]$ in Abhängigkeit von der Temperatur (325 °C bis 475 °C) und des TG-Rückstandes nach Aufheizen auf 350 °C und anschließendem Messen bei 25 °C

7 Anhang

Tabelle 79: Übersicht über pulverdiffraktometrische Messungen an $Cs_2[Ti(S_2O_7)_3]$*

T/ °C Max. T.	T/ °C Mess.- T.	Mess-geometrie	max. abs. Intensität/ willkürl. Einh.	Diff.- Typ	zugeordnete Verbindungen
25	25	Debye-Scherrer	376	I	$Cs_2[Ti(S_2O_7)_3]$
75	75	Debye-Scherrer	359	I	$Cs_2[Ti(S_2O_7)_3]$
125	125	Debye-Scherrer	331	I	$Cs_2[Ti(S_2O_7)_3]$
175	175	Debye-Scherrer	208	I/II	$Cs_2[Ti(S_2O_7)_3]$
225	225	Debye-Scherrer	130	II	-
275	275	Debye-Scherrer	342	III	TG-Stufe „$Cs_2Ti(S_2O_7)_2(SO_4)$"
325	325	Debye-Scherrer	161	IV	TG-Stufe „$Cs_2Ti(SO_4)_3$"
375	375	Debye-Scherrer	198	IV	TG-Stufe „$Cs_2Ti(SO_4)_3$"
425	425	Debye-Scherrer	211	IV	TG-Stufe „$Cs_2Ti(SO_4)_3$"
475	475	Debye-Scherrer	241	IV	TG-Stufe „$Cs_2Ti(SO_4)_3$"
525	525	Debye-Scherrer	246	V	-
575	575	Debye-Scherrer	243	V	-
625	625	Debye-Scherrer	233	V	-
675	675	Debye-Scherrer	207	VI	TiO_2, Anatas
725	725	Debye-Scherrer	261	VI	TiO_2, Anatas
775	775	Debye-Scherrer	314	VI	TiO_2, Anatas
825	825	Debye-Scherrer	337	VI/VII	SiO_2, verm. TiO_2 (Anatas)
875	875	Debye-Scherrer	1426	VII	SiO_2, verm. TiO_2 (Anatas)
900	900	Debye-Scherrer	1970	VII	SiO_2, verm. TiO_2 (Anatas)
900	25	Debye-Scherrer	2565	-	SiO_2, Cs_2SO_4, TiO_2 (Anatas)
25	25	Debye-Scherrer	2203	I	$Cs_2[Ti(S_2O_7)_3]$
350	25	Debye-Scherrer	369	(IV)	TG-Stufe „$Cs_2Ti(SO_4)_3$"
1050	25	Transmission	11078	-	Cs_2SO_4, TiO_2 (Anatas)
1300	25	Transmission	2994	-	Cs_2SO_4, TiO_2 (Rutil), $Cs_2Ti_5O_{11}$

*: Temperaturabhängige Pulverdiffraktometrie-Messungen (Debye-Scherrer-Geometrie) in Quarzglaskapillaren; Raumtemperatur-Messungen (Debye-Scherrer-Geometrie) in Normalglaskapillaren; Raumtemperatur-Messungen (Transmissions-Geometrie) auf Flächenträger

7 Anhang

Tabelle 80: Optimierte Atomkoordinaten und zusätzliche Angaben zur quantenchemischen Rechnung des [Ti(S$_2$O$_7$)$_3$]$^{2-}$-Anions in der Gasphase in C$_1$-Symmetrie

Atom-Nummer	Ordnungszahl	Element	Koordinaten/ Å		
			x	y	z
1	22	Ti	0,004373	-0,001701	-0,093018
2	16	S	0,919444	2,834352	1,382967
3	8	O	-0,129253	3,489442	0,232846
4	8	O	0,875446	1,328408	1,037584
5	8	O	2,248630	3,374989	1,152121
6	8	O	0,234080	3,125644	2,630648
7	8	O	1,207864	3,175656	-1,922548
8	8	O	-0,490367	1,494642	-1,234381
9	8	O	1,552697	-0,329732	-1,224600
10	8	O	-1,051905	-1,183761	-1,222387
11	8	O	0,712651	-1,415227	1,049947
12	8	O	-1,578376	0,097237	1,043111
13	16	S	-0,127496	2,995317	-1,377300
14	16	S	2,674022	-1,391214	-1,363473
15	16	S	-2,539726	-1,596693	-1,365978
16	16	S	1,979449	-2,234681	1,384448
17	16	S	-2,908381	-0,606264	1,395979
18	8	O	-1,244509	3,740166	-1,931259
19	8	O	3,084361	-1,650660	0,249099
20	8	O	3,883327	-0,789785	-1,897666
21	8	O	2,170344	-2,633042	-1,926556
22	8	O	-2,970778	-1,839376	0,243869
23	8	O	-2,646271	-2,934916	-1,920298
24	8	O	-3,346835	-0,517646	-1,911010
25	8	O	1,760808	-3,648344	1,127634
26	8	O	2,577727	-1,818803	2,641626
27	8	O	-4,035003	0,284823	1,174432
28	8	O	-2,816323	-1,348829	2,641575

Anzahl der imaginären Frequenzen: 0
Null-Punkt-Schwingungsenergie: 252,069 kJ/mol
E_{tot} = -4818,2856524 Hartree/Teilchen
Methode: Dichtefunktionaltheorie (DFT)
Niveau: B3LYP/6-31G(d)//B3LYP/6-31G(d)

Tabelle 81: Schwingungsspektroskopische Daten von $A_2[Ti(S_2O_7)_3]$ mit A = Li, Na, Ag, K, NH$_4$, Rb, Cs im Vergleich mit theoretisch berechneten Daten und Literaturwerten [176]

Wellenzahl/ cm⁻¹ (IR)											Wellenzahl/ cm⁻¹ (Raman)					Zuordnung nach	
$A_2[Ti(S_2O_7)_3]$							$[Ti(S_2O_7)_3]^{2-}$ theo.	$A_2S_2O_7$ [176]		$A_2[Ti(S_2O_7)_3]$	$[Ti(S_2O_7)_3]^{2-}$ theo.	$A_2S_2O_7$ [176]		theo. Rechnungen	Literatur [176]
A=Li	A=Na	A=Ag	A=K	A=NH$_4$	A=Rb	A=Cs		A=Na	A=K	A=Cs		A=Na	A=K		
1383 st	1387 st	1369 st	1396 st		1394 st	1389 st	1371 st			1398 s	1371 m		127	νS-O$_{uc}$ sym^b, asym^a	
						1365 ss				1365 s		6	νS-O$_{uc}$ sym^c, asym^a	νS-O asym
	1354 st		1377 st	1367 st	1377 st	1375 st	1350 ss		1302 st	1381 s	1350 m		125	νS-O$_{uc}$ asym^b	
													3		
1200 st	1271 s	1190 st	1265 s	1261 s	1263 s	1259 s	(1220)	1295 st	1289	1276 st	1220 st	1286		Atmungsschwingung [TiO$_6$] + νS-O$_{co}$ sym^b + νS-O$_{uc}$ sym^{ab}	νS-O asym
								1249 st	1267 st						
1202 st			1205 st	1198 st	1200 st	1186 st	1175 m			1211 s	1175 s			νS-O$_{uk}$ sym^a, asym^b	
1165 st			1188 st	1182 st	1188 st	1186 st	1163 st	1183–1185 m		1193 ss	1158 s				
										1107 ss	1034 s	1099	109	Atmungsschwingung [TiO$_6$] + νS-O$_{co}$ sym^b + νS-O$_{uc}$ sym^{ab}	νS-O sym
								1108 st	1108 m				5		
												196			νS-O sym
				1026 s				1061 st	1059 st				5		
930 st, b	930 st, b	932 st, b	941 st, b	939 st, b	947 st, b	947 st, b	936 st			977 m	936 s			νS-O$_{co}$ sym^b + νTi-O	
										923 ss	886 s			νS-O$_{co}$ asym^b + νTi-O	
827 s							884 m								

7 Anhang

													Zuordnung
779 s	779 s		791 s		802 ss		818 st	800 st				793	ν S-O$_b$ asym
								750 m	761 s	731 m	741		ν S-O$_b$ sym^b
739 m		739 m	731 m	764 s	762 s	731 s	749 m				692 ss		ν S-O$_b$ asym^b
692 ss				738 m	735 m	733 m	692 m	719 s	739 s		670 m		ν S-O$_b$ asym^b
				683 s			670 s						
660 s			656 s	652 s	654 s	650 s							
640 ss				638 s	636 s	636 s							
623 s			653 s	636 s	638 s	623 s		655 s	647 ss	621 ss		651	δ S-O$_b$-S asym^b
				621 s	621 s	(621)							
586 s		584 s	617 ss	623 ss	621 s	605 ss	589-	589 st	625 ss	593 ss		598	δ O$_{co}$-S-O$_{mc}$ asym^{a,b}
			584 m	598 m	595 m	593 ss	597 st, b						
	567 ss			594 m		598 m	s, b		607 s	571 s			δ O$_{co}$-S-O$_{mc}$ asym^a, sym^b
									546 s	557 s		554	δ O$_{mc}$-S-O$_{mc}$ sym^b, asym^b
								563 s					δ
							525 s	526 m		525 s	523	509	δ O$_{mc}$-S-O$_{mc}$ sym
								522 m	532 s	500 s			δ O$_{mc}$-S-O$_{co}$ asym^b + δ O$_b$-S-O$_{mc}$ asym^b
									524 s				
									503 s	460 m			δ O$_{co}$-S-O$_{mc}$ asym^{b,b}
							461-	467 s, b	470 s	432 s			δ O$_{co}$-Ti-O$_{co}$ + δ O$_b$-S-O$_{mc}$ sym^b
							470 s, b						
									365 s	358 m	346	321	ν Ti-O asym + δ O$_{mc}$-S-O$_{mc}$ sym^b
									350 m	318 m			δ O$_{co}$-Ti-O$_{co}$ + δ O$_{co}$-S-O$_{mc}$ asym^a, sym^b
									319 m	291 s			δ O$_{co}$-Ti-O$_{co}$ + δ O$_b$-S-O$_{mc}$ asym^b
													δ S-O-S?

*: st: stark, m: mittelstark, s: schwach, ss: sehr schwach, b: breit; ν: Valenzschwingung, δ: Deformationsschwingung, sym: symmetrisch, asym: asymmetrisch, a: in Bezug auf SO$_3$, b: in Bezug auf S$_2$O$_7^{2-}$, in Klammern: ber. Intensität nahezu Null

7.5. Daten zu $A_4[M(S_2O_7)_4]$ mit A = Li (M = Zr, Hf), Na (M = Zr), Ag (M = Zr, Hf)

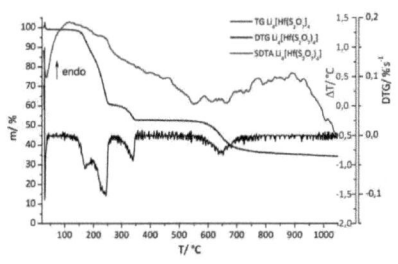

Abbildung 199: TG/DTG/SDTA-Diagramm des thermischen Abbaus von $Li_2[Hf(S_2O_7)_4]$

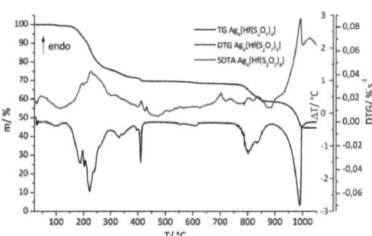

Abbildung 200: TG/DTG/SDTA-Diagramm des thermischen Abbaus von $Ag_4[Hf(S_2O_7)_4]$

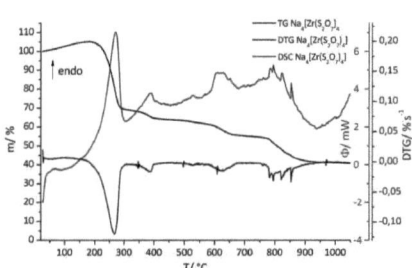

Abbildung 201: TG/DTG/DSC-Diagramm des thermischen Abbaus von $Na_4[Zr(S_2O_7)_4]$

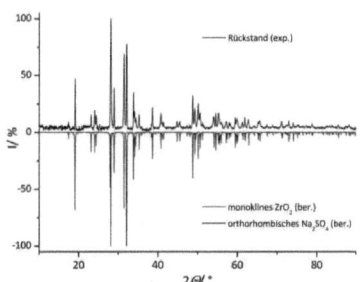

Abbildung 202: Pulverdiffraktogramm des Rückstandes der Zersetzung von $Na_4[Zr(S_2O_7)_4]$ im Vergleich mit Literaturdaten [181, 195]

7 Anhang

7.6. Daten zu $A_2(M(S_2O_7)_3) \cdot H_2SO_4$ mit A = K, NH_4 (M = Zr), Rb (M = Zr, Hf)

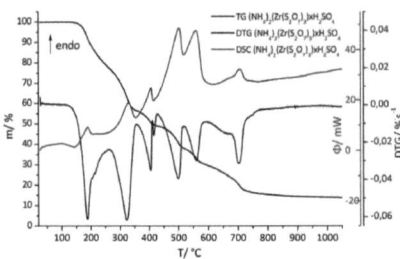

Abbildung 203: TG/DTG/DSC-Diagramm des thermischen Abbaus von $(NH_4)_2(Zr(S_2O_7)_3) \cdot H_2SO_4$

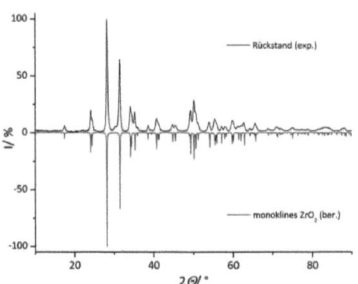

Abbildung 204: Pulverdiffraktogramm des Rückstandes der Zersetzung von $(NH_4)_2(Zr(S_2O_7)_3) \cdot H_2SO_4$ im Vergleich mit Literaturdaten [181]

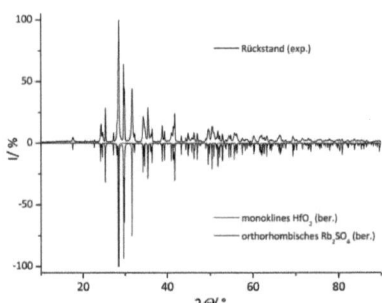

Abbildung 205: Pulverdiffraktogramm des Rückstandes der Zersetzung von $Rb_2(Hf(S_2O_7)_3) \cdot H_2SO_4$ im Vergleich mit Literaturdaten [110, 172]

8. Literaturverzeichnis

[1] A. F. Holleman, E. Wiberg, N. Wiberg, *Lehrbuch der Anorganischen Chemie*, 102. Aufl., Walter de Gruyter, Berlin, **2007**.
[2] C. C. Addison, *Chemical Reviews* **1980**, *80*, 21.
[3] G. D. Wilk, R. M. Wallace, J. M. Anthony, *Journal of Applied Physics* **2001**, *89*, 5243.
[4] M. A. Hennig, *N-Kanal-MOSFET (Schema)*, **2005**.
[5] H. Ohta, K. Nomura, H. Hiramatsu, K. Ueda, T. Kamiya, M. Hirano, H. Hosono, *Solid-State Electronics* **2003**, *47*, 2261.
[6] S. Condurache-Bota, G. I. Rusu, N. Tigau, L. Leontie, *Crystal Research and Technology* **2010**, *45*, 503.
[7] L. Leontie, M. Caraman, G. I. Rusu, *Journal of Optoelectronics and Advanced Materials* **2000**, *2*, 385.
[8] Z. H. Ai, Y. Huang, S. Lee, L. Z. Zhang, *Journal of Alloys and Compounds* **2011**, *509*, 2044.
[9] S. P. Arnold, S. M. Prokes, F. K. Perkins, M. E. Zaghloul, *Applied Physics Letters* **2009**, *95*, 1031021.
[10] X. Gou, R. Li, G. Wang, Z. Chen, D. Wexler, *Nanotechnology* **2009**, *20*, 495501.
[11] S. Schwarzer, Dissertation, Carl von Ossietzky Universität (Oldenburg), **2010**.
[12] M. S. Wickleder, *Zeitschrift für Anorganische und Allgemeine Chemie* **2000**, *626*, 621.
[13] S. T. Norberg, G. Svensson, J. Albertsson, *Acta Crystallographica Section C* **2001**, *57*, 225.
[14] H. Birkedal, A. M. K. Andersen, A. Arakcheeva, G. Chapuis, P. Norby, P. Pattison, *Inorganic Chemistry* **2006**, *45*, 4346.
[15] G. W. Stinton, M. R. Hampson, J. S. O. Evans, *Inorganic Chemistry* **2006**, *45*, 4352.
[16] W. T. A. Harrison, T. E. Gier, G. D. Stucky, *European Journal of Solid State and Inorganic Chemistry* **1993**, *30*, 761.
[17] K. Khosrovani, A. W. Sleight, T. Vogt, *Journal of Solid State Chemistry* **1997**, *132*, 355.
[18] C. Turquat, C. Muller, E. Nigrelli, C. Leroux, J.-L. Soubeyroux, G. Nihoul, *The European Physical Journal - Applied Physics* **2000**, *10*, 15.
[19] W. Shumin, H. Shiou-Jyh, *Journal of Solid State Chemistry* **1991**, *90*.
[20] A. N. Chernov, B. A. Maksimov, V. V. Ilyukhin, N. V. Belov, *Doklady Akademii Nauk SSSR* **1970**, *193*, 1293.
[21] G. D. Ilyushin, A. A. Voronkov, L. N. Dem'yanets, V. V. Ilyukhin, N. V. Belov, *Soviet Physics - Doklady* **1982**, *27*.
[22] K. Stahl, R. W. Berg, K. M. Eriksen, R. Fehrmann, *Acta Crystallographica Section B* **2009**, *65*, 551.
[23] J. D. Dyekjaer, R. W. Berg, H. Johansen, *The Journal of Physical Chemistry A* **2003**, *107*, 5826.
[24] W. Massa, *Kristallstrukturbestimmung*, 2. Aufl., B. G. Teubner, Stuttgart, **1996**.
[25] W. Kleber, *Einführung in die Kristallographie*, 15. Aufl., VEB Verlag Technik, Berlin, **1983**.
[26] A. R. West, *Grundlagen der Festkörperchemie*, 1. Aufl., VCH Verlagsgesellschaft mbH, Weinheim, **1992**.

8 Literaturverzeichnis

[27] H. Krischner, *Einführung in die Röntgenfeinstrukturanalyse*, 4. Aufl., Friedr. Vieweg & Sohn Verlagsgesellschaft mbH, Braunschweig, **1990**.
[28] W. Borchardt-Ott, *Kristallographie*, 6. Aufl., Springer-Verlag, Berlin, Heidelberg, **2002**.
[29] T. Hahn, *International Tables for Crystallography A, Space Group Symmetry*, 5. Aufl., Springer Netherland, Berlin, **2002**.
[30] E. Prince, *International Tables for Crystallography C, Mathematical, Physical and Chemical Tables*, 3. Aufl., Kluwer Academic Publishers, Dordrecht, **2004**.
[31] M. Hesse, H. Meier, B. Zeeh, *Spektroskopische Methoden in der organischen Chemie*, 6. Aufl., Georg Thieme Verlag, Stuttgart, **2002**.
[32] G. Widmann, R. Riesen, *Thermoanalyse - Anwendung, Begriffe, Methoden*, Dr. Alfred Hüthig Verlag GmbH, Heidelberg, **1984**.
[33] Stoe & Cie: *X-RED 1.22*, Darmstadt, **2001**.
[34] Stoe & Cie: *X-RED32 1.31*, Darmstadt, **2005**.
[35] G. Sheldrick: *SHELXS-86/-97*, Göttingen, **1997**.
[36] G. Sheldrick: *SHELXL-93/-97*, Göttingen, **1997**.
[37] Stoe & Cie: *X-STEP32 1.06f*, Darmstadt, **2000**.
[38] Stoe & Cie: *X-SHAPE 1.06*, Darmstadt, **1999**.
[39] K. Brandenburg: *Diamond 3.2d*, Bonn, **2004**.
[40] A. L. Spek: *Platon 1.081*, Glasgow, **2005**.
[41] Stoe & Cie: *WinXPOW 2.20*, Darmstadt, **2006**.
[42] Mettler-Toledo GmbH: *STAR^e Software 9.30*, Schwerzenbach, **2009**.
[43] K. Brandenburg: *Match! 1.11b*, Bonn, **2011**.
[44] H. Putz, K. Brandenburg: *Pearson's Crystal Data 1.3b*, Bonn, **2009**.
[45] FIZ Karlsruhe: *FindIt 1.8.1*, Karlsruhe, **2011**.
[46] Thomson Reuters: *EndNote X5*, New York, **2011**.
[47] OriginLab Corporation: *Origin 8G SR5*, Northampton, **2009**.
[48] I. V. Morozov, V. N. Serezhkin, S. I. Troyanov, *Russian Chemical Bulletin, Internationale Edition* **2008**, *57*, 439.
[49] C. C. Addison, R. Thompson, *Nature* **1948**, *162*, 369.
[50] C. C. Addison, J. Lewis, R. Thompson, *Journal of the Chemical Society* **1951**, *NOV*, 2829.
[51] J. R. Ferraro, G. Gibson, *Journal of the American Chemical Society* **1953**, *75*, 5747.
[52] C. C. Addison, D. Sutton, *Progress in Inorganic Chemistry* **1967**, *8*, 195.
[53] D. W. Amos, *Journal of the Chemical Society D: Chemical Communications* **1970**, 19.
[54] G. C. Tranter, C. C. Addison, D. B. Sowerby, *Journal of Inorganic and Nuclear Chemistry* **1968**, *30*, 97.
[55] C. C. Addison, A. Walker, *Journal of the Chemical Society* **1963**, 1220.
[56] J. D. Archambault, H. H. Sisler, G. E. Ryschkewitsch, *Journal of Inorganic and Nuclear Chemistry* **1961**, *17*, 130.
[57] M. Schmeisser, G. Köhler, *Angewandte Chemie - International Edition* **1965**, *4*, 436.
[58] C. C. Addison, P. M. Boorman, N. Logan, *Journal of the Chemical Society A: Inorganic, Physical, Theoretical* **1966**, *10*, 1434.
[59] F. Gerlach, Dissertation, Carl von Ossietzky Universität (Oldenburg), **2009**.

[60] M. S. Wickleder, F. Gerlach, S. Gagelmann, J. Bruns, M. Fenske, K. Al-Shamery, *Angewandte Chemie - International Edition* **2012**, *51*, 2199.

[61] S. Gagelmann, K. Rieß, M. S. Wickleder, *European Journal of Inorganic Chemistry* **2011**, *2011*, 5160.

[62] J. S. Kurt Dehnicke, *Chemische Berichte* **1964**, *97*, 1502.

[63] G. A. Tikhomirov, K. O. Znamenkov, I. V. Morozov, E. Kemnitz, S. I. Troyanov, *Zeitschrift für Anorganische und Allgemeine Chemie* **2002**, *628*, 269.

[64] C. C. Addison, D. Sutton, *Journal of the Chemical Society* **1964**, 5553

[65] C. C. Addison, B. J. Hathaway, N. Logan, *Journal of Inorganic and Nuclear Chemistry* **1958**, *8*, 569.

[66] C. C. Addison, P. M. Boorman, N. Logan, *Journal of the Chemical Society* **1965**, 4978.

[67] B. O. Field, C. J. Hardy, *Proceedings of the Chemical Society of London* **1962**, 76.

[68] C. C. Addison, N. Hodge, A. H. Norbury, H. A. J. Champ, *Journal of the Chemical Society* **1964**, 2354.

[69] G. Gibson, J. J. Katz, *Journal of the American Chemical Society* **1951**, *73*, 5436.

[70] G. N. Shirokova, V. Y. Rosolovskii, *Russian Journal of Inorganic Chemistry* **1971**, *16*, 1699.

[71] D. G. Colombo, V. G. Young, W. L. Gladfelter, *Inorganic Chemistry* **2000**, *39*, 4621.

[72] D. Bowler, N. Logan, *Journal of the Chemical Society D - Chemical Communications* **1971**, 582.

[73] G. A. Tikhomirov, I. V. Morozov, K. O. Znamenkov, E. Kemnitz, S. I. Troyanov, *Zeitschrift für Anorganische und Allgemeine Chemie* **2002**, *628*, 872.

[74] B. O. Field, C. J. Hardy, *Journal of the Chemical Society* **1964**, 4428.

[75] J. R. Ferraro, L. I. Katzin, G. Gibson, *Journal of the American Chemical Society* **1955**, *77*, 327.

[76] G. Gibson, C. D. Beintema, J. J. Katz, *Journal of Inorganic and Nuclear Chemistry* **1960**, *15*, 110.

[77] M. S. Wickleder, O. Büchner, F. Gerlach, M. Necke, K. Al-Shamery, T. Wich, T. Luttermann, *Chemistry of Materials* **2008**, *20*, 5181.

[78] D. W. James, G. M. Kimber, *Australian Journal of Chemistry* **1969**, *22*, 2287.

[79] G. M. Kimber, D. W. James, *Inorganic and Nuclear Chemistry Letters* **1969**, *5*, 771.

[80] S. I. Troyanov, G. A. Tikhomirov, K. O. Znamenkov, I. V. Morozov, *Russian Journal of Inorganic Chemistry* **2000**, *45*, 1791.

[81] L. J. Blackwell, E. K. Nunn, S. C. Wallwork, *Journal of the Chemical Society - Dalton Transactions* **1975**, 2068.

[82] Blackwell, T. J. King, A. Morris, *Journal of the Chemical Society - Chemical Communications* **1973**, 644.

[83] K. O. Znamenkov, I. V. Morozov, S. I. Troyanov, *Russian Journal of Inorganic Chemistry* **2004**, *49*, 172.

[84] I. V. Morozov, A. A. Fedorova, D. V. Palamarchuk, S. I. Troyanov, *Russian Chemical Bulletin* **2005**, *54*, 93.

[85] B. N. Ivanov-Emin, Z. K. Odinets, S. F. Y. Yushchenko, B. E. Zaitsev, A. I. Ezhov, *Russian Journal of Inorganic Chemistry* **1975**, *20*, 843.

[86] G. N. Shirokova, S. Y. Zhuk, V. Y. Rosolovskii, *Russian Journal of Inorganic Chemistry* **1976**, *21*, 527.

[87] B. N. Ivanov-Emin, Z. K. Odinets, S. F. Yushchenko, B. E. Zaitsev, A. I. Ezhov, *Izvestiya Vysshikh Uchebnykh Zavedenii, Khimiya i Khimicheskaya Tekhnologiya* **1975**, *18*, 1351.

[88] K. V. Titova, V. Y. Rosolovskii, *Zhurnal Neorganicheskoi Khimii* **1971**, *16*, 1450.

[89] G. N. Shirokova, S. Y. Zhuk, V. Y. Rosolovskii, *Zhurnal Neorganicheskoi Khimii* **1975**, *20*, 1530.

[90] G. N. Shirokova, S. Y. Zhuk, V. Y. Rosolovskii, *Russian Journal of Inorganic Chemistry* **1976**, *21*, 1459.

[91] V. Y. Rosolovskii, G. N. Shirokova, A. I. Karelin, N. V. Krivtsov, *Doklady Akademii Nauk SSSR* **1970**, *191*, 622.

[92] B. N. Ivanov-Emin, Z. K. Odinets, V. A. Belonosov, B. E. Zaitsev, *Russian Journal of Inorganic Chemistry* **1973**, *18*, 623.

[93] O. A. Dyachenko, L. O. Atovmyan, *Journal of Structural Chemistry* **1975**, *16*, 73.

[94] P. Bénard-Rocherullé, J. Rius, D. Louër, *Journal of Solid State Chemistry* **1997**, *128*, 295.

[95] K. W. Bagnall, D. Brown, J. G. H. Dupreez, *Journal of the Chemical Society, Supplement* **1964**, *1*, 5523.

[96] A. N. Christensen, M.-A. Chevallier, J. Skibsted, B. B. Iversen, *Journal of the Chemical Society - Dalton Transactions* **2000**, 265.

[97] F. Lazarini, *Acta Crystallographica C* **1985**, *41*, 1144.

[98] F. Lazarini, I. Leban, *Crystal Structure Communications* **1982**, *11*, 653.

[99] A. A. Udovenko, R. L. Davidovich, *Koordinatsionnaya Khimiya* **1991**, *17*, 1354.

[100] G. Brauer, *Handbuch der Präparativen Anorganischen Chemie, Bd. 1*, 3. Aufl., F. Enke, Stuttgart, **1975**.

[101] O. A. Dyachenko, L. O. Atovmyan, G. N. Shirokova, V. Y. Rosolovskii, *Journal of the Chemical Society - Chemical Communications* **1973**, 595.

[102] Z. Mazej, M. Ponikvar-Svet, J. F. Liebman, J. Passmore, H. D. B. Jenkins, *Journal of Fluorine Chemistry* **2009**, *130*, 788.

[103] M. Okumiya, G. Yamaguchi, *Bulletin of the Chemical Society of Japan* **1971**, *44*, 1567.

[104] J. Ahman, G. Svensson, J. Albertsson, *Acta Crystallographica Section C* **1996**, *52*, 1336.

[105] V. Kaiser, S. Ebinal, F. Menzel, E. Stumpp, *Zeitschrift für Anorganische und Allgemeine Chemie* **1997**, *623*, 449.

[106] E. Manek, G. Meyer, *Zeitschrift für Anorganische und Allgemeine Chemie* **1993**, *619*, 1237.

[107] J. G. Bergman, F. A. Cotton, *Inorganic Chemistry* **1966**, *5*, 1208.

[108] V. E. Plyushchev, L. I. Yuranova, L. N. Komissarova, V. K. Trunov, *Russian Journal of Inorganic Chemistry* **1968**, *13*, 501.

[109] K. R. Whittle, G. R. Lumpkin, S. E. Ashbrook, *Journal of Solid State Chemistry* **2006**, *179*, 512.

[110] R. E. Hann, P. R. Suitch, J. L. Pentecost, *Journal of the American Ceramic Society* **1985**, *68*, 285.

[111] N. Henry, M. Evain, P. Deniard, S. Jobic, O. Mentré, F. Abraham, *Journal of Solid State Chemistry* **2003**, *176*, 127.

[112] T. Steiner, *Angewandte Chemie - International Edition* **2002**, *41*, 48.

[113] G. Malmros, *Acta Chemica Scandinavica* **1970**, *24*, 384.
[114] M. S. Wickleder, *Chemical Reviews* **2002**, *102*, 2011.
[115] P. C. Junk, D. L. Kepert, B. W. Skelton, A. H. White, *Australian Journal of Chemistry* **1999**, *52*, 497.
[116] B. Ribar, P. Radivojevic, G. Argay, A. Kalman, *Acta Crystallographica Section C* **1988**, *44*, 595.
[117] A. G. Vigdorchik, Y. A. Malinovskii, R. A. Tamazyan, A. G. Dryuchko, *Kristallografiya* **1988**, *33*, 613.
[118] B. Eriksson, L. O. Larsson, L. Niinistö, *Acta Scandinavica A* **1982**, *36 A*, 465.
[119] L. Bohatý, R. Fröhlich, P. Held, P. Becker, *European Journal of Inorganic Chemistry* **2010**, *2010*, 2642.
[120] L. Bohatý, P. Held, P. Becker, *Zeitschrift für Anorganische und Allgemeine Chemie* **2009**, *635*, 2236.
[121] G. E. Toogood, C. Chieh, *Canadian Journal of Chemistry* **1975**, *1975*, 831.
[122] C. C. Addison, A. J. Greenwood, M. J. Haley, N. Logan, *Journal of the Chemical Society - Chemical Communications* **1978**, 580.
[123] T. Moeller, V. D. Aftandilian, *Journal of the American Chemical Society* **1954**, *76*, 5249.
[124] A. A. Nacina, E. A. Ukrainceva, I. I. Jakovleva, L. A. Sheludyakova, *Sibirskii Khimicheskii Zhurnal* **1992**, *5*, 40.
[125] A. A. Natsina, E. A. Ukraintseva, V. B. Durasov, I. I. Yakovlev, *Zhurnal Neorganicheskoi Khimii* **1991**, *36*, 974.
[126] W. W. Wendlandt, *Analytica Chimica Acta* **1956**, *15*, 435.
[127] M. Dabkowska, H. Boska, *Annales Universitatis Mariae Curie-Sklodowska, Sectio AA: Physica et Chemia* **1973**, *28*, 119.
[128] M. Dabkowska, A. Broniszewska, *Annales Universitatis Mariae Curie-Sklodowska, Sectio AA: Physica et Chemia* **1977**, *28*, 133.
[129] S. Gao, X. Jiang, Y. Ding, *Chinese Science Bulletin* **1989**, *34*, 1407.
[130] S. Gao, S. He, X. Jiang, Y. Liu, Z. Yang, *Journal of the Chinese Rare Earth Society* **1989**, *7*, 21.
[131] S. Gao, X. Jiang, Y. Liu, Z. Yang, *Zhongguo Xitu Xuebao* **1990**, *8*, 110.
[132] S. Pajakoff, *Monatshefte für Chemie* **1968**, *99*, 1409.
[133] G. Odent, M.-H. Autrusseau-Duperray, *Revue de Chimie Minérale* **1976**, *13*, 196.
[134] S. Gao, S. He, X. Jiang, Z. Yang, Z. Wang, Y. Liu, *Zhongguo Xitu Xuebao* **1990**, *8*, 277.
[135] Z. Yang, S. Gao, D. Song, Y. Liu, *Xibei Daxue Xuebao, Ziran Kexueban* **1989**, *19*, 44.
[136] W. W. Wendlandt, J. L. Bear, *Journal of Inorganic & Nuclear Chemistry* **1960**, *12*, 276.
[137] E. Riedel, *Anorganische Chemie*, 4. Aufl., de Gruyter, Berlin, **1999**.
[138] A. Saiki, N. Ishizawa, N. Mizutani, M. Kato, *Journal of the Ceramic Society of Japan* **1985**, *93*, 649.
[139] G. Brauer, H. Gradinger, *Zeitschrift für Anorganische und Allgemeine Chemie* **1954**, *277*, 89.
[140] J. O. Sawyer, B. G. Hyde, L. Eyring, *Bulletin de la Societe Chimique de France* **1965**, *4*, 1190.
[141] C. P. J. van Vuuren, C. A. Strydom, *Thermochimica Acta* **1986**, *104*, 293.

[142] A. Fert, *Bulletin de la Societe Francaise de Mineralogie et de Cristallographie* **1962**, *85*, 267.

[143] H. Jacobsen, G. Meyer, *Zeitschrift für Anorganische und Allgemeine Chemie* **1992**, *615*, 16.

[144] K.-W. Eichenhofer, K. Huder, E. Winkler, K. H. Daum, in *Chemische Technik: Prozesse und Produkte*, 5. Aufl., Wiley-VCH Verlag GmbH & Co. KGaA, Weinheim, **2005**.

[145] D. Cruickshank, *Acta Crystallographica* **1964**, *17*, 684.

[146] K. Eriks, C. H. MacGillavry, *Acta Crystallographica* **1954**, *7*, 430.

[147] C. Logemann, T. Klüner, M. S. Wickleder, *Zeitschrift für Anorganische und Allgemeine Chemie* **2012**, DOI: 10.1002/zaac.201100533.

[148] C. Logemann, T. Klüner, M. S. Wickleder, *Angewandte Chemie* **2012**, angenommen.

[149] R. de Vries, F. C. Mijlhoff, *Acta Crystallographica Section B* **1969**, *25*, 1696.

[150] K. Stahl, T. Balic-Zunic, F. da Silva, K. Michael Eriksen, R. W. Berg, R. Fehrmann, *Journal of Solid State Chemistry* **2005**, *178*, 1697.

[151] H. Lynton, M. R. Truter, *Journal of the Chemical Society* **1960**, 5112.

[152] M. Jansen, R. Müller, *Zeitschrift für Anorganische und Allgemeine Chemie* **1997**, *623*, 1055.

[153] M. A. Simonov, S. V. Shkovrov, S. I. Troyanov, *Kristallografiya* **1988**, *33*, 502.

[154] F. W. Einstein, A. C. Willis, *Acta Crystallographica Section B* **1981**, *37*, 218.

[155] J. Douglade, R. Mercier, *Acta Crystallographica Section B* **1979**, *35*, 1062.

[156] J. Bruns, M. Eul, R. Pöttgen, M. S. Wickleder, *Angewandte Chemie - International Edition* **2012**, *51*, k2204.

[157] J. W. M. Steeman, C. H. MacGillavry, *Acta Crystallographica* **1954**, *7*, 402.

[158] I. D. Brown, D. B. Crump, R. J. Gillespie, *Inorganic Chemistry* **1971**, *10*, 2319.

[159] U. Betke, W. Dononelli, T. Klüner, M. S. Wickleder, *Angewandte Chemie* **2011**.

[160] U. Betke, M. S. Wickleder, *European Journal of Inorganic Chemistry* **2011**, *2011*, 4400.

[161] C. Logemann, M. S. Wickleder, *Inorganic Chemistry* **2011**, *50*, 11111.

[162] C. Logemann, T. Klüner, M. S. Wickleder, *Chemistry - A European Journal* **2011**, *17*, 758.

[163] C. Logemann, M. S. Wickleder, *Zeitschrift für Anorganische und Allgemeine Chemie* **2012**, in Vorbereitung.

[164] C. Logemann, T. Klüner, M. S. Wickleder, *Journal of the American Chemical Society* **2012**, in Vorbereitung.

[165] C. Logemann, K. Rieß, M. S. Wickleder, *European Journal of Inorganic Chemistry*, in Vorbereitung.

[166] G. M. Clark, R. Morley, *Chemical Society Reviews* **1976**, *5*, 269.

[167] W. H. Baur, A. A. Khan, *Acta Crystallographica Section B* **1971**, *27*, 2133.

[168] M. Horn, C. F. Schwerdtfeger, E. P. Meagher, *Zeitschrift für Kristallographie* **1972**, *136*, 273.

[169] M. A. K. Ahmed, H. Fjellvag, A. Kjekshus, *Acta Chemica Scandinavica* **1996**, *50*, 275.

[170] W. H. Zachariasen, *Zeitschrift für Kristallographie, Kristallgeometrie, Kristallphysik, Kristallchemie* **1932**, *82*, 161.

[171] J. Spreadborough, J. W. Christian, *Journal of Scientific Instruments* **1959**, *36*, 116.

[172] H.-J. Weber, M. Schulz, S. Schmitz, J. Granzin, H. Siegert, *Journal of Physics: Condensed Matter* **1989**, *1*, 8543.
[173] D. J. Lacks, R. G. Gordon, *Physical Review B* **1993**, *48*, 2889.
[174] K. H. Lau, R. D. Brittain, R. H. Lamoreaux, D. L. Hildenbrand, *Journal of The Electrochemical Society* **1985**, *132*, 3041.
[175] J. Kwiatkowska, I. E. Grey, I. C. Madsen, L. A. Bursill, *Acta Crystallographica B* **1987**, *43*, 258.
[176] A. Simon, H. Wagner, *Zeitschrift für Anorganische und Allgemeine Chemie* **1961**, *311*, 102.
[177] F. El-Kabbany, *Physica Status Solidi* **1981**, *67*, 729.
[178] K. Stopperka, *Zeitschrift für Anorganische und Allgemeine Chemie* **1966**, *345*, 264.
[179] S. D. Jacobsen, J. R. Smyth, R. F. Swope, R. T. Downs, *Canadian Mineralogist* **1998**, *36*, 1053.
[180] D. H. Templeton, C. H. Dauben, *Journal of Chemical Physics* **1960**, *32*, 1515.
[181] D. K. Smith, W. Newkirk, *Acta Crystallographica* **1965**, *18*, 983.
[182] K. Ojima, Y. Nishihata, A. Sawada, *Acta Crystallographica Section B* **1995**, *51*, 287.
[183] M. Buschbaum, H. G. von Schnering, *Zeitschrift für Anorganische und Allgemeine Chemie* **1965**, *340*, 232.
[184] P. Aldebert, J. P. Traverse, *Materials Research Bulletin* **1979**, *14*, 303.
[185] A. Bartos, K. P. Lieb, M. Uhrmacher, D. Wiarda, *Acta Crystallographica Section B* **1993**, *49*, 165.
[186] D. T. Cromer, *Journal of Physical Chemistry* **1957**, *61*, 753.
[187] Z. Heiba, H. Okuyucu, Y. S. Hascicek, *Journal of Applied Crystallography* **2002**, *35*, 577.
[188] J. Zhang, R. B. Von Dreele, L. Eyring, *Journal of Solid State Chemistry* **1993**, *104*, 21.
[189] M. G. Paton, E. N. Maslen, *Acta Crystallographica* **1965**, *19*, 307.
[190] W. Hase, *Physica Status Solidi* **1963**, *3*, 446.
[191] O. Knop, J. M. Hartley, *Canadian Journal of Chemistry* **1968**, *46*, 1446.
[192] R. X. Fischer, E. Tillmanns, *Acta Crystallographica Section C* **1988**, *44*, 775.
[193] A. Nord, *Acta Crystallographica Section B* **1976**, *32*, 982.
[194] N. V. Rannev, I. D. Datt, A. B. Tovbis, R. P. Ozerov, *Kristallografiya* **1965**, *10*, 914.
[195] B. N. Mehrotra, T. Hahn, W. Eysel, H. Roepke, A. Illguth, *Neues Jahrbuch für Mineralogie* **1978**, *1978*, 408.
[196] H. Cid-Dresdner, M. J. Buerger, *Zeitschrift für Kristallographie* **1962**, *117*, 411.

9. Abkürzungsverzeichnis

0 D	=	nulldimensional
1 D	=	eindimensional
3 D	=	dreidimensional
A	=	Akzeptor-Atom
abs.	=	absolute
äq	=	äquatorial
asym	=	asymmetrisch
ATR	=	attenuated total reflection, abgeschwächte Totalreflexion
ax	=	axial
b (tiefgestellt)	=	Brücke, z. B. in O_b (Brücken-Sauerstoff-Atom)
b	=	breit
B3LYP	=	Methode der DFT, benannt nach *Becke*, *Lee*, *Yang* und *Parr*
ber.	=	berechnet
CASSCF	=	complete active space self consistent field
CCD	=	charge-coupled device
co	=	coordinated, koordiniert
D	=	Donor-Atom
DFT	=	density functional theory, Dichtefunktionaltheorie
Diff.-Typ	=	Diffraktometertyp
DSC	=	differential scanning calorimetry, Dynamische Differenzkalorimetrie
DTA	=	Differenz-Thermoanalyse
DTG	=	Differenzthermogravimetrie
Einh.	=	Einheiten
endo	=	endotherm
exo	=	exotherm
exp.	=	experimentell
FeRAM	=	ferroelectric random access memory, ferroelektrischer Direktzugriffsspeicher
HTC	=	high temperature control
IPDS	=	image plate diffraction system, Flächendetektorsystem
IR	=	infrarot
ITO	=	indium tin oxide, Indiumzinnoxid
KoZ	=	Koordinationszahl
LP-Korrektur	=	Korrektur der Intensität durch Lorentz- und Polarisationsfaktor (L und P) bei der Röntgenstrukturanalyse
m	=	mittelstark
Max	=	Maximum
max	=	maximal
Mess.-T.	=	Messtemperatur
min	=	minimal
MOSFET	=	metal-oxide-semiconductor field effect transistor, Metall-Oxid-Halbleiter-Feldeffekttransistor

Nd:YAG-Laser	=	Neodym-dotierter Yttrium-Aluminium-Granat-Laser
PSD	=	position sensitive detector
RAM	=	random access memory, Direktzugriffsspeicher
RHF	=	restricted Hartee-Fock
s	=	schwach
SDTA	=	single differential thermal analysis
SE	=	Selten-Erd-Element
ss	=	sehr schwach
st	=	stark
STA	=	Simultane Thermische Analyse
sym	=	symmetrisch
TCO	=	transparent conducting oxide, transparente, elektrisch leitfähige Oxide
TG	=	Thermogravimetrie
theo.	=	theoretisch
unc	=	uncoordinated, unkoordiniert
UV	=	ultraviolett
verm.	=	vermutetes
willkürl.	=	willkürliche

10. Danksagung

An dieser Stelle möchte ich mich herzlich bei den Menschen bedanken, die diese Arbeit möglich gemacht haben, die mir bei diversen Problemen geholfen und mich während meiner Promotionszeit unterstützt haben.

Als erstes möchte ich *Herrn Prof. Dr. M. S. Wickleder* für die Bereitstellung des interessanten Themas und die hervorragende Betreuung während meiner Promotionsphase bedanken.

Besonderer Dank gilt auch *Herrn Prof. Dr. R. Beckhaus* für die freundliche Übernahme des Koreferats.

Herrn Prof. Dr. T. Müller danke ich für seine Bereitschaft, als Drittprüfer zu fungieren.

Allen aktuellen und ehemaligen Mitarbeitern des Arbeitskreises *Wickleder* möchte ich für die angenehme Arbeitsatmosphäre, die gute Unterstützung und nicht zuletzt für die amüsanten Gesprächsrunden danken. Ferner möchte ich auch der gesamten Anorganischen Chemie für die gute Zusammenarbeit danken.

Insbesondere danke ich…

- *Dr. Andrea Mietrach* und *Christina Zitzer* für die Unterstützung und die Zusammenarbeit im Bereich des betriebsinternen Auszubildenden-Unterrichts,
- *Dr. Mareike Ahlers*, *Christina Zitzer* und *Jörn Bruns* für thermogravimetrische Messungen,
- *Dr. Stefan Schwarzer*, *Christian Logemann*, *Steffen Gagelmann*, *Kai Neuschulz* und *Marit Gudenschwager* für pulverdiffraktometrische Messungen,
- *Dr. Ulf Betke* für die kompetente Hilfe bei der Lösung diverser kristallographischer Probleme,
- *Patrick Zark* für die Durchführung der theoretischen Rechnungen,
- *Regina Stötzel* von der Universität Siegen für die Durchführung der Raman-Spektroskopie,
- *Denis Lorenz* und *Patrick Mösgen* für das Abschmelzen diverser Ampullen,
- *Dr. Matthias Mehring*, *Klaus Pieper* und *Christian Logemann* für das unermüdliche Korrekturlesen dieser Arbeit.

Besonderer Dank gilt *Wolfgang Saak*, *Detlef Haase* und *Ulf Betke* für die zahlreichen Messungen am Einkristalldiffraktometer und die oftmals nötige Geduld bei der Auswahl der Kristalle.

Ich möchte mich an dieser Stelle auch bei meiner *Familie* bedanken, die mir immer zur Seite steht und die mich ermutigt hat, mich noch für ein Promotionsstudium vor Beginn des Referendariats zu entscheiden. Ebenfalls möchte ich mich bei meinen aktuellen und ehemaligen WG-Mitgliedern für die schöne Zeit in der „Alten Molkerei" und die unzähligen Kicker-Runden bedanken. *Elisabeth Waldmann* danke ich für den Käsequark, für das Zuhören und für die aufbauenden Worte. *Insa Pargmann* möchte ich dafür danken, dass sie sich während meines Studiums und besonders während meiner Promotion stets zuverlässig und engagiert mit um Paula gekümmert hat.

Christian Logemann möchte ich ganz besonders für die fortwährende Hilfe und Unterstützung in allen Bereichen, besonders in der Endphase meiner Promotion, danken.

i want morebooks!

Buy your books fast and straightforward online - at one of world's fastest growing online book stores! Environmentally sound due to Print-on-Demand technologies.

Buy your books online at
www.get-morebooks.com

Kaufen Sie Ihre Bücher schnell und unkompliziert online – auf einer der am schnellsten wachsenden Buchhandelsplattformen weltweit! Dank Print-On-Demand umwelt- und ressourcenschonend produziert.

Bücher schneller online kaufen
www.morebooks.de

VDM Verlagsservicegesellschaft mbH
Heinrich-Böcking-Str. 6-8   Telefon: +49 681 3720 174   info@vdm-vsg.de
D - 66121 Saarbrücken   Telefax: +49 681 3720 1749   www.vdm-vsg.de

Printed by Books on Demand GmbH, Norderstedt / Germany